비파괴검사기술 시리즈

음향방출시험 Ⅱ

Acoustic Emission Testing Ⅱ

(사)일본비파괴검사협회 저
(주)렉터스 역

Acoustic Emission Testing Ⅱ

도서출판
구미서관

PREFACE(저자)

고도 성장기에 설계·건설된 사회 자본의 노후화가 급속하게 진행됨에 따라 이러한 자본을 얼마나 효율적이고 안전하게 유지 관리해 나갈 것인가가 사회적으로 중요한 과제가 되고 있다. 이러한 사회적 배경과 근래의 규제 완화 흐름 속에서 다양한 설비·구조물의 유지 관리방법이 제안 및 적용되었다. 항공업계에서는 정기적으로 검사하는 시간감시 보전에서 기체의 상태에 따라 검사하는 상태감시 보전으로 생각이 크게 전환되었으며, 원자력 발전설비는 구조 건전성에 문제가 없는 손상이라면 계속적인 운전이 허용되게 되었다. 이러한 유지 관리에 대한 사고방식의 변화에 따라 비파괴검사에 요구되는 기술도 변화하여 기존의 기술로는 사용자의 요구에 충분히 대응할 수 없는 경우도 생겨나고 있다. 반대로 검사 기술의 고도화와 새로운 검사법의 적용에 따라 기존의 유지 관리방법이 개선된 예도 보고되고 있다. 이러한 움직임은 일본의 국제 경쟁력 향상을 위해서도 중요하며, 앞으로도 적극적으로 실시해야 한다고 생각된다.

현재 일반적으로 이용되는 많은 비파괴검사 방법은 검사기기에서 발생하는 초음파, 방사선, 와전류 등을 이용하는 능동적인 검사 방법이다. 한편, 본 책에서 소개하는 Acoustic Emission 시험(이후, AE 시험이라 함)은 검사 대상물 자체의 미소 파괴 또는 미소 변형에 따라 방출되는 탄성파(AE)를 고감도 센서로 모니터링하여 그 건전성을 평가하는 수동적인 검사 방법이다. 의료 분야에서 의사가 환자의 심장 소리를 듣고 환자의 건강 상태를 판정하는 것과 유사하지만, AE 시험에서는 엔지니어가 설비·구조물의 AE를 모니터링하여 그 건전성을 판정한다. 대부분의 설비·구조물은 최종 파괴 또는 이상 발생에 앞서 많은 AE가 발생하기 때문에 AE 시험의 적용 범위는 다방면에 걸쳐있다.

일본에서는 규제 등으로 지금까지 AE 시험은 그다지 적용되지 못했으나, 규제 완화가 진행되고 설비 · 구조물의 효율적인 유지 관리방법이 요구되고 있는 지금 AE 시험이 활용될 시기라고 생각한다. 최근 일본에서도 인프라, 회전기기, 비축 탱크, 우주 기기 등의 분야에서 검사 규격/기준/지침이 정비되고 있다. 이런 이유로 향후 AE 시험의 적용 범위는 넓어질 것으로 생각된다.

본 책은 AE 시험 Level 2 기술자가 배워야 할 기초 이론과 그 배경, 시험 장치와 그 교정 방법, 시험의 실시 방법, 데이터의 평가법 등을 정리한 것으로, 내용은 검사원의 자격 인증에 대해서 정해진 국제 규격인 ISO9712에 준거하고 있다. 그리고 마지막 장에서는 다양한 분야에서의 AE 시험 적용 사례를 게재하였다.

AE 시험 Level 2 기술자를 지망하는 분들이 본 책으로 AE 시험을 마스터하고 기술을 몸에 익혀 사회에서 활약할 수 있기를 기대한다.

2008년 11월 11일

편집 위원장 水谷義弘

PREFACE(역자)

음향 방출(AE; Acoustic Emission)법은 미국, 일본, 유럽 등에서 현재 활발히 연구되고 있는 비파괴 검사 방법 중 하나로, 일본의 경우, 1970년대부터 연구가 진행되어 왔으며 현재 다양한 분야에서 음향방출법을 이용한 설비, 구조물 등의 진단뿐만 아니라 식물의 성장 및 발육 등의 연구에 다양하게 활용 되고 있다.

고성능 하드웨어 및 신호처리 기술의 발전에 힘입어 음향방출법을 이용한 현장 적용에 국내에서도 관심을 가지고 있다. 음향방출 시험은 다른 시험법과 달리 측정 및 분석 방법에 많은 기술을 요구한다. 간단한 측정교육을 통해 실제 현장에서 측정 및 분석 업무를 수행하기가 곤란하며, 많은 경험과 시행착오를 거쳐야 한다. 실제, 음향방출 시스템을 사용하는 많은 고객들도 센서의 설치방법, 측정 데이터의 분석방법 등에 대해 시스템 제조사에 많은 문의를 하고 있다. 음향방출과 관련된 교육은 학교에서도 파괴역학의 일부로 개요 정도만 소개하고 있는 실정이다. 또한, 음향방출 기술 외에도 초음파탐상(UT), 방사선투과검사(RT), 와류탐상(ET) 등 관련 비파괴검사 기술도 연계하여 확립해 둘 필요가 있다.

본 서적은 음향방출법을 이용하여 측정 및 분석을 하고자 하는 여러 분야의 기술자들에게 도움이 되고자 출판하게 되었다. 음향방출법의 도입 이전에 충분한 지식이나 교육을 이수한 후에 음향방출 시스템을 활용하기를 바란다. 음향방출법은 용도에 따라 귀중한 재산과 인명을 보호하는데 사용되는 중요한 검사법 중의 하나이기 때문에 측정 및 분석에 있어서도 세심한 주의가 요구된다.

끝으로 본 서적의 출판에 협조해 주신 일본 비파괴검사협회 미즈타니 요시히로(水谷義弘) 편집위원장 이하 관계자 분들께 깊이 감사 드린다.

2010년 4월 15일

㈜ 렉터슨 김동률

편집위원 및 집필자

위원장	水谷義弘	도쿄공업대학
위 원	稲葉秀弘	주식회사 후지세라믹
	榎 学	도쿄대학
	塩谷智基	쿄토대학(元 TOBISHIMA건설 주식회사)
	重石光弘	쿠마코토대학
	杉本 直	우주항공연구개발기구
	中野正章	Chiyoda Advanced Solutions 주식회사
	中村英之	주식회사 IHI 검사계측
	湯山茂徳	일본 Physical Acoustics 주식회사
집필자	稲葉秀弘	주식회사 후지세라믹
	榎 学	도쿄대학
	大津政康	쿠마코토대학
	塩谷智基	쿄토대학(元 TOBISHIMA건설 주식회사)
	重石光弘	쿠마코토대학
	中野正章	Chiyoda Advanced Solutions 주식회사
	中村英之	주식회사 IHI 검사계측
	水谷義弘	도쿄공업대학
	湯山茂徳	일본 Physical Acoustics 주식회사
	吉田憲一	토쿠시마대학

1. 시험 사례

콘크리트 댐에 대한 AE 모니터링

인공위성 탑재용 기축기 내압시험 시의 AE 모니터링

엘리베이터에 대한 AE 시험

직경이 큰 배관에 대한 AE 시험

2. 음향방출 센서

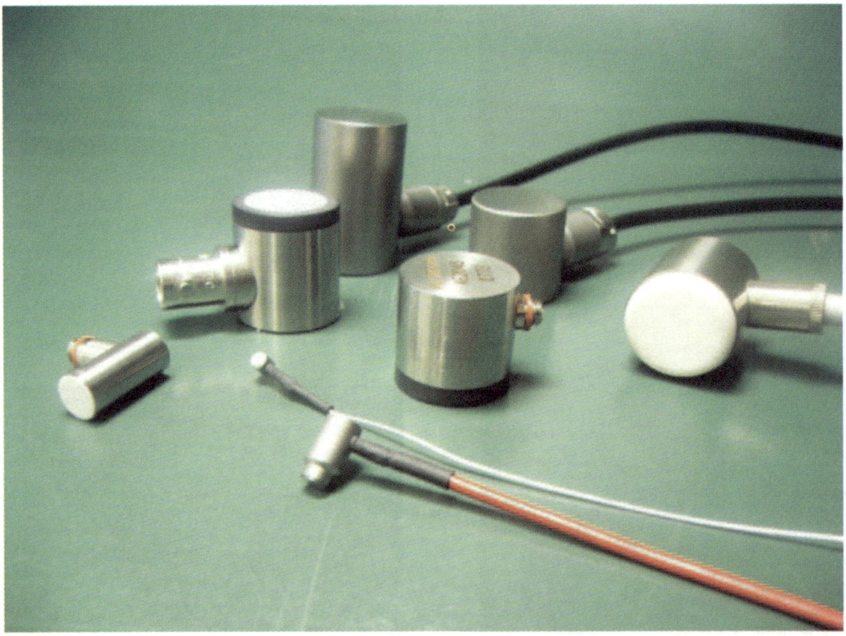

다양한 종류의 AE 센서

CONTENTS

Chapter 1 비파괴시험 기술자의 역할과 안전위생

Chapter 2 AE의 발생과 전파

Chapter 3 AE 파라미터

Chapter 4 *AE원 위치표정*

Chapter 5 *AE 센서(AE 변환자)*

Chapter 6 *AE 계측장치*

Chapter 7 *AE 시험의 실제와 기록*

Chapter 8 *데이터의 표시방법과 계측 데이터의 해석*

Chapter 9 *AE 시험의 적용 사례*

Chapter 10 *용어해설*

부록

1

1. 비파괴시험 기술자의 역할과 안전위생

1. 비파괴시험 기술자의 역할과 안전위생

1.1 비파괴시험의 중요성

재료 또는 부품 등의 기계 특성(물성이나 강도)을 평가하는 수단으로 인장시험 · 피로시험 등 이른바 파괴시험법이 널리 이용되고 있다. 시험편 또는 대량 생산품의 발취품(동일 Lot의 대표)에 대해서는 파괴시험을 적용할 수 있지만, 앞으로 사용될 생산 과정 중의 재료나 제품 그 자체에 대해 파괴시험을 적용하는 것은 의미가 없다. 게다가 사용중인 구조물에 대해 그 구조 건전성을 평가하는데 부분적으로 손상을 입힐 가능성이 있는 시험의 적용은 매우 한정적이므로 구조물에 아무런 손상을 가하지 않고 건전성을 평가할 수 있는 시험법이 요구된다. 비파괴시험은 재료 · 제품 또는 구조물에 손상을 입히거나 파괴시키지 않고 즉, 시험 대상물의 원형과 기능을 변화시키지 않고 그 상태를 조사하여 내부 결함 등의 유무와 그 정도를 평가하는 시험방법이다.

비파괴시험에는 본 책에서 다루는 AE 시험(AET) 외에 육안시험(VT), 방사선 투과시험(RT), 초음파 탐상시험(UT), 자분 탐상시험(MT), 침투 탐상시험(PT), 와류 탐상시험(ET), 스트레인 측정(SM) 등이 있다. 시험은 그 대상이나 목적에 따라 최적의 시험방법이 선택되며, 요구되는 품질에 따라서는 여러 개의 시험이 조합되어 실시된다.

비파괴시험을 실시하는 목적은 제조 기술의 확립이나 제조 원가의 절감 등도 있지만 가장 중요한 목적은 제품이나 구조물이 사용 중에 파손되어 사람에게 위해를 가하거나 환경 오염을 일으키는 등의 중대사고를 미연에 방지하는 것에 있다. 따라서 비파괴시험은 제품의 생산과정이나 사용과정에서 기기의 강도를 저하시키는 요인이 되는 결함이나 감육(두께 감소) 등을 검출하여 제품과 구조물의 건전성을 평가하는 방법이며, 그 신뢰성을 확보하기 위한 중요한 수단이다.

비파괴시험은 대상이 되는 시험방법에 대해 필요한 교육과 훈련을 받아 시험 순서, 데이터 해석방법뿐 아니라 평가·판정방법 등에 관해 습득하여 기술 전반에 대해 충분한 지식과 기능을 가진 기술자가 실시해야만 한다. 비파괴시험 기술자의 기량이 부족하면 시험방법이 부적절하게 되어 결함을 놓치거나 과소평가로 인해 중대한 재해가 발생할 위험성이 커진다.

더욱이 과거에 발생한 사고 조사에 따르면 허위 보고나 시험결과의 조작 등이 중대 사고의 한 원인이 된 사례가 있다. 따라서 비파괴시험 기술자는 자신의 직무에 대한 중요성을 인식함과 동시에 사회적 책임의 무게를 자각하여 윤리감과 자긍심을 가지고 직무에 임해야 한다.

본 책은 국제 규격 ISO9712에 준거한 Level 2 AE 시험(AT) 기술자의 기량 인증과 관련하여 요구되는 교육을 실시하기 위한 교재로써 편찬된 것이다.

1.2 ISO9712에서 정하는 Level 2 시험 기술자의 역할

비파괴시험 기술자의 자격 및 인증 시스템은 ISO(국제 표준화 기구)의 국제 규격 ISO9712에 근거하여 제정되어 있다. 이 인증 시스템은 자격 시험에 합격하여 소정의 조건을 만족시킨 기술자는 Level 1, Level 2, Level 3 중 기량에 따라 레벨을 인증받는다.

비파괴시험 기술자의 역할은 기량 레벨에 따라 달라지며, 레벨에 따라 실시 가능한 직무와 요구되는 능력이 정해져 있다.

Level 2 기술자의 직무를 아래에 나타낸다.

(1) NDT Level 2 기술자에게 승인된 직무

NDT Level 2에 인증된 기술자는 확립되어 있는 또는 허가되어 있는 NDT 절차서에 따라 NDT를 실시할 자격이 있으며, 아래의 내용을 포함한다.

(a) NDT 기법 선택

시험 시에 적용할 NDT 기법을 선택한다.

(b) 적용 한계 설정

시험방법의 적용 한계를 정한다.

(c) 시험 실시요령 작성

NDT 코드, 규격, 사양서 및 절차서를 해석하여 실제 작업조건에 적합한 실행 가능한 NDT 실시 요령을 작성한다.

(d) 기기의 설정과 확인

NDT 기기의 설정과 확인을 실시한다.

(e) 시험 실시와 감독

NDT를 실시하고 감독한다.

(f) 시험 결과의 해석과 평가

적용되는 NDT 코드, 규격 및 사양서에 따라 NDT 결과를 해석하고 평가한다.

(g) 지시서 작성

NDT 지시서를 작성한다.

(h) 작업의 실행과 감독

Level 2 또는 Level 1 기술자에 허용된 모든 작업을 실행하고 감독한다.

(i) 기술자 지도

Level 2 또는 Level 1 기술자를 지도한다.

(j) 보고서 작성

시험결과를 정리하여 보고한다.

(2) Level 2 기술자의 책임

위에서 기술한 바와 같이 Level 2로 인증된 기술자는 NDT 기법을 선택하고 그 적용 한계를 정하여 시험 실시요령을 작성한다. 그리고 시험 시에 기기를 설정·확인하고 작업을 감독한다. 또한 NDT 지시서를 준비하고 시험결과의 해석과 평가를 실시하여 보고서를 작성하고, Level 2 이하 기술자를 지도한다.

한편, 시험 실시에 관련된 모든 책임, 또 새로운 시험 기법의 적용, 그에 관련한 시험 순서, 시험 요령의 작성 등은 Level 3 기술자의 직무이다.

시험 기술자는 인증 시스템에서 제정된 자신의 직무 내용을 충분히 이해하여 인증된 직무의 범위를 벗어나지 않도록 주의하는 것이 매우 중요하다.

1.3 비파괴시험 기술자의 안전과 위생

최근 석유 정제설비나 에너지 플랜트, 토목 구조물 등에 대한 AE 시험의 적용 사례가 증가하고 있다. 이러한 현장에서는 작업 환경에 많은 위험이 잠재되어 있기 때문에 안전관리에 충분한 주의가 필요하다.

(1) 장치 취급상의 주의

계측장치를 사용할 경우에는 장치의 사용설명서를 숙독하여 잘못된 조작에 의한 감전이나 화재가 발생하지 않도록 주의해야 한다. 특히 주의해야 할 일반사항은 아래와 같다.

(a) **전원이 켜진 채로 전원 플러그나 신호 플러그를 탈부착하지 않는다**

AE 시험에서 사용하는 장치의 전원이 켜진 상태에서 전원 플러그나 신호 케이블을 탈부착하면 장치가 고장이 날 위험이 있을 뿐 아니라, 감전사고나 스파크에 의한 화재가 발생할 위험성이 있기 때문에 절대 탈부착해서는 안 된다.

(b) **장치는 절대 분해하지 않는다**

AE 장치와 주변기기의 내부에는 전원이나 배선, 각종 커넥터가 있기 때문에 장치를 임의로 분해할 경우, 감전이나 화재의 위험이 있으므로 절대 분해해서는 안 된다.

(c) **접지선을 반드시 연결한다**

AE 장치와 주변기기의 내부는 먼지나 수분의 침입에 의해 절연 상태가 저하될 수 있으며 누전될 경우 감전의 위험이 발생한다. 이 때문에 사용시에는 반드시 접지선을 연결할 필요가 있다.

(2) **높은 곳에서의 작업**

대형 구조물의 AE 시험에서는 센서의 부착 등을 위해 높은 곳(2m 이상)에 올라가는 경우가 있다. 이러한 경우에는 사전에 발판을 설치하는 것이 바람직하지만, 부득이 의자나 사다리를 사용할 경우에는 넘어지지 않도록 단단히 고정시켜야 한다. 또한, 물품을 손에 든 채로 올라가지 않도록 반드시 주의해야 하며, 추락사고에 대비하여 반드시 안전띠를 착용하고 로프 등으로 연결하여 안전을 확보하고 세심한 주의를 기울여 작업에 임해야 한다.

(3) 폭발 방지처리

석유정제시설이나 가스제조시설 등의 화기엄금인 사업소에서는 사용하는 기기에 대해 방폭 사양을 요구하는 경우가 있다. 이러한 현장에서 AE 시험을 할 경우에는 사전에 사업소의 안전 담당자와 협의하여 폭발 방지를 위한 계측기기의 사양 및 사용법을 정할 필요가 있다.

상기의 내용은 계측 작업에 있어서의 일반적인 주의사항을 나타낸 것이며, 실제 작업에 임함에 있어서는 관련 법령 및 각 사업소의 안전 규칙을 우선으로 한다. 그리고 AE 시험을 실시할 때에는 사업소의 안전 담당자와 시험 실시자가 사전 검토를 거쳐 사전에 위험 요인을 추출하고 안전 대책을 세울 필요가 있다.

2. AE의 발생과 전파

2. AE의 발생과 전파

2.1 AE원의 물리적 해석

2.1.1 발생기구

음향방출(AE ; Acoustic Emission)이란, 미소 파괴를 비롯한 재료 내부의 동적인 변형, 변태, 전위, 파단 등에 의해 탄성파가 발생하는 현상 또는 그로 인해 발생하는 과도적인 탄성파동이다.

AE의 발생 원인을 물리적으로 설명하면 재료 내부에서 탄성파가 발생·전파하는 원(源)이 되는 변위나 스트레인의 급격한 운동·변화가 발생하는 것이다.

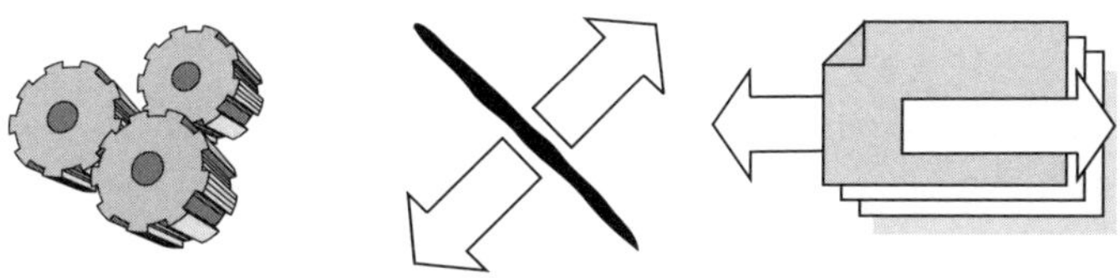

(1) 기어 등의 맞물림 (2) 크랙의 발생 (3) 마찰에 의한 면의 스침

[그림 2.1] AE 발생원의 예

또한, AE 센서의 감도 교정 등의 경우에는 재료 외부로부터 외력을 가해 유사 AE를 발생시키는데, 이는 엄밀히 말해 앞에서 설명한 AE의 정의와는 다른 현상이라고 할 수 있다. 이론적으로는 외력 부하에 의해 발생하는 파동과 내부 크랙(균열)에 의해 발생하는 파동은 다른 식으로 표현된다.[1)]

일반적인 AE 발생원의 모델을 [그림 2.1]에 나타낸다. 기어의 맞물림이나 마찰과 같이 내부에 존재하는 면과 면의 접촉이나 크랙 생성과 같은 새로운 내부면의 형성이 물리적인 발생기구가 될 수 있다.

2.1.2 AE 발생원의 종류와 특징

AE 발생기구에 대해서는 이미 많은 부분이 명확해져 있다. 알려진지 오래된 AE파의 발생원으로서는 마텐자이트(martensite) 변태나 틴크라이(tin cry)와 같은 금속의 변태 현상이 있다. 금속 분야와 마찬가지로 역사가 있는 암반·지반 분야에서는 낙반이나 산울림으로 일컬어지는 붕괴 현상이 발생기구로 여겨지고 있으나 이는 본질적으로는 암반 내부의 크랙 생성에 의한 것이다.

수학적으로 에슐비(Eshelby)의 정의를 도입하면 재료 내부에 변위의 어긋남이 발생하여 탄성파가 방출한다고 생각하면 된다. [그림 2.2]의 인장파괴(모드 I형 파괴)와 [그림 2.3]의 전단파괴(모드 II형 파괴)가 주요 AE 발생기구의 모델이 된다. 각각 왼쪽에 위치한 그림이 크랙 생성을 나타내는 모델로써 직감적으로 알기 쉽지만, AE 파동의 이론적인 연구 분야에서는 오른쪽 그림과 같이 지진학으로부터 도입된 모멘트 텐서 표시로 나타내는 경우가 있다[1). 상세한 내용은 참고 문헌[1), 2)]에 기재되어 있으며, 요점은 AE 발생기구의 수학적인 모델화는 해명되어 있다는 것이다.

용어 설명

【변태(變態)】

금속재료를 미세하게 보면 원자가 규칙에 맞게 나열되어 있는데 그 나열 방식을 결정구조라고 한다. 금속의 결정구조가 어떤 조건에 의해 다른 구조로 변화하는 것을 변태라고 한다.

【전위(轉位)】

결정 속에 포함되는 선 상태의 결정 결함으로, 외력에 의해 전위 근방의 원자가 재배치되면 이동한다. 금속재료에서는 전위가 움직임에 따라 파괴되지 않고 소성변형한다.

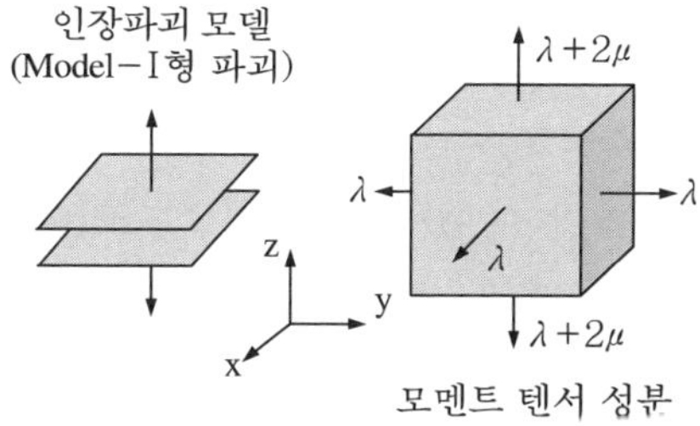

[그림 2.2] 인장파괴와 모멘트 텐서 성분

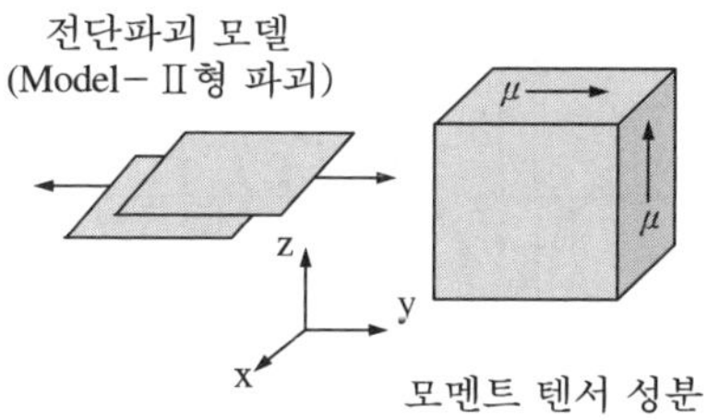

[그림 2.3] 전단파괴와 모멘트 텐서 성분

그런데 AE 계측 시에 고려 대상이 되는 것은 여기서 모델화된 발생원의 규모, 크랙 운동의 시간적인 거동 등이다. 지진의 경우나 결정 전위의 경우에는 단층면이나 전위선 상에서의 파괴 전파속도 등도 고려 대상이 되지만, 지금까지의 연구에 따르면 AE가 미소 파괴를 대상으로 하고 있기 때문에 파괴의 전파 영향은 실제로는 뒤에 설명할 발생시간 함수에 포함되어 있어서 고려할 필요가 없다[2)].

또한, AE 발생원인 크랙의 규모에 관해서는 금속재료에서 수~수백μm 정도, 콘크리트나 암석 등에서 100μm~수mm 정도가 되는 경우가 많다.

단, 발생기구까지 거슬러 올라가 해석이나 분석을 실시하는 경우는 그렇게 많지 않다. 그러나 발생기구의 차이에서 검출되는 AE파의 특성이 변화한다고 생각하는 것은 중요한 견해이다.

2.1.3 AE 발생원의 파동 특색

AE 발생원의 기구가 판명되었다면 지진 파형 시뮬레이션과 동일한 방법으로 AE의 이론 파형을 구할 수 있다[1). 반대로 파괴 시의 AE 파형으로부터 파괴에 관한 정보(파괴에 걸린 시간과 규모)를 추정할 수도 있다.

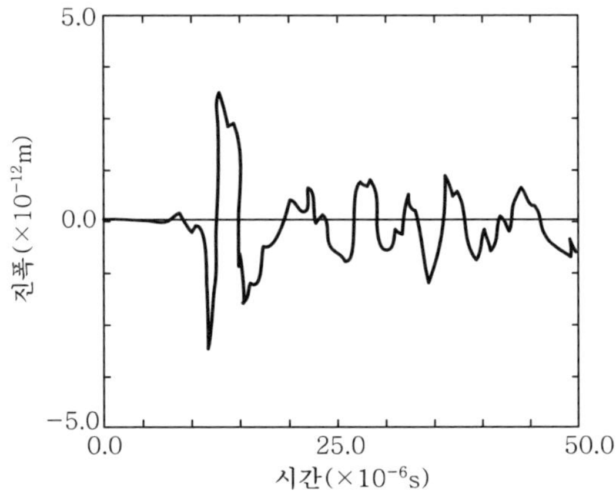

(a) 스테인리스 도금의 박리에 의한 검출 AE 파형

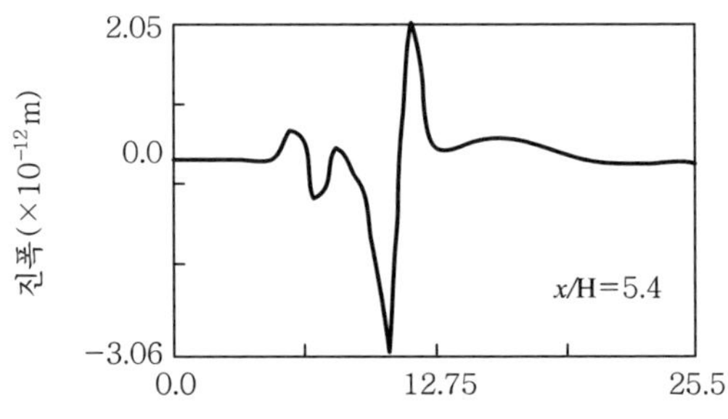

(b) 이론 파형

[그림 2.4] (a) 검출 파형과 (b) 이론 파형

[그림 2.4]는 강재의 표면에 도금한 스테인리스강이 수소유기 균열에 의해 박리되었을 때에 검출된 AE 파형이다.[3)] [그림 2.5]는 단면 현미경 사

진인데, 사진의 결과에서 반경 20μm, 개구량 4μm의 페니형(편평한 회전 타원 형태)의 인장파괴가 발생하였다고 가정하고 검출 파형 (a)와 이론 파형이 일치하도록 반복하여 시뮬레이션 함에 따라 파괴의 발생시간 함수([그림 2.6]의 파선)를 추정할 수 있다. 추정 결과에서 수소유기 균열에 의한 박리의 개구시간은 약 1.5μsec였음을 알 수 있다. [그림 2.4(b)]는 [그림 2.6]의 파선으로 나타낸 파괴 조건 시에 시뮬레이션한 이론 파형이며, 검출 파형 (a)와 특징이 일치하고 있음을 알 수 있다.

이론적으로 크랙의 발생 위치, 그 모멘트 텐서 성분 등의 모든 양을 알 수 있으면 발생시간 함수는 역합적(Deconvolution) 방법으로 구할 수 있다.[1)]

역합적에 의해 얻이진 발생시간 함수를 [그림 2.6]에 실선으로 나타낸다.

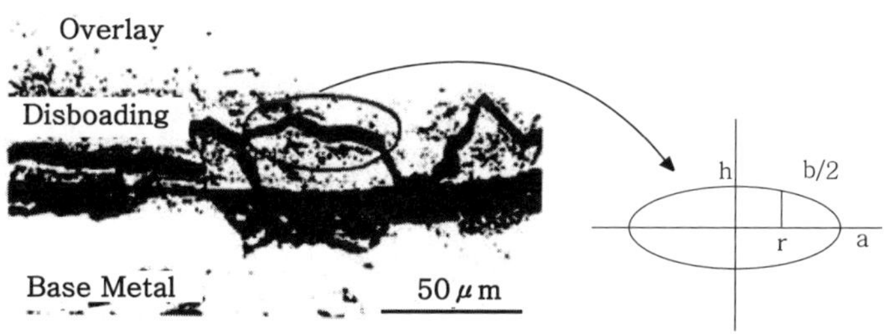

[그림 2.5] 현미경 사진과 크랙 모델

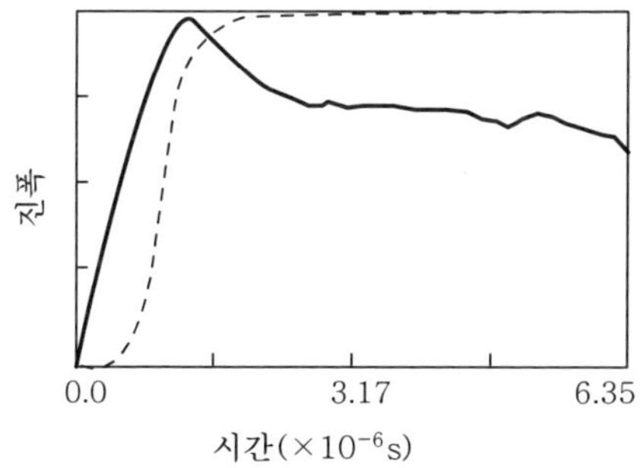

[그림 2.6] 크랙 개구 발생시간 함수

2.1.4 AE파의 방사 형식[4)]

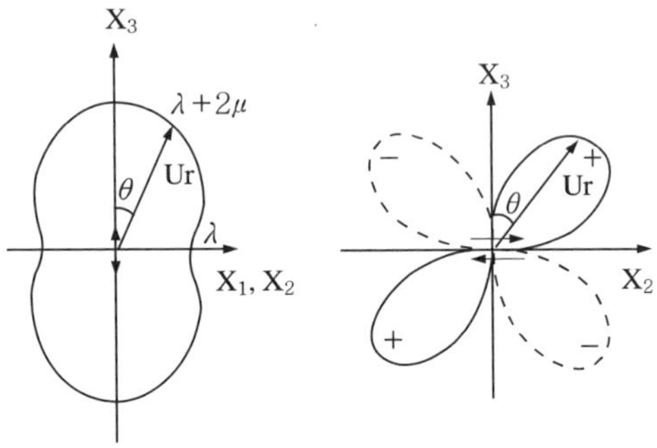

(a) 인장파괴 (b) 전단파괴

[그림 2.7] AE파의 방사 형식

[그림 2.2]와 [그림 2.3]에 주요 AE 발생기구를 나타내었는데, 파괴기구(모드)가 다른 경우에는 AE의 방사 형식이 달라지게 된다[4), 5)]. $X_1 \sim X_3$으로 이루어지는 3차원 좌표계의 원점에서 [그림 2.2]와 같은 인장파괴가 발생했을 경우에는 AE파의 방사 형식은 [그림2.7(a)]와 같아지고, 전방위에서 변위 Ur은 (+)가 된다. 변위의 최대값과 최소값의 비는 재료 정수인 라메의 상수(Lame constants)에 의해 $(\lambda+2\mu)/\lambda$로 나타내진다.

한편, [그림 2.3]과 같은 전단파괴가 발생했을 경우에는 AE파의 방사 형식은 [그림 2.7(b)]와 같아지고, 4개의 사분면에서 변위 Ur은 ±로 서로 번갈아 나타난다. 시험편에 여러 개의 AE 센서를 부착하여 검출한 AE파의 ±(Polarity, 극성)를 비교하여 AE 발생원의 발생기구를 결정하려는 시도가 이루어지고 있다.

2.2 고체 재료 내의 AE 발생원과 AE파의 특징

2.2.1 재료 변형 중에 발생하는 AE의 특징

재료에 응력을 가하여 변형시키면 부하한 응력에 상당하는 스트레인이 발생한다. 탄성 영역에서는 응력을 제거함과 동시에 원래대로 되돌아가지만, 탄성 영역을 넘으면 소성변형에 의해 영구 스트레인이 존재하게 된다. 미시적으로 보면 규칙적인 원자 배열을 가진 결정 내에 특정한 미끄러짐면이 작용하여 서로 이웃하는 원자 면이 미끄러짐에 따라 변형이 발생한다. 탄성 영역에서는 이 미끄러짐이 미소하기 때문에 원래대로 되돌아가지만, 소성 영역에서는 미끄러짐 면에 있는 선 결함인 전위의 운동에 의해 변형이 발생한다. 이 전위 운동은 원래대로 되돌아가지 않기 때문에 영구 스트레인이 발생하게 된다. 전위 운동과 장해물에 의한 구속에 따라 [그림 2.8], [그림 2.9]와 같은 거시적인 응력-스트레인 곡선이 형성되게 된다. 변형 중에 발생한 AE는 주로 이 운동 전위의 거동과 밀접한 관계를 가지며, 재료 내의 동적 거동을 명확하게 하는 하나의 수단이 되고 있다.

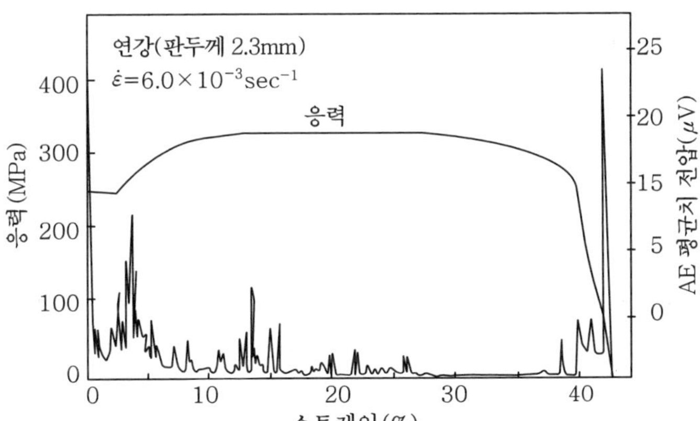

[그림 2.8] 연강의 응력-스트레인 곡선과 변형 중의 AE 발생 패턴

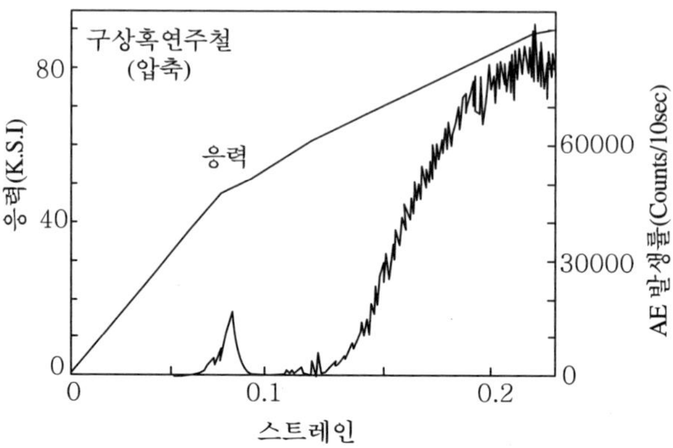

[그림 2.9] 구상흑연주철 압축의 응력-스트레인 곡선과 AE 발생 패턴

재료를 변형시키면 응력-스트레인 곡선에 대응하여 AE 발생 패턴을 얻을 수 있으며, 대부분의 재료에서는 소성변형 중에 AE가 관찰된다. [그림 2.8]에 연강의 변형 중에 발생한 AE 평균치 전압을 나타낸다. 항복점에서 Peak를 나타낸 후 스트레인의 증가에 따라 감소한다. 변형 중에 발생하는 AE는 운동 전위 밀도의 시간 변화율에 의존한다고 여겨지고 있다.

이러한 점에서 전위에 의존하는 변형 과정에서는 AE의 발생원으로써 다음의 두 가지 기구를 생각할 수 있다. 그 중 하나는 매우 짧은 시간(수십 μs 이하)에 발생하는 눈사태 현상 같은 전위 운동이다. 불순물 원자나 용질 원자 등의 장애물에 막힌 전위가 장해물을 밀어내고 통과하는 것이 이것이다. 다른 하나는 전위의 증식이다. 증식된 전위는 결정 입계에 집적하기 위해 역응력을 받기 때문에 끝내는 운동을 멈춘다. 이에 따라 항복점을 넘으면 AE가 점차 감소함을 설명할 수 있다.

변형 중에 장해물인 제 2상 입자의 모상(Parent phase)으로부터의 박리나 균열 등이 발생할 경우에는 변형 AE peak 외에 높은 스트레인 영역에서 제 2peak가 나타난다.

[그림 2.9]에 구상흑연주철에 대한 압축시험에서의 응력-스트레인 곡선과 AE 발생 패턴을 나타낸다. 제 1peak는 항복점 부근의 모상 변형에 의

한 것이며, 제 2peak는 장해물이 되는 제 2상 입자인 구상흑연의 변형과 파괴에 의한 것이다. 이러한 발생원의 차이는 검출된 AE event의 진폭 분포(8.3.1 참조)를 비교하면 쉽게 구분할 수 있다.

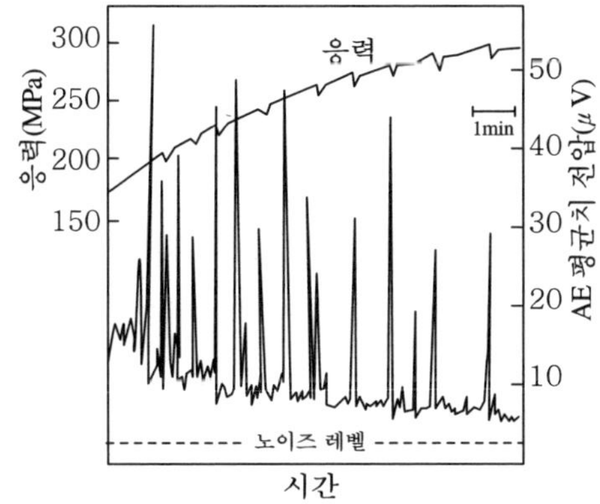

[그림 2.10] 5083 알루미늄 합금재의 인장시험에서 AE 발생 패턴
(가로축은 0.015~0.13의 소성 스트레인에 상당함)

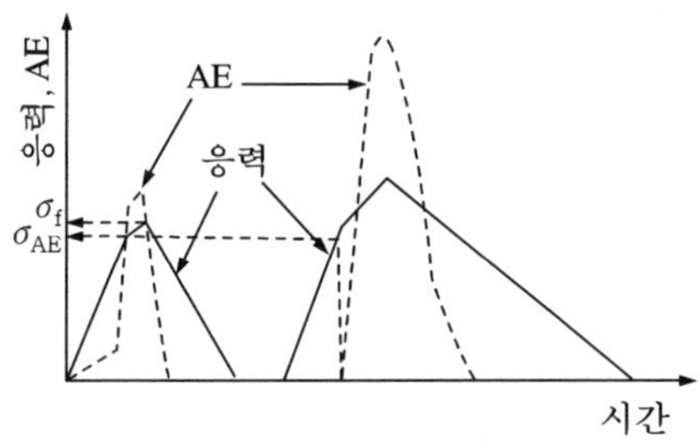

[그림 2.11] 재료의 부하과정과 AE의 발생에 의한 카이저 효과

변형 중에 장해물의 하나인 용질 원자의 작용에 의해 전위가 고착되거나, 고착과 풀림이 반복되어 응력-스트레인 곡선 상에 응력의 급속한 강하나 톱날 형태의 변화가 발생할 경우 응력의 급속한 강하에 따라 AE가 발생한다. [그림 2.10]에 5083 알루미늄 합금재의 인장시험에서 AE의 발생 패턴을 나타낸다. 전위가 불규칙한 운동에 따른 응력 강하와 AE peak의 타이밍이 일치하고 있다.

[그림 2.11]에 재료의 부하 과정과 AE의 발생 거동 양상을 나타낸다. 재료에 한번 응력을 가해 AE를 발생시킨 후 응력을 제거하고 다시 응력을 가하면 처음 가한 응력(그림에서는 σ_f)에 이르기까지 AE는 거의 발생하지 않는데, 이 현상을 일반적으로 카이저 효과(Kaiser effect)라고 한다. 실제로는 재료의 종류에 따라 다양한 AE 거동을 나타내기 때문에 재부하 시의 AE 발생을 일률적으로 다룰 수는 없다. [그림 2.11]에서는 σ_f보다도 작은 σ_{AE}에서 다시 AE가 발생하고 있는데, 이처럼 과거에 받은 최대 응력보다도 낮은 응력에서 AE가 검출되는 것을 펠리시티 효과(Felicity effect) 효과라고 한다. 재료의 종류, 온도 및 변형 속도에 따라 σ_{AE}는 다르지만 카이저 효과의 성립 정도를 나타내는 지표로써 Felicity 비가 아래 식으로 정의되고 있다. Felicity 비는 카이저 효과 지수(KER)라고도 한다.

$$\text{Felicity 비} = \sigma_{AE}/\sigma_f \tag{2.1}$$

각종 금속재료의 Felicity 비는 상온에서 거의 1에 가까운 값을 가지며, 온도가 상승함에 따라 저하되는 경향이 있어 재료 내부의 회복 현상과 관계가 있음이 알려져 있다. 또, Felicity 비의 저하가 발생할 경우에는 재료 내부에 미시균열의 발생에 따른 손상 등 불가역적인 현상이 발생한다는 점에서 콘크리트나 복합재료의 건전성 평가에 Felicity 비가 이용되고 있다. 한편, 카이저 효과를 이용하여 땅 속 또는 터널 내의 암석이 받고 있는 응력에 대한 측정이 이루어지고 있다. 측정하고자 하는 암석의 샘플을 보링으로 채취하여 압축시험을 하면 암석이 받고 있던 응력에 이를 때까지 AE가 발생하지 않으므로 암석이 땅 속 또는 터널 내에서 받고 있던 응력을 측정할 수 있다. 단, 암석 내의 수분량이나 3차원 응력 상태에 많은 영향을 받기 때문에 충분한 예비 조사가 필요하다.

복합재료의 변형 중에 발생하는 AE 패턴은 매우 복잡한데, 이는 모재의 변형과 균열, 섬유의 박리, 인발 및 파단, 파면의 마찰 등 많은 AE 발생원을 포함하고 있기 때문이며, 공시재의 조성이나 제작방법의 차이에도 영향을 받는다. 이 때문에 상세한 해석이 요구될 경우에는 AE event나 AE 실효값 외에 AE 파형 해석이 필요하다. 각각의 발생원에 대응하는 AE 파형 파라미터를 추출하여 시계열 분석으로 AE 발생원을 특정해야 한다. AE 파형 파라미터에는 AE 신호 진폭, Rise time, 지속시간 및 Peak 주파수 등이 있다.

2.2.2 재료 파괴에 따른 AE의 특징

재료가 파괴됨에 따라 발생하는 AE는 균열 끝에서의 미시조직이나 응력상태에 매우 민감하게 발생하고 있다. 변형 중에 발생하는 AE와 비교하여 균열 진전에 따라 발생하는 AE 발생기구는 본질적으로 다른 것이 아니라 운동 전위 밀도의 시간 변화율을 균열의 진진에 따른 에너지 해방률로 그리고, 불균일 변형에서의 응력 집중을 균열 끝의 응력확대계수로 바꿔놓음에 따라 적용할 수 있다. 본 절에서는 [그림 2.12]의 파괴인성시험 중에 발생하는 AE를 예로 설명한다.

응력확대계수(K)는 균열을 포함한 재료에 적용되는 파괴 역학 파라미터로, 균열 끝의 응력 분포 크기를 나타내고 있다. 예를 들어, [그림 2.12]의 CT 시험편(컴팩트 인장 표준 시험편)의 경우에는 부하되는 하중, 균열 길이 및 시험편의 형상에 의해 구할 수 있다. 또, 균열 진전에 따른 에너지 해방률은 J적분이라 하며, 응력확대계수(K)와 마찬가지로 이 값이 커질수록 균열 끝의 응력 분포가 커져 균열이 진전되기 쉬워진다. 내재된 균열에 작용하는 응력이 증가하면 즉, 응력확대계수가 증가하면 균열의 진전을 촉진시키고 최후에는 파괴가 발생한다. 이때 초기 균열의 진전을 안정 균열 성장이라 하고, 그 후 파괴에 이르는 균열 진전을 불안정 균열 성장이라 한다. 이 안정 균열 성장의 시작점에서의 응력확대계수 및 그때의 J적분을 재료의 평면 스트레인 파괴인성(K_{IC}) 및 탄소성 파괴인성(J_{IC})이라 한다. K_{IC}와 J_{IC}는 재료가 나타내는 최소의 파괴인성으로 재료 특성의 하나이다. K_{IC}와 J_{IC}는 재료의 종탄성계수 및 푸아송비를 사용하여 서로 변환할 수 있다.

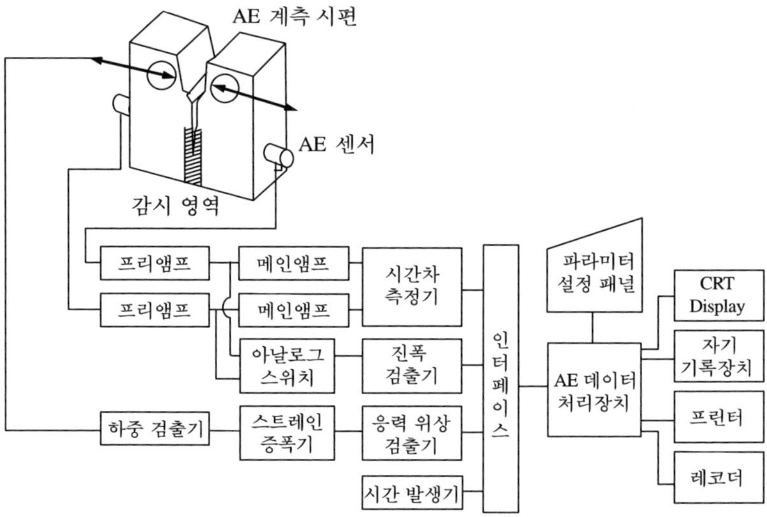

[그림 2.12] CT 시험편을 이용한 파괴인성시험과 AE 측정의 블록다이어그램

재료 내부의 미시조직에 관해서는 변형과 파괴가 공통의 AE 발생기구를 포함하고 있다. 이상의 점에서 AE가 파괴조건 및 파괴기구의 해명에 유력한 수단이 됨을 알 수 있다.

파괴인성시험에서 AE 시험을 병용하여 탄소성 파괴인성 J_{IC}의 계측을 시도한 예를 [그림 2.13]에 나타낸다. [그림 2.13]은 평면 스트레인 조건을 만족하는 두께인 18% Ni 마르에이징강(Marageing steel)을 이용하여 AE 급증점이 안정 균열 시작점에 대응하는지를 파면해석(Fractography) 방법과 비교하여 확인한 예이다. 하중이 증가하면(J적분이 증가하면) 파면 내의 스트레치 영역(균열 끝 부근에서 평탄하게 성장한 띠) 폭(Stretch Zone width; SZW)이 증가하고, 결국에는 포화하여 임계값에 달하는데, 이 점이 안정 균열 시작점이다. 한편, AE도 이 근방에서 급증한다.

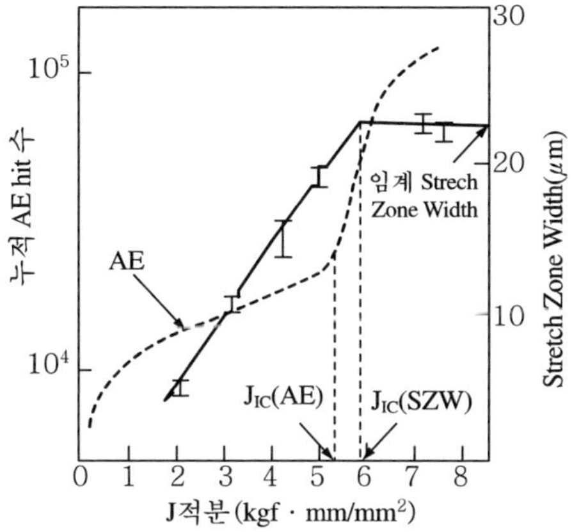

[그림 2.13] AE 및 Stretch Zone Width와 J적분값과의 관계

임계 스트레치 영역 폭에 도달했을 때의 J적분 및 AE 급증점의 J적분을 각각 J_{IC}(SZW) 및 J_{IC}(AE)라 하면 안정 균열 시작점은 상당히 잘 일치하고 있다. 따라서 [그림 2.13]과 같은 AE 거동을 나타내는 재료에 대해서는 AE 시험을 병용함에 따라 파괴인성을 측정할 수 있다.

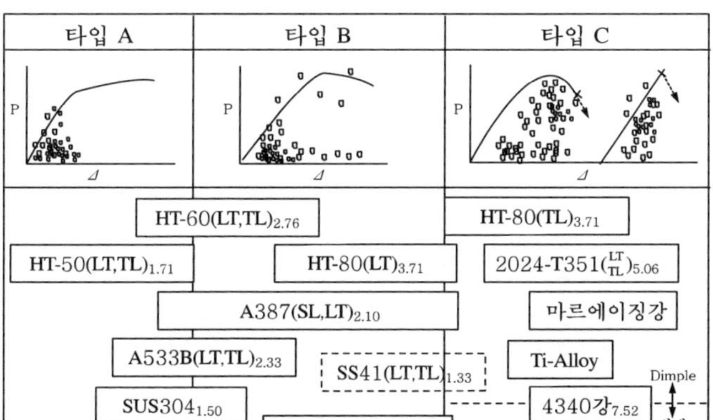

[그림 2.14] AE 발생 패턴 분류표

[그림 2.14]에 항복응력 σ_Y가 다른 다양한 재료에 대해 동일한 컴팩트 시험편(CT 시험편, 판 두께: 25mm)을 이용하여 파괴인성시험을 실시한 결과를 나타낸다. 그림에서는 하중(P)−변위(Δ) 곡선상에 AE energy 분포를 나타내며, 재료의 미시균열 전파과정에 대응하여 3가지 패턴으로 분류할 수 있음을 나타내고 있다. 그림의 아래쪽에는 각종 재료가 σ_Y/E의 크기별로 나열되어 있는데, 오른쪽일수록 고강도 재료임을 나타낸다. 또, 일부에서는 재료를 잘라내는 방향(L: 압연, T: 가로 방향, S: 판 두께 방향)도 나타내고 있다. [표 2.1]에 이 3가지 타입의 AE 발생 패턴의 특징을 나타낸다. 타입 C에 속하는 고강도 재료는 [그림 2.13]과 유사한 그래프가 그려지며, 파괴인성 J_{IC}(AE)를 결정할 수 있다. 그리고 AE에 의해 국소적으로 진전된 미시균열의 성장을 검출하고 있다고 생각할 수 있다. 한편, 타입 A에 속하는 저강도 재료에 대해서는 J_{IC}(AE)를 결정할 수 없다. 파면은 연성파괴 특유의 딤플(dimple) 패턴을 나타낸다. AE가 부하 초기단계부터 발생하고 있다는 점에서 AE 발생원은 균열의 발생 · 성장 이외에 존재한다고 예상할 수 있다.

취성 재료인 세라믹의 파괴에 따른 AE 거동은 기본적으로는 고강도 재료의 거동과 같다. 파괴에 의한 신호가 매우 작기 때문에 즉, SN비가 매우 작기 때문에 수신 신호의 증폭률을 80~90dB까지 올려 잡음을 제거하는 것이 중요하다.

[표 2.1] AE 발생 패턴의 분류([그림 2.14]의 결과 정리)

	$\sigma_Y/E(\times 10^{-3})$	AE 발생 패턴의 특징	비고
타입 A	~2.0	저진폭(2mV 이하)의 AE가 부하 초기 단계부터 발생하고 전체 단면 항복 후에는 적어진다. AE 활성도가 가장 작다. 2직선 근사 불가능.	

타입 B	2.0~3.7	타입 A의 발생 패턴에 대진폭 AE가 여러 개 혼재한다.	대진폭 AE를 잡아내어 재료의 품질 관리를 실시할 수 있는 가능성이 있다.
타입 C	3.7~	P−Δ선도의 5% Offset 부근부터 대진폭(수 mV 이상) AE가 다수 발생한다. 2직선 근사에 의한 J_{IC}(AE)(K_{IC}(AF))가 정의 가능하며, 이러한 수치는 J_{IC}에 잘 대응한다.	J_{IC}(AE) 결정 외에 AE를 불안정 파괴의 전조 감지에 이용 가능하다.

2.2.3 시간 의존형 파괴에 따른 AE의 특징

하중을 부하하여도 바로 파괴되지 않고 긴 세월에 걸쳐 조금씩 파괴가 진행되는 현상을 시간 의존형 파괴라고 한다. 전형적인 시간 의존형 파괴에는 피로파괴, 응력부식균열, Creep 파괴가 있는데, 이러한 파괴로 인한 파괴 사고가 다수 발생하고 있어 AE 시험은 이러한 파괴의 초기단계에서의 검출이나 파괴 진전·진행의 감시에 적용되기 시작하였다. 여기서는 피로파괴와 응력부식균열에 따른 AE 특징에 대해 설명한다. 또한, Creep 파괴에 대해서는 AE 시험의 적용 예를 9.2.2에 게재하였다.

재료 내부의 피로 진행에는 3단계 과정이 있다. 미시균열의 발생에 이르기까지의 제 1단계, 미시균열의 성장에서 주 균열 발생에 이르는 제 2단계, 주 균열의 성장에서 최종 파단에 이르는 제 3단계이다. 제 1 및 제 2 단계에서의 AE 거동은 검출되는 AE 신호가 미약하기 때문에 불분명한 점을 남긴다. 그러나 제 3단계에 들어가면 AE의 발생 거동은 파괴역학 파라미터를 이용하여 정식화 할 수 있다. 고강도 재료에서 AE 발생원은 균열 진전에 의해 해방되는 에너지 및 균열 끝 근방에서 형성되는 항복 영역의 소성 체적에 관계하고 있음이 명확해져 있다. 학술적인 연구에 AE 시험을 적용할 경우에는 균열의 개폐에 따른 2차 AE를 하중 위상별 해석으로 제거하는 경우가 있으나, 실구조물에서의 피로손상 모니터링에서는 개폐에 따른 2차 AE도 유효 신호로 오히려 적극적으로 다루는 경우도 있다.

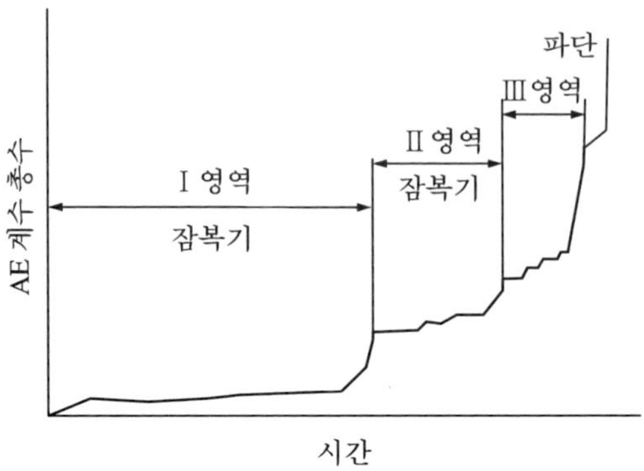

[그림 2.15] 응력부식균열 진전 중의 AE 거동

[그림 2.15]에 응력부식균열 진전 중의 AE 거동을 나타낸다. 이는 균열 진전에 시간 의존성이 있는 현상(Subcritical, 균열 성장)으로써 알려져 있다. 그림에는 균열의 진전 속도를 표시하지 않았으나, 거의 균열의 진전이 없는 II영역에서도 AE event가 계측되고 있다. 여기서는 부식에 영향을 미치는 수소의 기포 발생, 부식 생성물로 이루어지는 피막의 파괴, 애노드(anode) 용해 및 균열 끝의 소성변형 등의 AE 발생원이 영향을 미치고 있다고 생각할 수 있다.

2.3 AE파의 성질

AE파는 재료 내부를 전파하는 파동이지만 매체 그 자체가 이동하는 것이 아니라 매체의 변화가 전해지는 현상이다. 파동을 가장 간단하게 1차원적으로 다루면 어느 위치 x에서의 시각 t에 대한 파동의 변위 $a(x, t)$는

$$a(x, t) = A \sin k \cdot (x - V \cdot t) \tag{2.2}$$

로 나타낼 수 있다. 여기서 V는 AE파의 전파속도, A는 진폭, k는 파수이다.

파동의 큰 특징은 시간과 함께 변동한다는 것이다. 식 (2.2)에서 시간과

관련된 항을 빼면 $\sin k \cdot V \cdot t$이며, 주기 함수로써 $k \cdot V \cdot t$로 시간과 함께 진동함을 알 수 있다.

파동은 탄성파이며 탄성 방정식의 해로 알려져 있는 종파와 횡파로 이루어져 있다. 이론적으로는 무한대로 큰 고체 속을 전파하는 AE파는 이 2 종류뿐이다. 그러나 실제로는 무한대로 큰 부재가 없으며, 부재의 표면에 AE파가 전파된 시점에서 레일리파(Rayleigh Wave)라고 하는 표면파가 발생하여 전파한다. 게다가 박판상태의 부재에서는 박판의 앞뒤에 자유 표면을 가지기 때문에 복잡한 표면파의 생성이 일어나고, 대부분의 경우에는 그 파장이 판 두께 보다도 길기 때문에 램파(Lamb wave, 판파)라는 판으로써의 변형을 포함한 파가 생성된다(램파에 대해서는 2.5절에서 상세히 설명한다).

종파는 체적 변화를 발생하면서 재료 내를 전파하는 파동이다. 그 속도 V_p는 종탄성계수(영률) E와 푸아송비 v를 이용하여 아래의 식으로 나타낸다.

$$V_P = [(1-v)E/\{\rho(1-2v)(1+v)\}]^{1/2} \tag{2.3}$$

식 (2.2)를 참고로 x방향으로 전파하는 x방향의 파동 성분 $u(x, t)$를 생각하면 파동식은,

$$u(x, t) = A\sin k(x - V_P t) \tag{2.4}$$

가 된다. 이것이 종파의 특징이며 [그림 2.16]과 같이 파동 성분의 진동 방향과 전파 방향이 일치하고 있다. 공기 중을 전파하는 음파가 이 대표적인 예이며, 파동 성분은 체적이 큰 드문드문한 부분과 체적이 작은 조밀한 부분이 주기적으로 변동하면서 전파되게 된다. 따라서 종파는 조밀파라고도 한다.

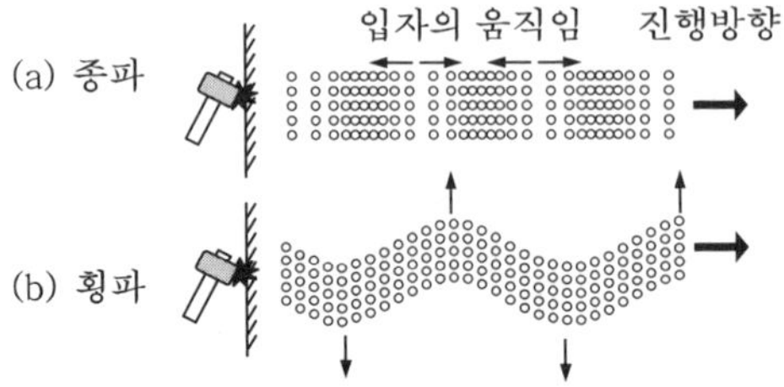

[그림 2.16] 종파와 횡파의 전파 거동

한편, 횡파는 전단성의 변화를 전하는 파동이다. 그 속도 V_s는 종탄성 계수(영률) E와 푸아송비 v를 이용하여 아래와 같이 나타낸다.

$$V_s = [E/\{\rho 2(1+v)] \tag{2.5}$$

이 경우에 x방향으로 전파하는 y방향의 파동 성분 $v(x, t)$를 고려하면, 파동식은

$$v(x, t) = A\sin k(x - V_s t) \tag{2.6}$$

가 된다. [그림 2.16(b)]와 같이 횡파는 y방향으로 진동하면서 파의 전파 방향은 x방향이 된다. 또한, 전단 변형은 기체 또는 액체에서는 발생하지 않기 때문에 횡파는 기체와 액체 속을 전파하지 못한다.

종파 속도 V_P와 횡파 속도 V_S의 비를 취하면, 식 (2.3)과 식 (2.5)에 따라

$$V_P / V_s = [2(1-v)/(1-2v)]^{1/2} \tag{2.7}$$

로 나타낼 수 있다. 고체 재료의 푸아송비는 0~0.5이기 때문에 식 (2.7)에서 종파는 횡파보다 항상 빠름을 알 수 있다. 지진에서는 최초로 도달하는 종파를 Primary Wave(P파)라 하고 뒤이어 도달하는 횡파를 Secondary Wave(S파)라 하는데, 지진 이외의 분야에서는 P파, S파라는 용어가 일반적으로 사용되고 있다.

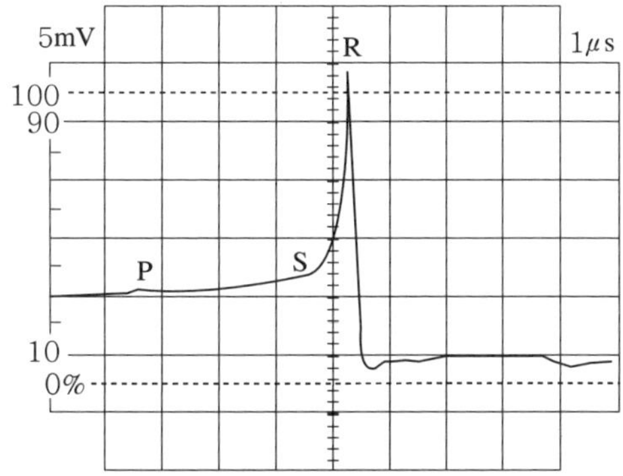

[그림 2.17] 용량형 변위센서에 의한 Lamb 문제의 계측 파형[3)]

레일리파의 예로써 센서를 교정할 때 실시하는 샤프심 압절 시험에서 관측되는 파형의 예를 [그림 2.17]에 나타낸다.

이것은 Lamb 문제의 해로써 탄성 파동론 및 지진학에서 널리 알려진 것이며, 재료의 동일 표면상에서 순간적으로 면에 수직으로 힘이 작용했을 경우에 떨어진 표면상의 점에서 관측되는 수직 변위이다.

Breckenridge는 처음으로 용량형 변위센서를 이용하여 이 이론 파형을 AE 계측장치로 기록할 수 있었다[3)].

그림에 따르면 먼저 작은 진폭의 종파(P파)가 도달하고 다음으로 횡파(S파)와 레일리파가 도착하는데, 이 경우에 파동의 주 진폭은 명백히 레일리파임을 알 수 있다. 즉, 센서를 설치한 면에 외력을 가했을 경우, 노이즈 레벨이 높으면 레일리파를 초기 파형으로 관측하게 되므로 주의가 필요하다.

2.4 파장과 주파수

식 (2.2)에서 주기 함수의 시간 항을 빼내면, $k \cdot V \cdot t$였다. sine 함수는 2π에 1주기이지만 1초당 2π를 몇 회 반복하는지가 관심사가 될 경우

에는 주파수 f를 이용하여,

$$k\cdot V\cdot t = 2\pi f\cdot t \tag{2.8}$$

로 나타내는 경우가 있다. 또, $2\pi f$를 각진동수 ω(각주파수)를 이용하여 나타내는 경우도 있다.

$$k\cdot V\cdot t = \omega\cdot t \tag{2.9}$$

식 (2.8)에서 $\sin 2\pi$가 되는 것은 $f\cdot t = 1$이 될 때이므로 그 경우의 시간 t를 T로 하여,

$$T = 1/f \tag{2.10}$$

로 나타낼 수 있다. 이 때 T는 파의 주기(period)에 대응한다. 한편, 식 (2.11)과 반대로,

$$f = 1/T \tag{2.11}$$

를 생각하면, 이것은 1파장의 전파가 단위 시간 내에 몇 회 있는지를 나타내고 있다. 일반적으로 1초(1s)에 대한 반복 횟수를 주파수(frequency)라 하며, 단위는 [s^{-1}] 또는 [Hz](헤르츠, Herz)를 이용한다.

1주기 사이에 전파하는 거리가 파장이며,

$$\lambda = c\cdot T = c/f \tag{2.12}$$

가 된다.

P파를 예로 들면, 콘크리트의 P파 속도는 4000m/s이며 100kHz 성분의 파장은,

4000m/s / 100kHz=40mm

가 된다. 암반이나 콘크리트에서는 이것보다 낮은 주파수 대역을 계측에 이용하는 경우가 많기 때문에 40mm를 넘는 파장 성분을 가진 AE파가 계측 대상이라는 점에 유의해야 한다. 한편, 강철재는 P파 속도는 6000m/s 이기 때문에 1MHz의 성분에서,

6000m/s / 1MHz=6mm

가 되어 대부분의 경우 측정에 이용하는 판 두께보다도 파장이 긴 경우가 많다. 이 점이 금속재료 등에 대한 AE 계측에서는 위에서 설명한 램파(다음 절에서 설명)가 탁월한 이유이기도 하다.

[표 2.2]는 다양한 물질에 대해 AE의 전파속도와 주파수 150kHz일 때의 파장을 나타낸 것이다. 그 외 물질의 전파속도에 대해서는 책 마지막 부분의 부록 4를 참조하기 바란다.

[표 2.2] AE의 전파속도와 150kHz일 때의 파장(이 값은 대표적인 값임)

물질	밀도	종파		횡파	
	(g/cm^3)	V_P(m/s)	λ(mm)	V_S(m/s)	λ(mm)
알루미늄	2.70	6260	41.7	3080	20.5
강철	7.80	5900	39.3	3230	21.5
콘크리트	2.50	4000	26.7	2600	17.3
물(20℃)	1.00	1480	9.87	–	–

2.5 가이드파

압력용기, 구형 탱크, 배관 등의 AE 시험에서는 AE파의 파장이 대상 설비의 두께보다도 커지는 경우가 종종 있다. 이러한 경우에 AE파는 판면의 경계 조건에 따라 종파, 횡파로써 전파할 수 없게 되어 물리적인 경계에 의해 형성된 도파로를 따라 전파한다. 가이드파는 전파 모드가 무수하게 존재하며 각각 속도 분산을 가지기 때문에 취급상 번거로운 문제도 발생하지만, 에너지의 산일(散逸, 흩어져 없어짐)이 적어 먼 곳까지 전파한다는 이점도 가지고 있다[6). 가이드파는 전파하는 도파로의 형상(막대 형태, 관 형태, 판 형태)에 따라 모드가 변화하지만, 모두 정성적으로는 비슷하기 때문에 박판을 전파하는 램파(판파)를 예로 설명한다.

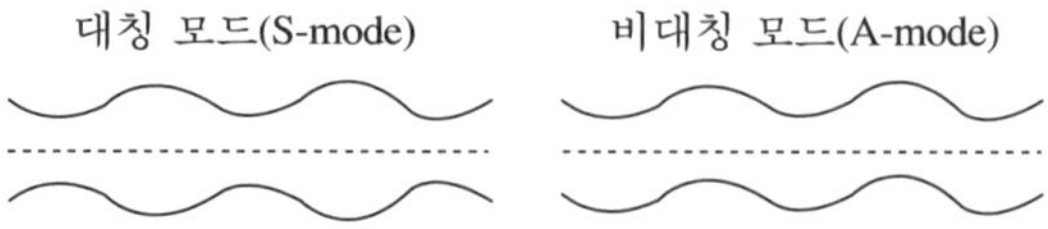

[그림 2.18] 램파의 기본(0차) 모드

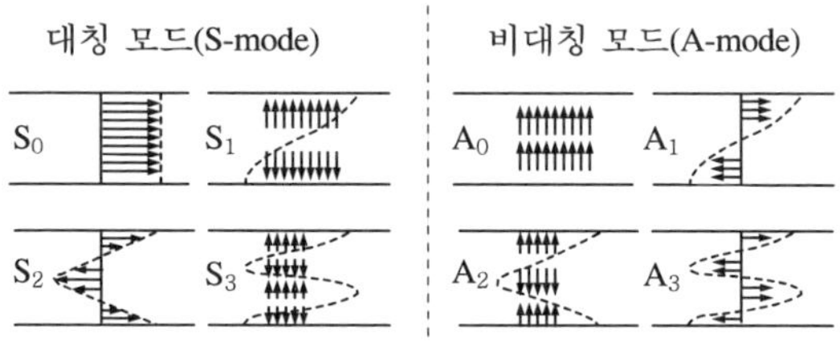

[그림 2.19] 램파의 상세 모드

램파는 그 진폭 분포에 따라 [그림 2.18]과 같이 대칭(Symmetric) 모드와 비대칭(Antisymmetric) 모드로 나뉜다. 그리고 각각의 모드는 내부의 응력 분포에 따라 [그림 2.19]와 같이 더욱 세밀하게 나눌 수 있다. 바깥 표면에서의 진동 방향이 같을 경우에는 대칭 모드(S-mode), 반대일 경우에는 비대칭 모드(A-mode)가 되지만, 고차 모드가 됨에 따라 판 두께 내에서의 진동은 복잡해진다.

[그림 2.20]은 CFRP 박판(두께: 2.0mm)을 사이에 두고 양면에 AE 센서를 부착하여 충격 손상에 의한 AE를 관측한 예로, 양면에서 검출한 2가지의 AE파를 겹쳐서 나타내고 있다. AE가 램파 대상 모드로 전파한 경우에는 상하 면에서 검출한 AE파의 위상이 같아지고, 비대칭 모드로 전파한 경우에는 반대가 됨을 알 수 있다.

램파의 속도는 수치 계산으로 구할 수 있다. [그림 2.21]은 두께 1.0mm의 알루미늄(종파 속도: 6420m/s, 횡파 속도: 3040m/s)에 대해서 계산한 램파의 군속도(파의 에너지가 전해지는 속도) 분산 곡선이다. 램파의 군속도는 가장 빠른 모드일지라도 반드시 종파 속도 이하이며, 또, 램파 속도는 전파 모드와 주파수에 의존함을 알 수 있다. 단발의 AE일지라도 그것이 어느 정도의 거리를 전파한 후에는 여러 개의 전파 모드로써 구분되어 관측되는 경우도 있다. 또, 램파로써 전파하는 AE는 전파함에 따라 분산성 파동이 된다.

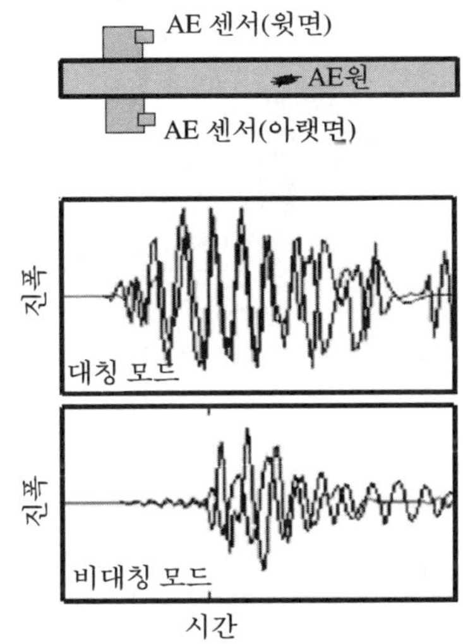

[그림 2.20] 실제로 관측된 대칭 모드와 비대칭 모드의 AE[7)]

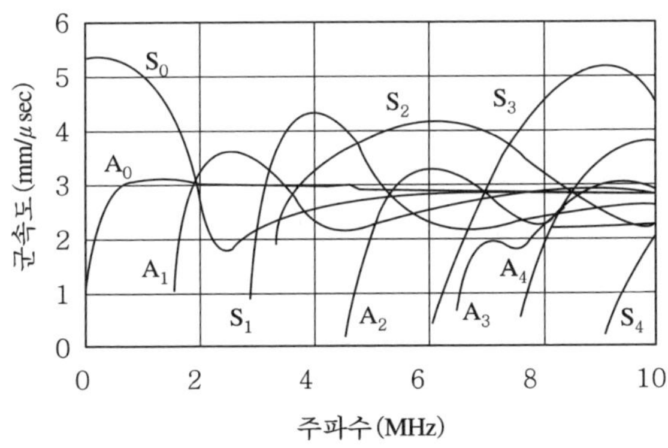

[그림 2.21] 램파의 군속도 분산 곡선의 예

[그림 2.22]는 두께 2mm의 복합재료제 탱크를 전파하는 AE의 예[8)]로 전파 거리(그림 속의 PL)가 길어질수록 분산성 파동이 됨을 알 수 있다.

종파, 횡파의 속도가 주파수에 의존하지 않는 것에 비해 램파는 주파수나 전파 모드에 따라 속도가 변화하기 때문에 판재, 배관 등에 대한 AE원 위치표정을 할 경우에는 이 점을 충분히 고려할 필요가 있다.

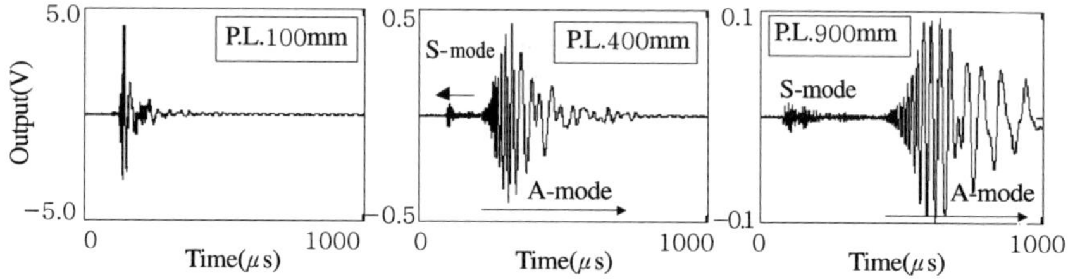

[그림 2.22] 박판 위를 전파하는 램파의 예

2.6 AE파의 전파 특성

2.6.1 AE파의 반사와 굴절

거울에 자신의 모습이 비치는 것은 빛이 거울에 반사되기 때문이다. 한편, 희미하게 보이던 먼 곳의 글자가 안경을 씀으로써 잘 보이는 것은 빛이 안경에서 굴절되기 때문이다. 이처럼 빛은 다른 매질에 닿으면 반사/굴절하고, 우리는 이러한 현상을 생활에 잘 응용하고 있다.

한편, AE파의 경우에도 다른 매질의 경계에서 반사와 굴절 현상이 발생한다. 대부분의 경우, 이러한 현상은 AE 해석에 있어서는 달갑지 않은 현상이며 반사와 굴절 현상을 고려하지 않으면 잘못된 평가를 할 가능성이 있다. 본 절에서는 AE파의 반사와 굴절에 대해 설명한다.

[그림 2.23]과 같이 2가지의 다른 매질(매질 I과 매질 II)이 접촉하고 있다고 가정하고, 각각의 매질 속을 AE파가 음속 V_1과 V_2로 전파한다고 가정한다. 다른 매질의 경계면에 파가 입사되면 파의 일부는 반사되고 나머지가 제 II매질 속으로 굴절되어 진행된다.

그림과 같이 입사점 0에서 매질의 경계면에 있는 법선 XY를 기준으로 입사파의 진행 방향에 의해 만들어지는 각 α를 입사각, 굴절파의 진행 방향에 의해 만들어지는 각 θ를 굴절각, 반사파의 진행 방향에 의해 만들어지는 각 β를 반사각이라고 한다.

입사파, 굴절파, 반사파의 사선(파의 진행 방향을 나타내는 선) 및 법선 XY는 동일 평면 내에 있다.

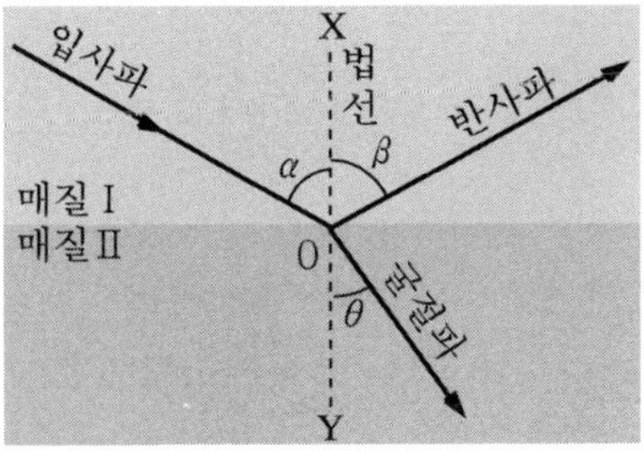

[그림 2.23] AE파의 반사와 굴절

입사각 α, 굴절각 θ, 반사각 β과 매질 속의 속도 V_1, V_2 사이에는 아래와 같은 관계가 성립됨이 알려져 있다.

$$\frac{\sin\alpha}{V_1} = \frac{\sin\beta}{V_1} = \frac{\sin\theta}{V_2} \tag{2.13}$$

입사각 α, 반사각 β, 굴절각 θ과 음속 V_1, V_2의 관계는 모두 이 식으로 나타낼 수 있으며, 이 관계를 스넬의 법칙이라고 한다.

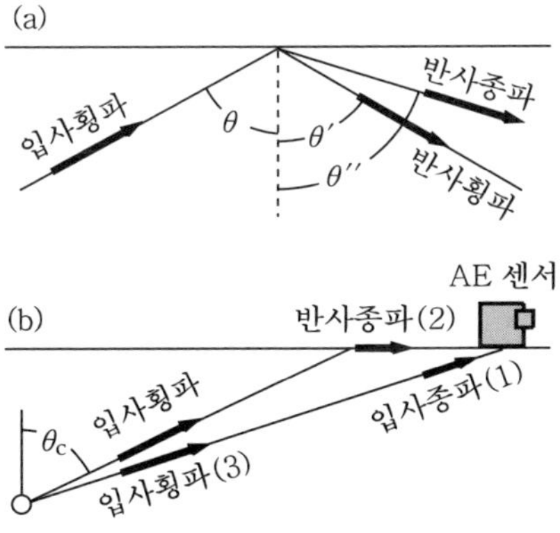

[그림 2.24] AE파의 입사와 반사

다음으로 이러한 현상이 AE 계측에 미치는 영향을 조금 구체적으로 설명한다. 반사의 경우를 예로 들어, [그림 2.24(a)]와 같이 횡파가 표면에서 반사되는 예를 생각한다. 그림과 같이 횡파가 입사될 경우에는

$$\frac{\sin\theta}{V_S} = \frac{\sin\theta'}{V_S} = \frac{\sin\theta''}{V_P} \tag{2.14}$$

가 되어 횡파뿐 아니라 횡파의 일부가 종파로 변환된다. 이러한 경우, 모드 변환에 의해 종파가 발생했다고 한다. 여기서 모드란, 진동 양식을 뜻한다. 횡파의 반사에 의해 횡파만 발생하는 것이 아니라 반사 종파도 발생한다는 점에 주의해야 한다. 종파의 입사에서도 당연히 반사 횡파가 발생한다.

횡파는 입사 전과 입사 후에 속도가 변화하지 않기 때문에 식 (2.13)의 스넬의 법칙에 의해 입사각 θ과 반사각 θ'은 일치한다. 한편, 종파는 횡파보다도 속도가 빠르기 때문에 반사각 θ''는 항상 횡파의 반사각 θ'보다 커진다. [그림 2.24(b)]와 같이 횡파의 반사각 θ''가 90°일 경우에는 횡파의 입사파가 경계면에서 반사되어 표면을 따라 전파하는 종파가 발생한다. 이 파를 SP파라 하며, SP파가 생길 때의 입사각

$$\theta_c = \sin^{-1}\frac{V_S}{V_P} \tag{2.15}$$

을 임계각이라 한다. AE 발생원에서 AE 센서로의 입사각이 식 (2.15)에서 얻어지는 임계각보다 클 경우에는 [그림 2.24(b)]의 (1), (2), (3)의 순서로 P파, SP파, S파가 센서에 도달하게 된다. 따라서 AE파를 실측할 경우 예를 들어, 시험편 속에서 AE가 발생했을 때에 직접 센서에 입력되는 종파, 횡파 외에 많은 반사파가 검출되기 때문에 매우 복잡한 파형이 검출된다.

2.6.2 AE파의 감쇠[4)]

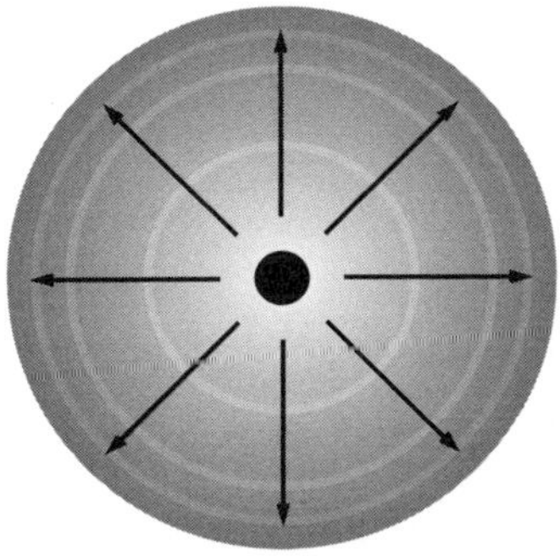

[그림 2.25] 구면파의 확장 모습

[그림 2.25]와 같이 무한체에서 AE가 발생하면 AE파는 발생한 지점을 중심으로 구 형태로 확산된다. 이러한 확산 형태를 보이는 파(탄성파)를 구면파라고 한다. 구면파는 사방팔방으로 확산되기 때문에 거리가 멀어질수록 파의 진폭은 작아진다. 구면의 반지름을 r이라 하면 표면적은 $4\pi r^2$이며, 이 확산만을 생각하여도 표면의 단위 면적당 에너지는 널어짐에 따라 $1/4\pi r^2$로 감쇠한다. 따라서 구면파에서 진폭 A는 $1/r$에 비례하여 감쇠한다.

[그림 2.26]과 같이 확산되지 않는 평면파도 있는데 이 파는 구면파에서 매우 작은 부분에 상당하며, y축 방향에 대한 변화는 전혀 없고 x축 방향으로 표면적을 일정하게 유지하면서 탄성파가 전파하기 때문에 진폭의 변화는 생기지 않는다.

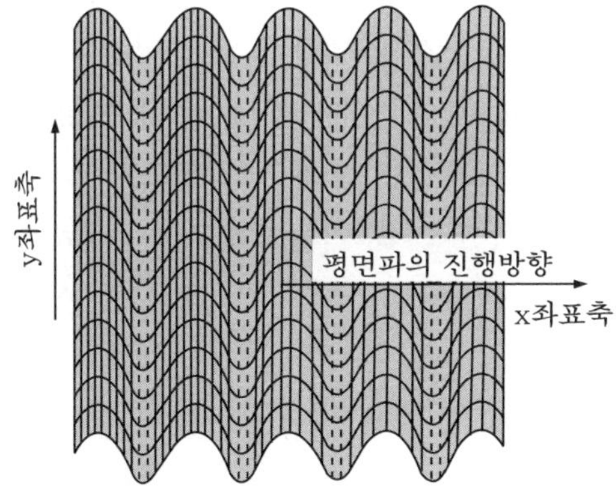

[그림 2.26] 평면파 설명도[4)]

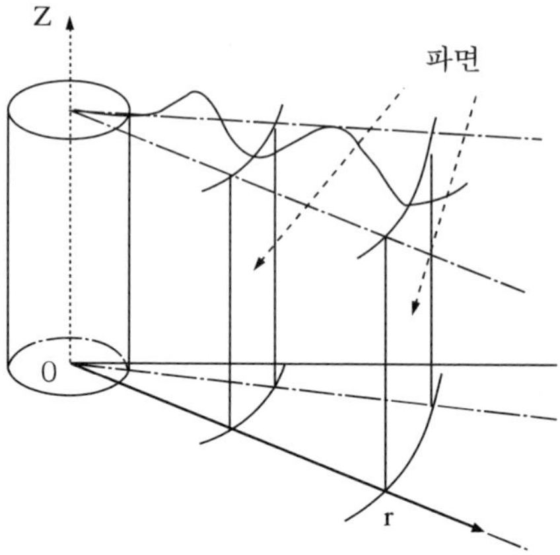

[그림 2.27] 원통파 설명도[4)]

구면파와 평면파의 중간에는 [그림 2.27]과 같은 원통파가 있다. Z방향으로는 완전 동일하여 평면파적이지만, $r\theta$ 면에서는 원형으로 확산된다. 이 때문에 에너지는 $2\pi r$로 확산되게 되고 단위 면적당 에너지는 $1/2\pi r$에 비례하여 감소한다. 따라서 진폭 A는 $1/\sqrt{r}$에 비례하여 감쇠한다.

실제로 시험편 또는 구조물에서 AE파가 전파될 때에는 예를 들면, 판 두께가 큰 CT 시험편이나 콘크리트제 블록에서 반사파가 발생하기 이전의 단계에서는 구면파로, 배관의 벽면을 전파하는 탄성파는 평면파로 그리고, 압력용기나 구형 탱크 또는 원통형 탱크의 넓게 확산되는 판 내에 AE파가 전달될 경우에는 원통파와 유사한 거동을 나타내게 된다. 이러한 이유에서 AE파가 감쇠되는 것을 확산 손실이라 한다.

한편, 위에서 설명한 확산 손실 이외에 AE파는 재료의 점성이나 강철 속의 결정입 등에 의한 산란에 따라서도 감쇠하는데, 이를 산란 감쇠라고 한다.

확산 손실이 없는 평면파에 대해 진폭 A_0의 파가 매체 내부를 거리 x 만큼 전파하여 A_x가 되었을 경우, 그 감쇠의 정도는 아래 식의 감쇠 계수 α로 나타낼 수 있다.

$$\alpha = \frac{1}{x} 20\log\left(\frac{A_x}{A_o}\right) (\text{dB/mm}) \tag{2.16}$$

재료의 감쇠 계수는 주파수에 따라 크게 달라지므로 일반적으로 주파수가 높을수록 감쇠 계수는 크다. 재료 내부의 AE 감쇠 계수는 일반적으로 아래 식으로 나타내진다.

$$\alpha = C_1 f + C_2 f^n \tag{2.17}$$

여기서, C_1, C_2, n은 정수, f는 주파수이다. 제 1항은 수지 등에서 볼 수 있는 점성 감쇠, 제 2항은 결정입에 의한 Rayleigh 산란에 기초한 감쇠로, α값은 f의 증가와 함께 커진다. 따라서 감쇠량은 주파수에 의존하여 주파수가 높아질수록 감쇠량도 커진다.

금속재료와는 달리 복합재료인 콘크리트나 FRP에서는 그 불균일성을 충분히 고려해야 한다. 콘크리트에서는 골재와 모르타르 부착 경계면에서의 반사, 그리고 FRP에서는 수지와 모재 경계면에서의 반사 등에 의한 산란 영향이 나타나 감쇠 특성을 크게 좌우한다고 생각할 수 있다. 일반적으로 콘크리트의 경우, 물, 시멘트, 골재의 배합비나 골재의 형상 등에서, FRP에서는 수지의 방향, 재질, 체적비 등에 의해 감쇠 특성이 크게 달라진다.

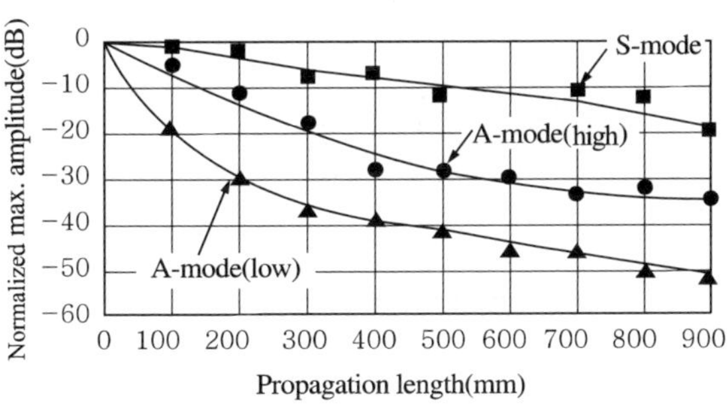

[그림 2.28] 복합재료제 추진제 탱크 표면 상에서의 AE파 감쇠 특성

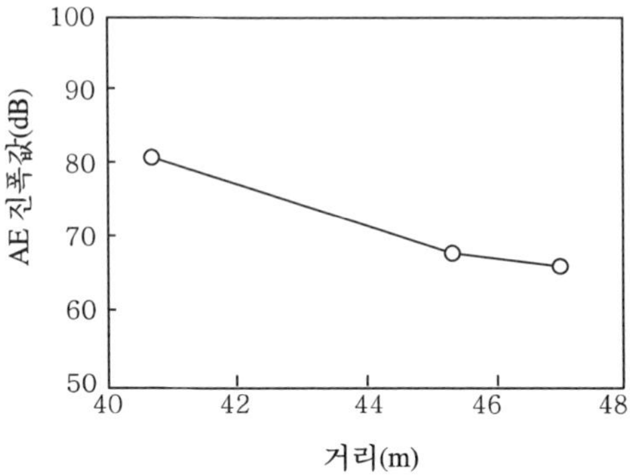

[그림 2.29] 석유 내부를 전파하는 AE파의 감쇠 특성

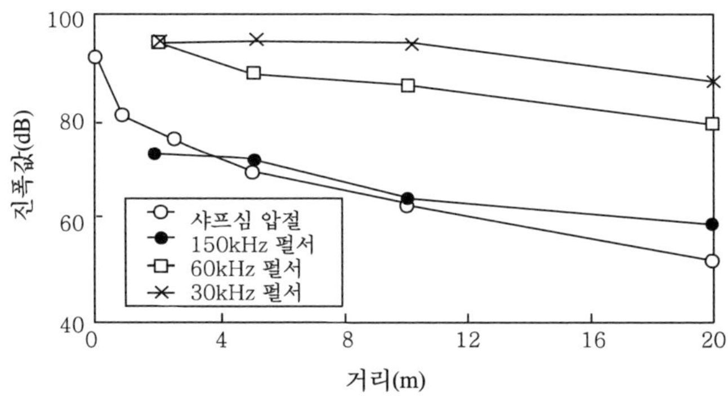

[그림 2.30] 측면벽의 감쇠 특성(검출용 AE 센서 : 30kHz 공진형)

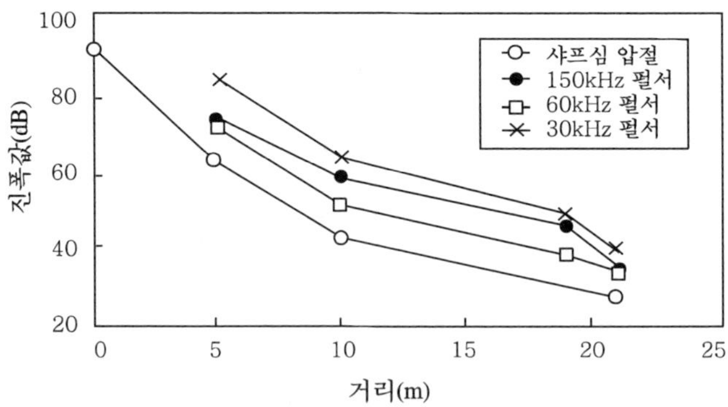

[그림 2.31] 바닥판의 감쇠 특성(검출용 AE 센서 : 30kHz 공진형)

[그림 2.28]은 복합재료제 추진제 탱크의 측면벽(두께: 약 수mm)에서 계측된 AE파의 감쇠 특성이다[8]. 판 두께가 얇기 때문에 AE파는 램파로써 전파한다. AE 음원으로써 샤프심 압절(그림 속 S-mode와 A-mode(low))과 초음파 펄서(pulser, A-mode(high))를 이용하여 음원으로부터 100~900mm 떨어진 범위에서 100mm 간격으로 계측했을 때의 감쇠 곡선이다. 그림에서 전파 모드와 주파수에 따라 감쇠 특성이 크게 다름을 알 수 있다.

AE를 이용한 석유 비축 탱크 바닥판의 부식 모니터링이 세계 각국에서 실시되고 있다. 탱크 바닥판의 부식에 의해 발생한 AE는 액체, 측면판 또는 바닥판 내부를 전파하여 AE 센서에 도달한다. [그림 2.29]~[그림 2.31]은 액체 내 측면판과 바닥판에서의 감쇠 특성을 계측한 예이다[9]. [그림 2.29]의 측정에서는 AE 여기(勵起)용 펄서와 검출용 AE 센서로 모두 30kHz 공진형 센서를 사용하였다.

AE를 이용하여 석유 비축 탱크 바닥판의 부식 모니터링을 실시할 때에는 상기와 같은 감쇠 특성을 충분히 고려하여 실시해야 한다.

제유소 설비의 실 배관(배관 치수: 6B, 설계 두께: 5.0mm)에서 측정한 AE파의 감쇠 특성을 [그림 2.32]와 [그림 2.33]에 나타낸다. [그림 2.32]는 30kHz 공진형 AE 센서를 펄서와 수신 센서로 사용한 결과를, [그림 2.33]은 60kHz 공진형 AE 센서를 사용한 결과이다. 그림에서 30kHz 부근, 60kHz 부근의 주파수 대역에서의 감쇠는 약 8m 전파했을 경우에 각각 약 10dB 정도와 10~15dB 정도로 매우 작음을 알 수 있다.

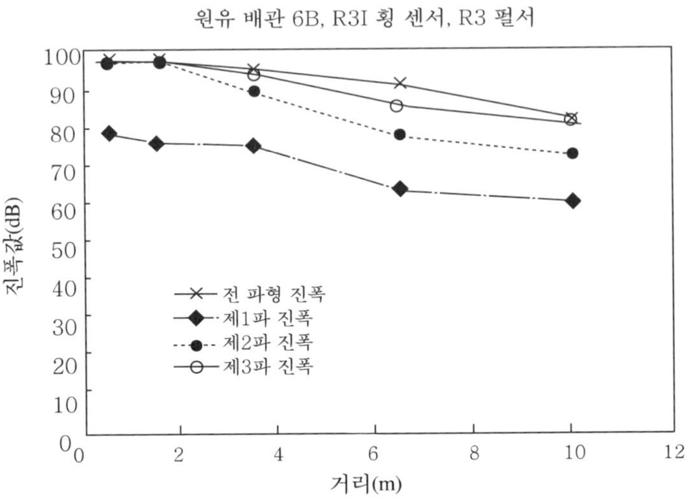

[그림 2.32] 원유 배관의 감쇠 특성(30kHz)

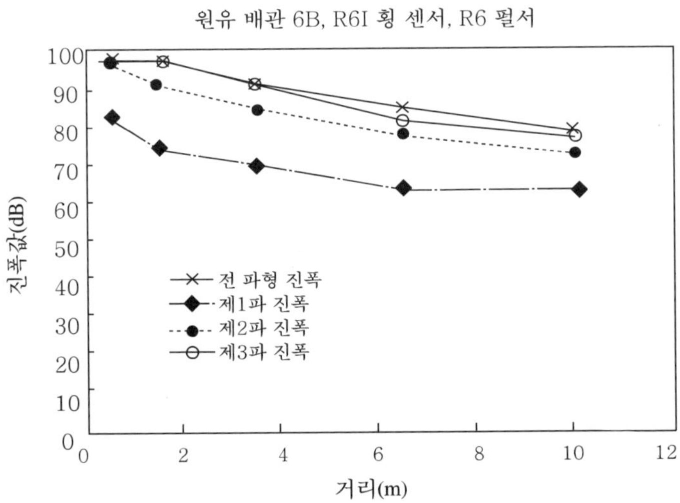

[그림 2.33] 원유 배관의 감쇠 특성(60kHz)

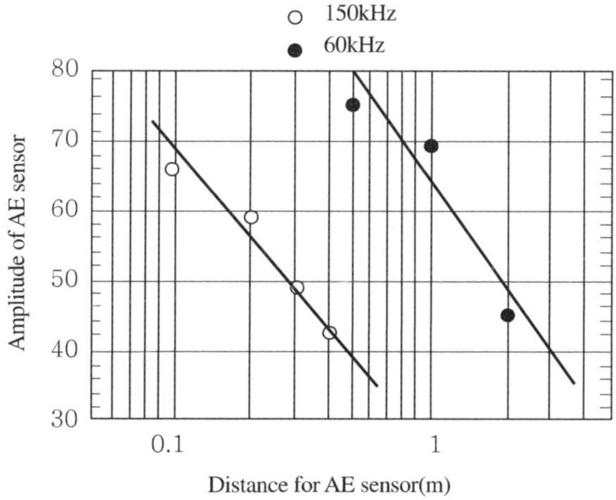

[그림 2.34] 콘크리트 블록의 감쇠 특성

[그림 2.34]는 6.5m×6.5m×1.75m 크기의 콘크리트 블록에 대한 AE파의 감쇠 특성이다. 샤프심 압절을 AE의 음원으로 하여 60kHz 공진형 및 150kHz 공진형 AE 센서로 측정하였다[10]. 60kHz와 비교하면 150kHz의 감쇠는 매우 크다는 것을 알 수 있다. 40dB(센서 출력 100μV)의 Threshold값을 설정했을 경우, 이 콘크리트 블록상에서 150kHz 공진형 센서에서는 30~40cm, 60kHz 공진형 센서에서는 약 2.5m 정도의 범위에서 AE 신호가 검출 가능하였다고 보고되어 있다.

2.6.3 그림자 효과

날씨가 좋은 날이라도 건물 등의 장해물 뒤편에는 그림자가 생긴다. 이와 같이 AE의 전파 경로에 장해물이 있으면 그림자가 생겨(음향적 그림자라고 함) AE를 검출할 수 없는 경우가 있다. 예를 들어, [그림 2.35]는 무한 평판에 펄서를 부착하여 인위적으로 AE를 여기한 시뮬레이션 결과로, AE 센서와 펄서 사이에 구멍이 뚫려있는 경우의 AE파 전파 양상을 나타내고 있다. 구멍이 뚫려 있기 때문에 구멍의 뒤쪽에 그림자가 생겨 AE가 전파되기 어렵게 되어 있다. [그림 2.36]은 구멍이 뚫려있을 경우와 뚫려있지 않은 경우에 검출되는 AE파를 시뮬레이션 한 결과이다. 구멍이 뚫려있지 않은 경우에는 큰 진폭의 AE가 관측되는 것에 비해 뚫려있는 경우에는 작은 진폭의 AE 밖에 관측되지 않는다. 이것이 AE파의 사각(死角, 음향적 그림자)이며, 이러한 현상을 그림자 효과라고 한다. 그림자 효과는 노즐부 등에서 발생하기 때문에 노즐 등이 있는 구조물의 AE를 계측할 경우에는 사전에 유사 음원을 이용하여 적절한 위치에 센서를 설치해야 한다.

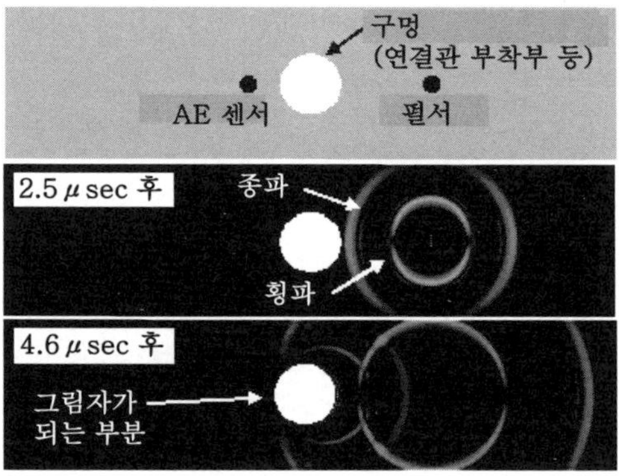

[그림 2.35] 그림자 효과

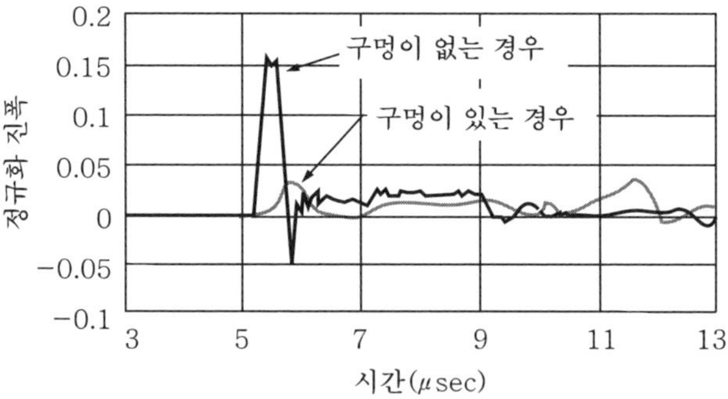

[그림 2.36] 구멍의 유무에 따른 AE파 비교

참고 문헌

(1) 大津政康, Acoustic Emission의 특성과 이론(제2판), 森北出版, 2005.

(2) M.Ohtsu and K.Ono, "The Generalized Theory and Source Representations of AE," Journal of AE, 5-4, pp.124~133(1986)

(3) F.R.Breckenridge, C.E.Tschiegg and M. Greenspan, "Acoustic Emission : Some Applications of Lamb's Problem," J.Acoust.Soc. Am., 57, pp.626~631(1975)

(4) Acoustic Emission II, (사)일본비파괴검사협회(1994)

(5) K.Aki and P.G.Richards, "Quantitative Seismology, Theory and Methods," Vol.I-II, W.H.Freeman and Company (1980)

(6) 西野秀郎, "비파괴계측을 위한 가이드파의 기초와 전망", 비파괴검사, 52-12, pp.654~661(2003)

(7) K.Ono, Y.Mizutani, M.Takemoto, "Analysis of Acoustic Emission from Impact and Fracture of CFRP Laminates," J.of AE, 25, pp.179~186 (2007)

(8) 水谷義弘 외, "AE법에 의한 극저온 복합재료 탱크의 손상 모니터링", 구조물의 안전성 및 신뢰성, 5, pp.569~574(2003)

(9) AE법에 의한 석유탱크 바닥판의 부식 모니터링 기술에 관한 공동 연구 보고서, 독립행정법인 소방연구소, 2001.08

(10) 村上祐治 외, "송전용 철탑 기초의 안착 인발시험에 관한 변형 거동과 AE 특성(1, 파라미터 해석)", 제9회 AE 종합 Conference 논문집, pp.137~142 (1993)

3. AE 파라미터

3. AE 파라미터

3.1 AE 신호의 분석

3.1.1 AE 신호

AE란 재료의 국소적인 변화(AE event)에 의해 개방된 에너지의 일부가 파동이 되어 고체 내부를 전파하는 현상으로, 제 2장에서 설명한 바와 같이 AE 파동은 그 발생원이 된 AE event의 특색을 정보로써 포함하고 있다. 그리고 AE 파동은 매체 내부를 전파함에 따라 그 경로 속에 있는 매체가 가지는 파동의 전파 특성에도 영향을 받기 때문에 AE 발생원으로부터 어느 정도 떨어진 위치까지 전파된 AE 파동에는 그때까지의 전파 매체에 관한 특색 또한 정보로써 포함되어 있다.

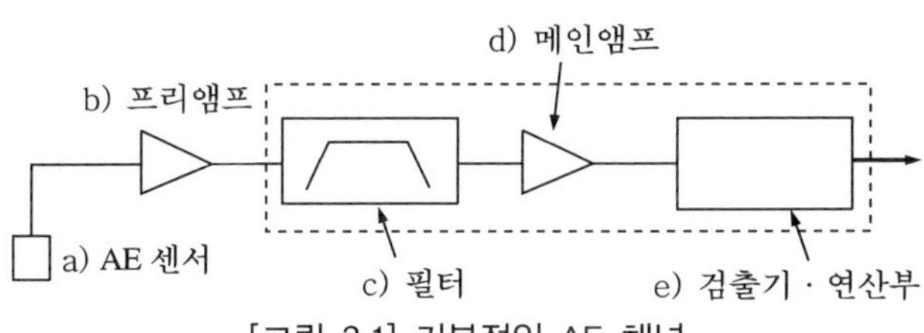

[그림 3.1] 기본적인 AE 채널

AE 계측의 목적은 AE 파동에 포함되어 있는 정보를 추출하는 것이다. 그래서 일반적으로는 [그림 3.1]과 같은 AE 채널(AE channel)이라 불리는 전기 회로 시스템을 이용하여 고체 속을 전파하고 있는 AE 파동을 전기적인 신호(signal)로 변환하여 얻고자 하는 정보를 잡아내기 위한 신호처리(signal processing)가 이루어지고 있다.

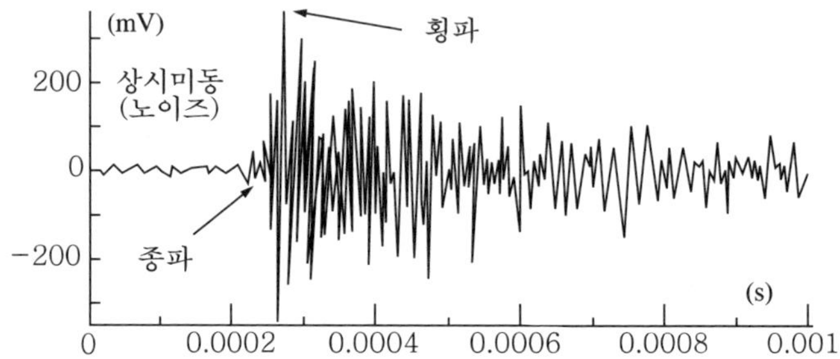

[그림 3.2] AE 신호의 예

즉, AE 계측에 의해 얻어지는 AE 신호(AE signal)란 고체 내부를 전파하는 AE파를 이러한 기기에 의해 검출하고 전기신호로 변환하여 얻어지는 물리량으로, 그 양은 일반적으로 전압값 [mV]이다. 그리고 AE 신호를 [그림 3.2]와 같이 시간축에 따른 변화로 그린 것을 일반적으로 AE 파형(AE waveform)이라 한다.

현재의 AE 계측에서 AE 신호나 AE 파형을 얻기 위한 AE 채널에는 그 검출기 · 연산부, 경우에 따라서는 AE 센서를 제외한 프리앰프 이후의 모든 회로에서 컴퓨터에 의한 디지털 신호처리(digital signal processing; DSP)가 이루어지고 있다.

AE 파동은 시간적으로나 공간적으로나 연속한 물리 변화량이며, 또 AE 센서(AE sensor)로부터의 신호 출력도 상시 지속적으로 이루어지고 있는 아날로그 신호(analog signal)이다.

그러나 컴퓨터와 같은 디지털 신호처리 회로에서는 연속량을 그대로 이용할 수 없기 때문에 AE 센서로부터 연속량으로써 출력된 AE 신호를 어느 일정 시간마다 전압값으로써 계측하는 이산화와 전압값을 일정 전압 간격마다 쪼개서 측정하는 양자화(量子化)라 하는 신호처리를 병행하여 실시하고 있다. 이러한 아날로그 신호를 디지털 신호로 변환하는 신호처리를 아날로그-디지털 변환(A-D변환)이라 한다.

3.1.2 AE 신호의 변별

하나의 AE event에 의해 방사되는 AE 파동은 종파나 횡파 또는 표면파 등의 다양한 파동 성분이 하나된 것이다. 따라서 [그림 3.2]와 같이 AE 신호는 일련의 펄스 집합 즉, 파속으로 잡아낼 수 있다. 이러한 하나의 AE event에서 방사된 AE 파동을 각 AE 센서로 검출한 AE 신호의 파속을 AE hit라고 한다. 즉, 하나의 Event일지라도 각 센서에서 Threshold값을 초과하면 여러 개의 Hit가 되므로 주의해야 한다.

그러나 AE 발생원에서 떨어진 위치에 부착된 AE 센서에서는 각각의 파동 성분의 전파속도에 따른 도달시간(arrival time) 차가 발생하고, AE 신호는 그것이 중첩되어 나타난다. 또한, 통상 그러한 파동은 감쇠를 수반한다. 따라서 AE 신호는 주기적으로도 진폭에 있어서도 규칙에 맞는 결정적 신호(deterministic signal)와는 달리 어느 한 순간의 시점 이후에 신호값이 어떻게 변화하는지를 예측할 수 없는 랜덤신호(random signal)로 되어 있다. 게다가 계측되는 AE 신호에는 어떠한 원인에 의한 잡음이 적지 않게 혼입된다. 이러한 이유로 인해 AE 신호의 시작과 종료가 명확하지 않은 경우가 대부분이라고 볼 수 있다.

따라서 연속적으로 AE 센서에서 출력되고 있는 신호에서 계측 대상인 AE 파동을 나타내는 파속의 시작과 종료 즉, AE 신호의 시작(AE signal start)과 AE 신호의 종료(AE signal end)를 감지하여 이 사이의 연속적인 유의한 AE 신호의 파속 즉, AE hit를 분리, 추출하기 위한 변별이라는 신호처리가 필요하다.

이 AE 신호의 변별처리를 위해 [그림 3.3]과 같은 포락선 검파를 이용하는 방법이 있다.

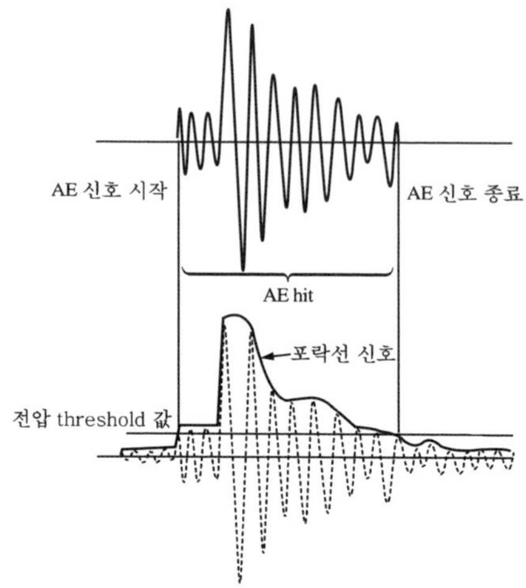

[그림 3.3] 포락선 검파에 의한 AE 신호의 변별

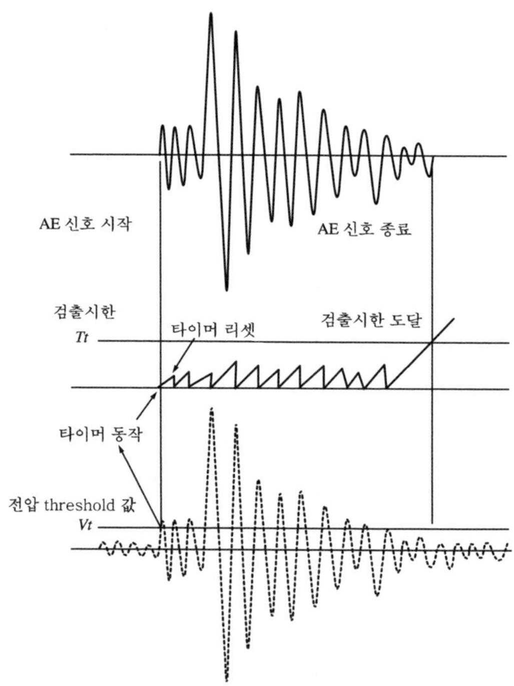

[그림 3.4] 타이머에 의한 AE 신호의 변별

우선 사전에 AE 계측 시 배경 잡음(background noise)의 전압 레벨보다도 약간 큰 전압 threshold값을 설정해둔다. 다음으로 AE 계측에서는 AE 신호 전압값의 크기를 계측함과 동시에 그 AE 신호를 포락선 검파하여 그 전압 레벨이 전압 threshold값을 처음으로 초과한 시점을 AE 신호의 시작이라고 한다. 그리고 포락선 검파 신호의 전압 레벨이 전압 threshold값보다 낮아진 시점을 AE 신호의 종료라고 한다. 이렇게 얻어진 AE 신호의 시작과 종료 사이의 연속한 AE 신호 중 하나의 파속을 AE hit로써 변별하는 것이다.

또, 다른 방법으로는 전압 threshold값과 더불어 타이머를 이용한 시간적인 판별처리를 병용하는 방법이 있다.

즉, AE 신호의 전압값이 최초로 전압 threshold값을 초과한 시점을 AE 신호의 시작이라 하고, 그 후에는 차례차례 입력되는 AE 신호의 전압값과 전압 threshold값을 계속해서 비교하여 AE 신호 전압값의 크기에 관한 어느 조건이 소정의 시간 내에 만족되면 동일한 비교를 반복하여 실시하고, 소정의 시간이 되어도 결국 그 조건을 만족하지 못했을 경우에는 그 시점에서 AE 신호의 종료로 하는 방법이다.

이 방법을 이용한 AE 신호의 변별처리는 아래와 같은 순서로 실시하는 것이 가장 간단하다고 생각된다.

① AE 신호의 시작을 규정하는 전압 threshold값 V_t 및 검출 시한 T_t의 설정

② 처음으로 AE 신호의 크기 V_{ae}가 V_t를 초과한 시점을 AE 신호의 시작으로 하고 타이머를 기동

③ 타이머가 검출 시한 T_t에 미치지 못한 사이에 다시 V_{ae}가 V_t를 초과했을 때에는 그 시점에서 타이머를 리셋하여 재기동

④ 타이머가 T_t에 이르기까지 V_{ae}와 V_t의 비교를 반복

⑤ V_{ae}가 V_t를 초과하지 못한 상태에서 타이머가 T_t에 도달했을 경우에는 그 시점을 AE 신호의 종료로 한다.

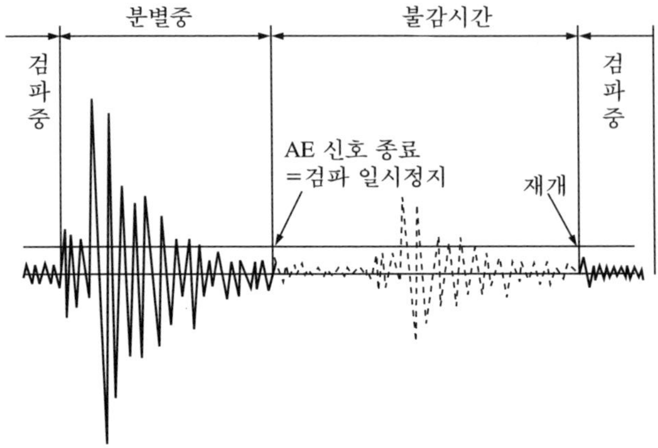

[그림 3.5] AE 신호의 불감시간

여기서 어떠한 AE 신호의 변별처리를 하고 있느냐에 관계없이 일반적으로 AE 신호의 종료로 한 시점부터 일정 시간은 AE 신호를 검출하지 않는 불감시간(Dead time, Hit lockout time)이 설정되어 있는 것이 보통이다.

이것은 이미 변별된 AE 신호의 파속이 돌아가거나 반사 등에 의해 다시 동일한 AE 센서에서 다른 AE 신호의 파속으로써 검출되지 않도록 하기 위한 것이다.

3.1.3 AE 파라미터의 기초

AE를 이용한 재료 평가나 구조물 진단의 경우에는 AE를 발생시킨 원인이 된 AE event와 계측된 AE 신호 파형의 특징 사이의 관계 파악이 일반적으로 실시된다.

실제로 AE 신호에 의해 얻어진 파형은 천차만별이지만 인간의 눈에 의한 시각과 뇌에 의한 인식에 따라서도 그것들은 몇 가지의 패턴으로 구분할 수 있는 경우가 있다. 예로써 [그림 3.6]에 3가지의 AE 파형을 나타낸다. 이러한 파형을 한번 본 것만으로도 파동 진동의 세기나 그것이 계속된 시간의 길이 또는 전파 방법 등의 차이를 읽어낼 수 있다. 그리고 이로써 각각의 AE event가 대강 어떠한 것이었는지에 대해서도 추측할 수 있다.

예를 들어, [그림 3.6(a)]의 AE 신호 파형은 돌발형 AE(burst emission)라 불리는 대표적인 AE 신호 파형이다. 돌발형이라는 이름대로 평정이 유지되는 와중에 돌연히 어떠한 AE event가 발생한 것이라고 쉽게 상상할 수 있다. 또, 그 파의 크기(그림에서는 높이)에서 그 AE event에 의해 개방된 에너지 즉, AE event energy의 크기를 짐작할 수 있다.

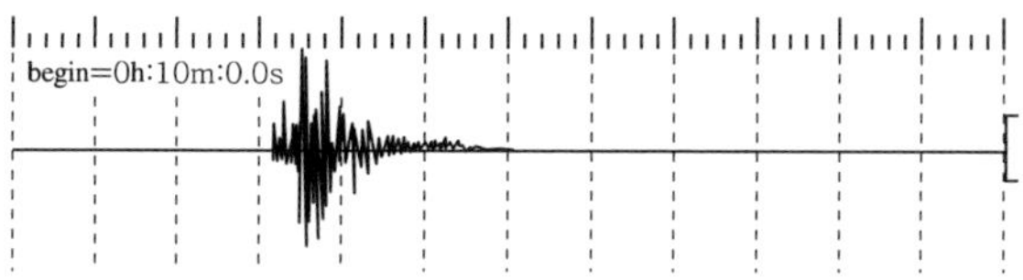

(a) 종파와 횡파의 구분이 명확한 돌발형 파형

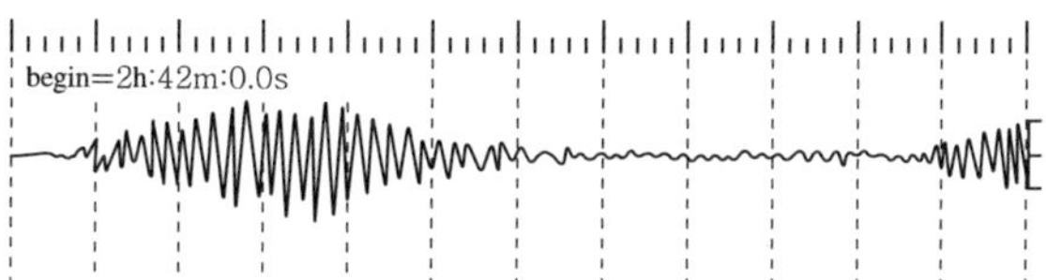

(b) 종파와 횡파의 구분이 불명확한 연속형 파형

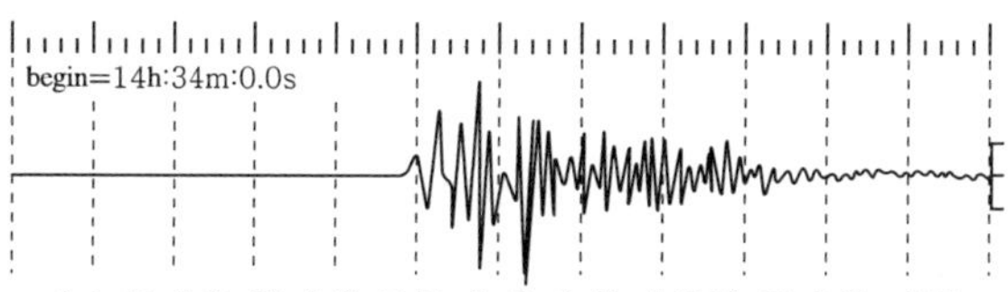

(c) 종파와 횡파의 구분이 약간 불명확한 돌발형 파형

[그림 3.6] 유별된 AE 신호에 의한 파형

이러한 것을 기계 속 어느 부품의 돌연 파손에 의한 것이라고 한다면 그 파손 정도 또는 파손된 부품의 크기 등을 유추할 수 있다. 또는 어느 금속 파편의 충돌에 의한 것이라면 그때의 피충돌체에 대한 손상의 정도를 판별할 수 있다.

이와 같이 AE 신호 파형의 특징을 추출함(waveform feature extraction)

에 따라 AE event의 양태에 의미를 부여하거나 평가하는 것을 AE 신호 분석, AE 신호 해석 또는 일반적으로 AE 해석(AE analysis)이라고 한다.

원래 해석이란 복잡한 현상이나 대상을 단순한 요소로 일단 분해하여 전체 구성의 규명에 도움이 되는 것이다. AE 해석에서 AE 신호 파형으로부터 개별적으로 분리할 수 있는 요소는 아래와 같은 특징이 있다.

- 파동의 크기
- 파동 진동의 세기
- 파동이 지속된 시간
- 파동의 시작부터 가장 큰 파가 되기까지의 시간
- 파동이 점차 작아져서 소실되기까지 소요된 시간

3.2 AE 파라미터

3.2.1 표준적인 AE 파라미터

AE 해석에서는 위에 나타낸 바와 같은 AE 신호 파형 특징에 대해 명확한 수치로 표현하고 있다. 그에 따라 정량화된 AE 신호 파형의 특징을 AE 신호 파형의 분석 파라미터 또는 일반적으로 AE 파라미터(AE parameter)라고 한다. 여기서는 국제표준화기구(International Standard Organization: ISO)의 「AE에 관한 용어」(ISO 12716:2001)로 규정되어 있는 AE 파라미터를 중심으로 설명한다.

[그림 3.7]은 AE 변별 신호 파형에서의 주요한 파형 파라미터의 의미를 모식적으로 나타낸 것이다.

AE 해석에서는 변별된 AE 신호(이하 AE 신호라 함) 파형의 특징적인 점을 나타내는 몇 가지의 AE 파라미터를 산출하여 AE 계측 중 어느 특정 AE 파라미터의 시간적인 변화 양상이나 사전에 정해놓은 하나 또는 여러 개의 Threshold값별 분포 양상을 조사하거나 또는 어느 하나의 AE 파라미터와 다른 AE 파라미터와의 상관 관계를 조사함에 따라 AE event의 물리적인 현상에 관한 정보를 유추하는 것이 일반적이다.

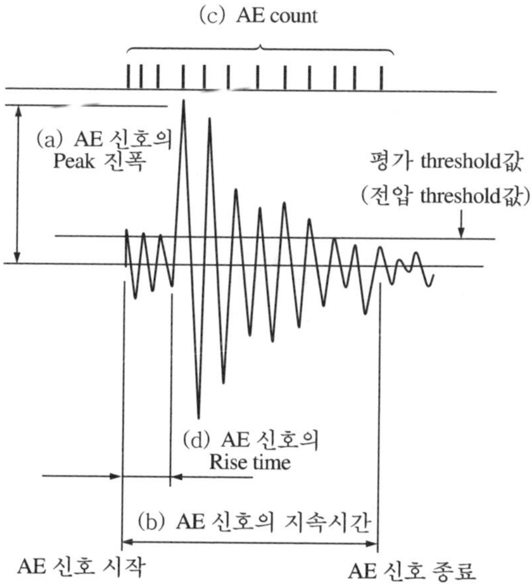

[그림 3.7] AE 신호에서의 파형 파라미터

여기서 AE 신호의 순간적인 전압값의 크기에만 착안한 전압 threshold값과는 구별하여 AE 파라미터를 산정하기 위한 기준값이 되는 평가 threshold값이 설정되어 있음에 주의해야 한다.

평가 threshold값은 [그림 3.7]과 같이 전압 threshold값과 동일한 전압값으로 설정되는 경우가 많다. 그러나 AE 신호의 변별 즉, 배경 잡음과의 구별을 목적으로 어디까지나 전압값의 비교에 이용하는 전압 threshold값과 AE 파라미터 산출을 목적으로 그 기준값으로써 참조되는 평가 threshold값과는 본질적으로 그 의미가 다르다.

(a) AE 신호 진폭(AE signal amplitude)

진폭(amplitude)이란 파동에서의 진동의 크기를 나타내는 (−)가 아닌 스칼라량으로 즉, AE 신호 전압값의 절대값이다. AE 신호 진폭은 AE 신호에서의 최대 진폭을 가리키며, AE 신호 최대진폭 또는 간단하게 AE 진폭이라고도 한다.

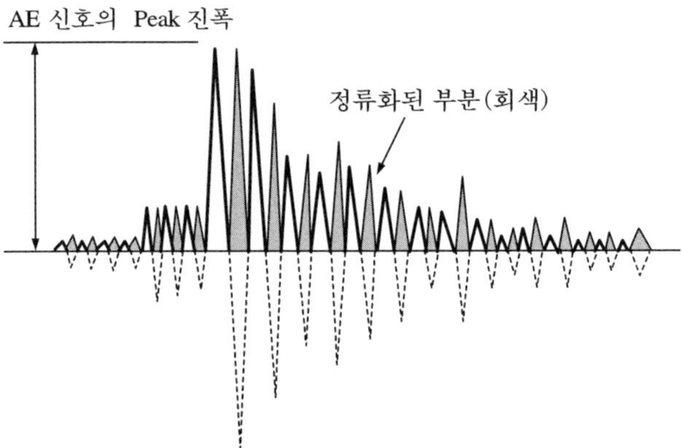

[그림 3.8] AE 신호의 진폭(전파정류 파형)

본래 AE 신호는 ±의 펄스가 번갈아 나타나는 교류 신호이지만 이것을 [그림 3.8]과 같은 전파정류에 의해 (−) 펄스(점선부)를 역전시켜(회색 부분), (+) 펄스뿐인 파속으로 만든다. 그리고 이러한 펄스의 가장 높은 신호 전압값을 추출하는 것이다.

AE 신호의 전압값은 식 (3.1)과 같이 $A_0 = 1\mu V$를 참조값으로 하는 상용 대수의 값으로 표시한다.

$$\text{AE 신호 진폭 } [dB_{AE}] = 20\log_{10}(A_1/A_0) \tag{3.1}$$

여기서, A_1은 AE 센서 출력단(프리앰프에서 증폭되기 전)에서 측정된 AE 신호 전압의 최대값이다.

지진에서 어느 지점의 최대 진도가 AE 신호 진폭에 해당하고, 진원지의 진도가 AE event energy에 해당한다. 따라서 AE 센서와 AE 발생원과의 거리가 동일할 경우에는 AE 신호 진폭값이 클수록 그 AE 발생원에서의 AE event energy는 크다고 보면 된다. 또, AE 센서와 AE 발생원과의 거리가 짧을수록 하나의 AE event에서 발생한 AE 신호 진폭은 크게 얻어진다고 생각할 수 있다.

(b) AE 신호의 지속시간(AE signal duration)

AE 신호의 시작과 종료에 이르기까지의 시간으로, 단순히 지속시간 또는 계속시간이라고도 한다. 고체 속 AE 파동의 경우, 돌발형 AE 신호의 최대 진폭이 클수록 감쇠하는데 시간을 필요로 하기 때문에 결과적으로 AE 신호의 지속시간은 길어진다고 생각할 수 있다. 그러나 감쇠는 AE 파동의 전파 매체에 대한 영향이 크기 때문에 AE 파동의 매체 평가에 이용할 수도 있다.

(c) AE count

일반적으로 AE 신호의 지속시간 동안에 계측 전압값이 평가 threshold값을 초과한 횟수를 말한다. 즉, [그림 3.7]의 신호 파형이 평가 threshold값보다 낮은 상태에서 평가 threshold값의 레벨을 교차하여 그 값을 초과하는 상태가 된 횟수를 계수하는 것으로, Ring-down count 또는 단순히 Count 혹은 Emission count라고 한다.

(d) AE signal rise time

AE 신호의 시작부터 그 AE 신호가 Peak 진폭에 이르기까지의 시간을 나타낸다. [그림 3.6(a)]와 같이 명확하게 종파(P파)의 초동부와 횡파(S파)의 도달이 포함되어 있는 AE 신호라면 이 AE 신호의 Rise time은 P파와 S파와의 전파 속도차에 의해 AE 발생원에서 AE 센서까지의 거리에 비례한다고 생각해도 된다.

그러나 실제 AE 계측에서는 [그림 3.6(b)]와 같이 종파와 횡파의 구분이 불명확한 AE 신호가 계측되는 경우도 많다. 이러한 특이한 AE 신호가 목적으로 하는 어느 특정 AE event와 대응된다면 오히려 적극적으로 이러한 AE 신호 파형을 검출한 모든 AE 신호 파형 속에서 추출할 필요가 있다. 이러한 AE 신호에서는 그 지속시간에 차지하는 Rise time의 비율이 크기 때문에 이들 AE 파라미터에 착안함으로써 추출이 가능하게 된다.

3.2.2 고도의 AE 파라미터

AE 계측에서 계측된 AE count의 시간 미분 즉, 계측 중인 어느 시점부터 다음의 어느 시점까지의 시간으로 나눈 값, 또는 정해진 단위 시간별 AE count의 증분을 AE count rate 혹은 단순히 Count rate 또는 Emission rate라 한다. 이 AE count rate에서 하나의 AE 계측을 통해 AE 진동 세기의 시간 추이를 알 수 있다. 또, 어느 평가 threshold값을 기준으로 한 AE 신호의 진동 세기를 대략적으로 알 수 있다. 하나의 AE 신호에서의 AE count를 AE 신호의 지속시간으로 나눈 값은 주파수와 동일한 차원을 가지는 점에서 이 값을 평균 주파수(average frequency)라고 한다. AE 신호 파형을 신호 강도의 시간적인 나열로써 잡아낼 뿐 아니라, 그 진동의 속도(주파수)에 착안한 스펙트럼(주파수) 해석 또한 AE event 해석에 유효하게 사용되고 있다. 스펙트럼 해석의 상세한 내용에 대해서는 3.5절에 나타낸다.

AE count rate나 평균 주파수와 같이 AE 신호의 특징을 보다 상세하게 표현하기 위해 다른 2가지 AE 파라미터 사이의 비를 구하는 등 여러 개의 AE 파라미터를 이용한 연산을 통해 2차적인 AE 신호의 특징을 나타내는 파라미터를 만들어낼 수도 있다. 2가지의 AE 파라미터를 조합한 2차적 파라미터로써 AE 신호 진폭을 AE 신호의 Rise time으로 나눠 얻어지는 Rise 구배(Rise time to amplitude ratio)가 있다. [그림 3.6(a)]와 같이 종파와 횡파가 명료한 돌발형 AE 신호에서는 그 Peak 진폭에 비해 Rise time은 매우 짧아 Rise 구배는 큰 값이 얻어진다. 한편, [그림 3.6(b)]와 같이 종파와 횡파의 구분이 불명확한 AE 신호의 경우라면 그 Peak 진폭에 비해 Rise time은 비교적 길어 Rise 구배는 작은 값이 얻어진다. 이처럼 Rise 구배는 AE 신호의 평면적인 확대 형상의 패턴 식별에 유효한 파라미터가 된다.

3.3 AE 신호 에너지

3.3.1 신호 에너지

AE event에 의해 개방된 에너지 즉, AE event energy는 이른바 고체를 전파하는 탄성파, 공기를 전파하는 음파 또는 전자파나 광파(光波) 등 여러 가지 파동이 되어 방출되는 것으로 생각할 수 있다. 일반적으로 이러한 물리 현상의 파동이 가지는 에너지는 그 파가 가지는 파고(진폭)의 제곱에 비례하며, 진동 속도(진동수)의 제곱에 비례함이 알려져 있다.

한편, AE 계측에 의해 얻어진 AE 신호 또한 지속시간에서의 전압값 파형으로써 표시된다. 그러나 원래 신호란 시간이나 공간(위치)을 독립변수로 한 일련의 정보를 가진 집합 함수이기 때문에 AE 신호에는 물리적인 크기나 강도 혹은 일량이라는 개념은 적합하지 않다. 그렇다고는 해도 AE 신호 에너지(AE signal energy)는 AE 신호 파형의 시간적인 크기를 나타내는 AE 파라미터 중 하나로 볼 수 있으며, 실제로 AE 신호 진폭과 마찬가지로 Event energy의 크기와 상관성이 있는 것으로 해석되어 자주 이용되고 있다. 일반적으로 신호 에너지(signal energy)는 시계열 신호값 $a(t)$의 제곱에 대한 적분값으로, 아래 식으로 나타내진다.

$$E_{AE} = \int_{-\infty}^{\infty} a^2(t)dt \tag{3.2}$$

3.3.2 대체 AE 신호 에너지

실제 AE 신호는 지속시간으로 구분 지어진 유한의 신호이지만 적분 처리를 하기에는 빠른 속도와 넓은 다이나믹 레인지를 갖춘 연산처리 기능을 필요로 한다. 그래서 이전부터 단순히 AE 신호 진폭(AE 신호의 Peak 진폭)을 제곱한 값을 AE 신호 에너지로 간주하여 이른바 참(true) AE 신호 에너지에 대해 대체적(alternative) AE 신호 에너지가 구해져 현재까지도 널리 이용되고 있다.

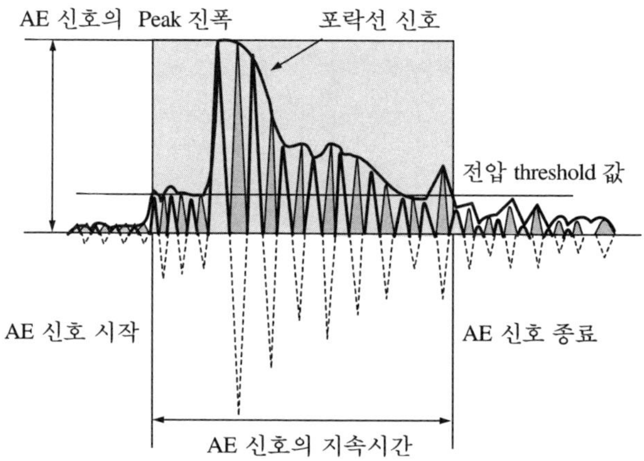

[그림 3.9] 대체 AE 신호 에너지

다음으로 생각해낸 대체 AE energy는 [그림 3.9] 내의 회색으로 표시한 AE 신호의 지속시간 범위로, AE 신호의 전파정류 후의 파형에 대한 포락선 신호를 이용하는 것이다. 단, 여기서 이 진폭의 제곱값의 총계를 연산하기 위해서는 상당히 높은 유효 자릿수를 요한다. 이 때문에 단지 진폭값의 총계를 구하기로 하고 즉, 정류화된 AE 신호의 법락선보다 아래 범위에 있는 면적을 AE 신호 에너지로써 이용하는 것이다.

이것을 MARSE(measure of the area under the rectified signal envelope) 또는 Energy count 혹은 단순히 에너지라고 한다. 물론, 포락

선 파형이 아니라 정류화된 신호 파형 각각의 펄스 면적만을 추출하여 총계를 계산하는 경우도 있을 수 있다.

3.3.3 신호 파워

AE 계측에서의 A-D 변환 원리에서 이산화 시간 단위 Δt로 계측했을 때의 시각 t에 대한 AE 신호값은 유한 구간 $t-\Delta t/2 \le t \le t+\Delta t/2$에서 일정하다는 점에서 그 사이의 에너지는

$$E_{AE} = \int_{t-\Delta t/2}^{t+\Delta t/2} a^2(t)_{const.} dt \tag{3.3}$$

가 되고, 폭 Δt를 가지는 높이 $a^2(t)$의 직사각형 임펄스의 면적이 된다.

또, 신호값의 제곱 $a^2(t)$는 이 사이의 신호 에너지 E_{AE}를 시간 Δt로 평균한 것이라고도 할 수 있으며, 이것을 신호 파워(signal power)라고 하고 아래와 같이 정의한다.

$$P_{AE} = \lim_{T\to\infty} \frac{1}{T} \int_{-T/2}^{T/2} a^2(t)_{const.} dt \tag{3.4}$$

신호 파워 또한 AE 신호의 크기를 나타내는 파라미터로써 이용되며, 그것은 AE 신호의 실효값 또는 RMS값(root mean square value)이라 불리는 것으로 AE 신호의 지속시간 T_d에 대한 AE 신호 파형을 $a(t)$라 하면 아래 식으로 구할 수 있는 파라미터이다.

$$a_{RMS} = \sqrt{\frac{1}{T_d} \int_0^{T_d} a^2(t)dt} \tag{3.5}$$

AE 신호의 실효값은 바로 지속시간 T_d에서의 AE 신호 에너지의 시간 평균을 제곱근 풀이한 것으로 되어 있고, 또 AE 신호의 값을 제곱한 후 산술평균하여 제곱근을 구한 것이다. 즉, 이러한 제곱 평균 제곱근을 통계학에서 말하는 「표준 편차」 즉, 데이터의 분산 상태를 알기 위한 지표로써

잘 알려져 있기 때문에 특히 연속형 AE 신호에 대해 AE count rate와 마찬가지로 AE의 발생률을 평가할 수 있다고 여겨지고 있다.

그리고 AE 신호 에너지와 같이 연산에서 취급되는 유효 자릿수(Dynamic range)에 제한이 있다는 점에서 진폭을 이용한 AE 신호의 평균 신호 레벨(Average signal level: ASL)이 AE 신호의 크기를 나타내는 파라미터로써 산출되는 경우가 있다. 즉, Energy count나 MARSE라 불리는 정류화된 신호의 진폭 절대값을 일정 시간으로 적산(積算)한 것을 그 시간으로 나누어 평균 에너지를 나타낸 것이다. AE 신호의 평균 신호 레벨도 RMS와 같이 연속형 AE의 신호 크기 평가에 널리 사용되고 있다.

3.4 AE 파라미터에 대한 유의점

현재 사용하고 있는 또는 사용을 검토하고 있는 AE 계측기기의 내부에서 어떠한 AE 신호의 신호처리가 수행되고 있는지를 실제 계측에 앞서 확인해두는 것이 중요하다. 왜냐하면, 전처리로써 이루어지고 있는 잡음 처리를 위한 필터가 적절하지 않으면 AE 신호에 의한 파형은 AE 센서에 의해 출력되는 파형에 비해 큰 스트레인을 발생하는 경우가 있다. 이에 따라 영향을 받는 AE 파라미터로는 AE 신호의 크기에 관한 것이나 주기(주파수)에 관한 것(AE 신호 진폭, AE count, 평균 신호 레벨 등)을 생각할 수 있다. 또, 프리앰프나 메인앰프에서의 신호 증폭에 따라서도 AE 신호의 크기에 관한 AE 파라미터가 크게 영향을 받는다. 게다가 평가 threshold값(일반적으로 전압 threshold값과 같은 값)의 설정을 변화시키면 AE 신호의 시작과 종료 시점이 변해버린다는 점에서 시간에 관한 AE 파라미터(AE 신호의 지속시간, Rise time)에 영향을 미치는 것은 당연하며, AE count와 같이 평가 threshold값(전압 threshold값)과의 비교에 의한 AE 파라미터에 대해서는 직접적으로 영향을 받게 됨을 알아두어야 한다.

이와 같은 AE 계측을 반복 수행하여 각각의 계측에서 얻은 결과를 비교

검토할 경우나 동일한 대상을 비교적 장기간에 걸쳐 연속 또는 단발적으로 AE를 계측할 경우에는 동일한 계측기기를 사용하는 것이 바람직하다.

3.5 AE 신호의 스펙트럼 해석

3.5.1 스펙트럼 해석

AE 신호는 시간과 전압의 관계가 1대 1로 대응하는 즉, 어떠한 시간 t에 대해 어떠한 전압 v를 가지느냐 하는 벡터량이다. 또, 지금까지 서술한 AE 파라미터는 이 AE 신호가 가지는 어떤 특징에만 착안하여 그 정도의 대소를 수치로써 나타내고자 한 것으로 스칼라량으로 추출한 것이다.

한편, 스펙트럼 해석(spectrum analysis)은 AE 신호의 독립변수인 시간 t를 주파수 f로 바꿔 그 AE 신호 중에서 어떠한 주파수 f 성분이 어떠한 크기만큼 포함되어 있는지를 조사한 것이다.

우선, 스펙트럼(주파수 분포)의 개념을 이해하기 위해 태양광이 프리즘에 입사된 후의 투과 빛이 「무지개」를 만들어내는 현상을 고려해 본다. 빛은 전자파의 일종인데, 놀라운 것은 우리 인간의 눈은 그 파동이 가지는 주파수(진동수)를 「색」으로써 인식하고 있다. 따라서 프리즘에 의한 실험에서 태양광이나 형광등의 백색광에는 실로 다양한 색의 빛 즉, 다양한 주파수 또는 파장의 파동이 포함되어 있음을 알 수 있다. 이 주파수별 각 성분이 이루는 분포 양상을 스펙트럼이라고 한다.

AE 신호뿐 아니라 파동으로써 수집할 수 있는 물리량에 대해서는 모두 이 스펙트럼의 개념을 적용할 수 있다.

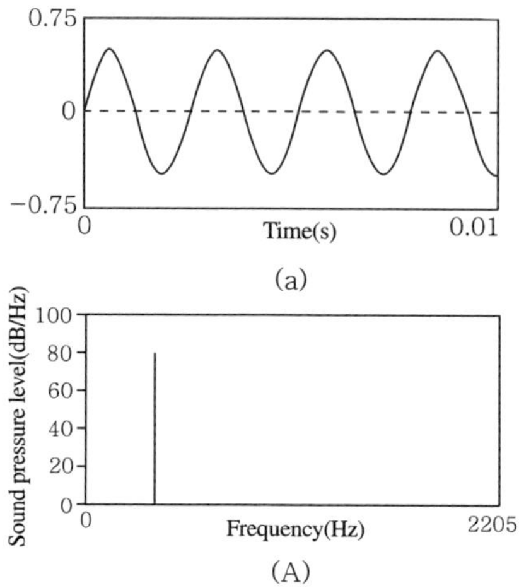

[그림 3.10] 정현파(a)와 그 스펙트럼(A)

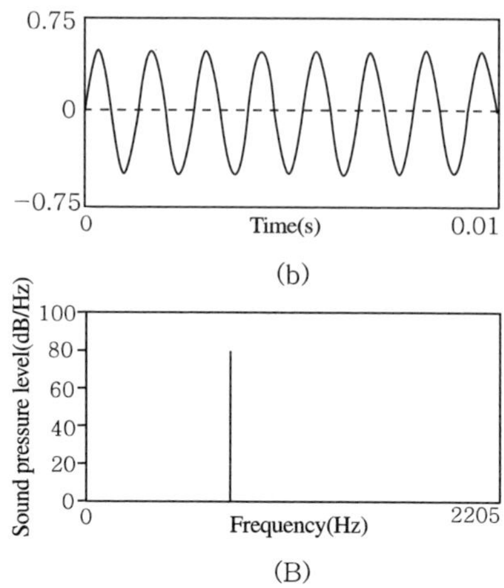

[그림 3.11] 정현파(b)와 그 스펙트럼(B)

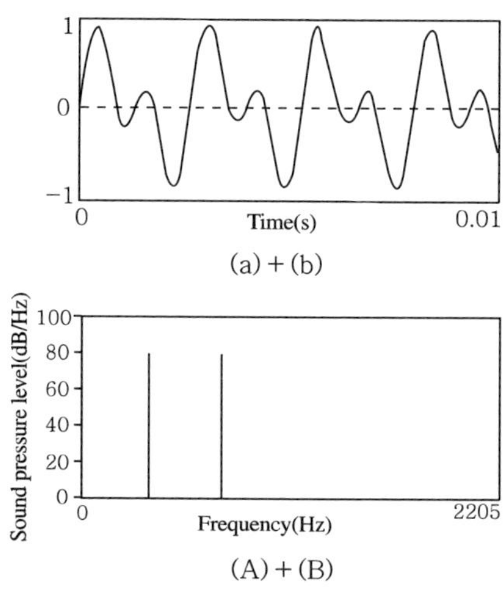

[그림 3.12] 정현파(a+b)와 그 스펙트럼(A+B)

[그림 3.10(a)]의 정현파를 예로 든다. 이것은 현의 진동일 수도 있고 또는 어느 전자 버저(buzzer)의 단음일 수도 있다. 어쨌든 어떠한 파이며, 이 파의 진동 주기를 T_0라 하면 그 파의 주파수 f_0는 $1/T_0$이다. 그것은

주파수를 가로축으로 잡으면 [그림3.10(A)]와 같이 나타낼 수 있다. 이 (A)가 (a)파의 스펙트럼(주파수 분포)이다. 특히 (A)와 같이 하나의 주파수만으로 이루어진 파의 스펙트럼을 선 스펙트럼이라 한다.

같은 방법으로 [그림 3.11(b)] 파의 주기 T_1은 [그림 3.10(a)] 파의 절반 $(T_0/2)$이며 그 스펙트럼은 [그림 3.11(B)]와 같고, 선 스펙트럼 f_1는 정의대로 [그림 3.10(A)]의 2배$(2 \cdot f_0)$를 나타내고 있다.

이 2가지 파 (a)와 (b)를 단순하게 겹치면 [그림 3.12(a+b)]와 같은 파형을 얻을 수 있다. 이 파형에는 주기성이 있음이 분명하지만 이러한 작업에 익숙하지 않으면 한번 보고 이 파가 어떠한 주파수 성분을 포함하고 있는지를 추측하기는 어렵다. 그러나 (A+B)에 나타낸 파의 스펙트럼에는 겹쳐지기 전의 2가지 파의 선 스펙트럼이 2개 동시에 나타나게 된다.

이처럼 신호 파형을 스펙트럼으로 나타낼 수 있으면 그 파형의 특징 또는 그 파형에 포함되는 정보를 수치로써 잡아낼 수 있게 된다.

AE 신호 스펙트럼은 AE원의 특징 즉, 재료의 성질, 발생하는 파괴의 양태나 속도 등과 밀접한 관계가 있다. 2장에서 서술한 바와 같이 AE는 기본적으로 과도적인 돌발 현상이기 때문에 AE파의 주파수 성분은 폭넓은 주파수 대역을 가진다.

예를 들어, [그림 3.13(1)] 및 [그림 3.14(2)]와 같은 2가지 돌발형 AE 신호 파형의 스펙트럼은 각각 [그림 3.13(I)] 및 [그림 3.14(II)]와 같이 얻어진다.

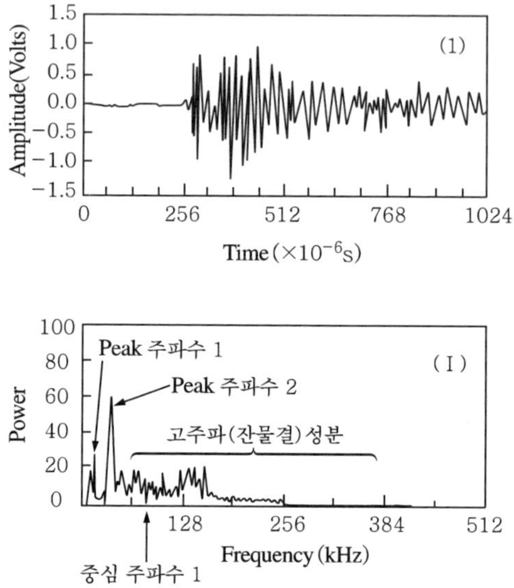

[그림 3.13] 돌발형 AE 신호 파형(1)과 스펙트럼

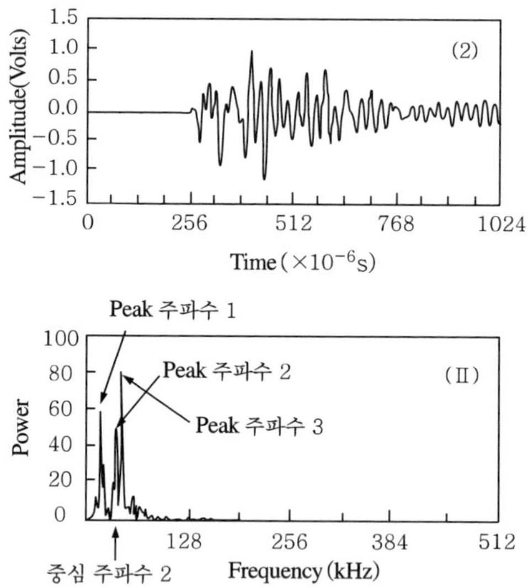

[그림 3.14] 돌발형 AE 신호 파형(2)와 스펙트럼

이들 2가지 신호 파형에서 분명한 차이를 식별하는 것은 사람의 눈으로도 가능하다. 구체적으로는

① 신호 파형(1)은 신호 파형(2)와 비교하여 같은 시간 내에서 심하게 진동하고 있다.

② 이들 2가지 신호 파형의 포락선은 비슷한 형상을 나타내고 있다.

라는 특징을 들 수 있다. 그래서 이러한 신호 파형의 스펙트럼(I)과 스펙트럼(II)를 비교해본다. 우선, 스펙트럼(I)에서는 약 64~384kHz의 넓은 주파수 영역에서 비교적 약한 성분 즉, 그림 속의 「고주파(잔물결) 성분」을 포함하고 있는 반면, 스펙트럼(II)에서는 그 성분이 보이지 않는다. 이것은 위에서 서술한 ①을 나타내고 있다.

또, 어떠한 스펙트럼에서도 동일 주피수 즉, 그림 속에 나타낸 「Peak 수파수 1」 및 「Peak 주파수 2」에 특징적인 강한 성분이 존재하고 있음을 알 수 있다. 이것은 위에서 서술한 ②를 나타내고 있다.

다만, 각각의 Peak 주파수 성분의 상대적인 강약 관계는 상이하며, 게다가 스펙트럼(II)에서는 「Peak 주파수 3」에 있어서도 특히 강한 성분이 포함되어 있으나, 스펙트럼(I)에서는 이를 볼 수 없다는 점 등도 이러한 스펙트럼에서 읽어낼 수 있다.

3.5.2 스펙트럼의 대표값

이처럼 AE 신호 파형에서 얻어진 스펙트럼은 주파수별 성분인 히스트그램으로 간주되기 때문에 각 성분(데이터)의 분포를 파악하기 위해 기본 통계량을 이용할 수 있다. 예를 들어, 아래와 같은 양이다.

- 중심 경향 : 분포의 중심 경향을 나타내는 대표값(평균, 중간값, 모드)
- 흩어짐(dispersion) : 중심으로부터의 분포를 표시(분산, 표준 편차, 사분위)
- 분포 형상 : 중심으로부터 분포의 일그러짐이나 뾰족한 부분 · 아래로 내려간 부분의 형상을 표시(왜도, 첨도)

실제 AE 신호 파형의 스펙트럼 해석에서는 위의 통계량 중에서 중심 경향으로 대표값 모드(최빈값: mode)를 나타내는 최대 Peak 주파수 또는 간단히 Peak 주파수(peak frequency)나 평균(average)을 나타내는 중심 주파수(frequency centroid)를 대표값으로 사용하는 경우가 많다.

[그림 3.13(I)]이나 [그림 3.14(II)]와 같이 단순히 특징적인 강도를 나타내는 성분의 주파수를 Peak 주파수라 부르는 경우도 있지만, 그 중에서도 최대 강도를 가지는 성분의 주파수를 최대 Peak 주파수 또는 Peak 주파수라고 한다. 그림에서 스펙트럼(I)에서는 「Peak 주파수 2」가, 스펙트럼(II)에서는 「Peak 주파수 3」이 각각의 최대 Peak 주파수가 된다.

단, 이 최대 Peak 주파수만으로는 그 스펙트럼의 대표값으로써는 충분하지 않아 특히 [그림 3.13]과 [그림 3.14]와 같은 돌발형 AE 신호 파형에서는 고주파 성분을 보다 많이 포함하는 [그림 3.13] 스펙트럼(I)의 최대 Peak 주파수가 [그림 3.14] 스펙트럼(II)의 최대 Peak 주파수보다 낮은 주파수를 나타내는 경우가 있다.

한편, 스펙트럼 분포의 평균을 중심 주파수라 하는데, 앞에서 AE 파라미터의 하나로 설명한 평균 주파수(AE count를 AE 신호의 지속시간으로 나눈 값)와는 다른 값이다. 통계량으로써 중심은 이른바 가중평균을 의미한다. 따라서, 중심 주파수란 주파수 f_i와 성분강도 $A(f_i)$ 곱의 총합을 성분강도의 총합으로 나눈 값이다.

$$f_{ave.} = \frac{A(f_1)\cdot f_1 + A(f_2)\cdot f_2 + \cdots + A(f_n)\cdot f_n}{A(f_1) + A(f_2) + \cdots + A(f_n)}$$

$$= \frac{\sum_i A(f_i)\cdot f_i}{\sum_i A(f_i)} \qquad (3.6)$$

이 식으로 구할 수 있는 중심 주파수를 [그림 3.13] 스펙트럼(I) 및 [그림 3.14] 스펙트럼(II)에 적용하면 분명히 고주파 성분을 보다 많이 포함하는 스펙트럼(I)의 「중심 주파수 1」이 스펙트럼(II)의 「중심 주파수 2」에 비해 약간 높은 주파수 값을 나타내고 있음을 알 수 있다.

또한, AE 신호의 스펙트럼은 사용하는 AE 계측 및 해석 장치의 시스템 특히, AE 센서의 주파수 특성에도 크게 영향을 받기 때문에 주의가 필요하다.

3.5.3 퓨리에 변환의 특징

파동에 대해 스펙트럼 해석을 하려면 한 축을 시간으로 하고 다른 한 축을 전압값으로 한 1:1 관계를 나타내는 신호 파형 그래프를 시간에서 주파수, 전압값에서 주파수별 성분량으로 바꿔놓은 다른 1:1 관계를 나타내는 그래프로 바꿀 필요가 있다. 이렇게 어느 평면상의 데이터에서 다른 평면상으로 네이터를 옮기는 것을 변환이라 하며, 스펙트럼 해석에서는 주로 퓨리에 변환(Fourier Transformation)이 이용된다. 퓨리에 변환이란 시간이나 공간 좌표인 변수 함수를 주파수의 변수 함수로 변환하는 것이며, 다음 식으로 구할 수 있다.

$$A(f)=\int_{-\infty}^{\infty} a(t)\exp(-j2\pi ft)dt \tag{3.7}$$

여기서 j는 허수 단위이며, 위의 적분을 퓨리에 적분이라 하고 $A(f)$를 $a(t)$의 퓨리에 변환이라 한다. t는 시간이나 공간 좌표, f는 주파수를 나타내고 있다. 또, 그 역변환도 존재하는데 위의 퓨리에 변환에 대응하는 퓨리에 역변환은 아래와 같이 구할 수 있다.

$$a(t)=\int_{-\infty}^{\infty} A(f)\exp(j2\pi ft)dt \tag{3.8}$$

그리고 이 영역을 퓨리에 변환대라고 한다. 또한, 다른 자료에서는 이들 식에서 주파수 f가 아니라 각주파수 $\omega(=2\pi f)$를 표기하는 경우가 많은데, 각주파수를 이용하면 이에 대응한 각각의 식에 정수항이 추가될 뿐 아니라 AE 계측에서는 각주파수에 비해 주파수가 친숙하기 때문에 본 자료에서는 이와 같이 표시하였다.

퓨리에 변환은 이들 식이 상관 함수의 형태로 유사하다는 점에서도 알 수 있듯이 스펙트럼 해석의 대상이 되는 신호 파형 $a(t)$와 어느 주파수를 가지는 주기 함수 $\exp(-j2\pi ft)$와의 상관치를 구해 이 값을 주파수 f의 함수값으로 나타내고 있다. 게다가 퓨리에 변환은 기초가 서로 정규 직교 관계인 주기 함수열로 분해했을 때에 각각의 기초(함수)에 붙는 계수를 나타내고 있다고 생각할 있다.

여기서 서로 정규 직교관계인 주기 함수는 오일러 공식에 의해 전개된 아래와 같은 식이다.

$$\exp(-j2\pi ft) = \cos(2\pi ft) - j\sin(2\pi ft) \tag{3.9}$$

즉, 시간축에 따라 샘플링된 이산화 데이터를 퓨리에 변환하면 그 결과는 복소수가 된다. 이 복소수의 실수부는 정현파(cosine파)와의 상관성을 나타내고 있으며, 허수부는 여현파(sine파)와의 상관성을 나타내고 있다. 즉,

$$\begin{aligned} A(f) &= \sum_{t=-\infty}^{\infty} a(t)\{\cos(2\pi ft) - j\sin(2\pi ft)\} \\ &= \sum_{t=-\infty}^{\infty} a(t)\cos(2\pi ft) - j\sum_{t=-\infty}^{\infty} a(t)\sin(2\pi ft) \\ &= \sigma_{\cos}(f) - j\sigma_{\sin}(f) \end{aligned} \tag{3.10}$$

위의 식은 퓨리에 적분을 이산화하여 표시한 것으로 이때의 $A(f)$를 $a(t)$의 이산 퓨리에 변환(Discrete Fourier Transform: DFT)이라 하며, 반드시 주기 함수 $(A(f+1) = A(f))$가 되고 또한, $f=0$에서 반환이 발생하여 $|A(f)|$에 관해 대칭 $(A(-f) = A(f))$이다.

그리고 $A(f)$의 크기 즉,

$$|A(f)| = \sqrt{\sigma_{\cos}^2(f) + \sigma_{\sin}^2(f)} \tag{3.11}$$

를 퓨리에 스펙트럼이라 하고, 주파수 f를 가지는 주기 함수가 이 관측 파형에 기여하는 정도를 나타내는 것이다. 또, $A(f)$의 기울기 즉,

$$\theta = \tan^{-1}(\sigma_{\sin}/\sigma_{\cos}) \tag{3.12}$$

를 위상 스펙트럼이라 하며, 시간축 상에서의 위상 지연을 나타내고 있다.

3.5.4 고속 퓨리에 변환

실제 AE 신호와 같은 유한의 이산화 데이터 a_0, a_1, a_2, ⋯, a_{N-1}에 대한 이산 퓨리에 변환은 아래 식과 같다.

$$A(f) = \sum_{t=0}^{N-1} a(t)\cos(2\pi ft) - j\sum_{t=0}^{N-1} a(t)\sin(2\pi ft) \tag{3.13}$$

이 연산은 측정한 데이터에 대해 단순 적화연산을 반복하여 구한다. 즉, 행렬로는 아래와 같이 나타낼 수 있다.

$$\begin{vmatrix} A(f_{N-1}) \\ \vdots \\ \vdots \\ A(f_1) \\ A(f_0) \end{vmatrix} = \begin{vmatrix} e^{-j2\pi f_{N-1}(N-1)} & \cdots\cdots & e^{-j2\pi f_{N-1}} & 1 \\ \vdots & & \vdots & \vdots \\ \vdots & & \vdots & \vdots \\ e^{-j2\pi f_1(N-1)} & \cdots\cdots & e^{-j2\pi f_1} & 1 \\ e^{-j2\pi f_0(N-1)} & \cdots\cdots & e^{-j2\pi f_0} & 1 \end{vmatrix} \begin{vmatrix} a_{N-1} \\ \vdots \\ \vdots \\ a_1 \\ a_0 \end{vmatrix} \tag{3.14}$$

여기서, 데이터는 1초마다 샘플링하여 전체 N개를 샘플링했다고 하면, $0 \le f < 1$라고 생각하여 직류(Bias)성분은 $f_0 = 0$이 된다. 가장 느린 파의 주파수는 $f_1 = 1/N$이며, 가장 빠른 주파수는 $f_{N-1} = (N-1)/N$이다. 그러나 지금까지 서술한 바와 같이 f의 유효 범위는 $0 \le f < 1/2$이며, $1/2 \le f < 1$에서는 반환한 형태가 되기 때문에 결국 이 데이터에 의해 계산 가능

한 가장 빠른 주파수는 $f_1 = 1/2$이 된다. 만약 1초 사이에 n개의 데이터를 샘플링하여 전체 T초간 샘플링을 계속했다고 하면 계산되는 주파수는 $f_0 = 0$, $f_1 = 1/T$, $f_2 = 2/T$, …, $f_{nT} = n$이 되지만, 절반은 동일한 값이 되기 때문에 유효한 주파수는 $f_0 = 0$, $f_1 = 1/T$, …, $f_{nT} = n/2$이 된다.

따라서 높은 주파수까지 퓨리에 변환을 하기 위해서는 데이터의 샘플링 주파수를 크게 해야 한다. 즉, 짧은 시간 간격으로 데이터를 수집해야 한다. 한편, 데이터의 총 수를 늘리면 낮은 주파수의 퓨리에 변환을 계산할 수 있게 되는데, 낮은 주파수의 상태를 알기 위해서는 오랜 시간동안 데이터를 수집해야 한다.

앞에서 나타낸 행렬 형식의 이산 퓨리에 변환식을 봐도 알 수 있듯이 퓨리에 변환의 계산에서는 하나의 f에 대해 N에 비례한 횟수의 곱셈을 필요로 한다. 따라서 전체적으론 N^2에 비례한 횟수의 곱셈이 필요하게 된다. 이른바 퓨리에 변환의 계산량은 데이터 수의 제곱에 비례하기 때문에 데이터 수가 커지면 계산량이 급격하게 증대된다.

그래서 Cooley와 Tukey는 퓨리에 변환의 곱셈 횟수를 $N\log N$에 비례시키기까지 감소할 수 있는 알고리즘을 완성시켰다. 이것을 고속 퓨리에 변환(Fast Fourier Transform: FFT)이라 한다. 본 책에서는 FFT의 특징적인 알고리즘인 Butterfly 연산에 대해서는 생략한다. 단, 컴퓨터에 의한 FFT 알고리즘을 적용하기 위해서는 데이터 수가 2의 제곱, 2^n개여야 한다는 점에 주의할 필요가 있다.

신호 파형 해석은 통상적으로 퓨리에 변환을 이용한 스펙트럼 해석을 말한다고 해도 과언이 아니며, AE 신호뿐 아니라 시스템 응답성, 잡음 분석과 그 제거 처리 및 필터링 등의 다양한 적용이 이루어지고 있어 AE 기술자에게 있어서도 퓨리에 변환에 관한 지식은 중요하다.

4. AE원 위치표정

4. AE원 위치표정

4.1 위치표정의 개요

기기 · 구조물의 탐상에는 초음파 탐상시험(UT)이 널리 이용되고 있으나, 손상의 발생 위치를 파악하기 위해서는 대상물 전체에 걸쳐 탐촉자를 주사해야 한다. 한편, AE법을 이용하면 부착한 센서를 이동시키지 않고도 비교적 간단하게 손상의 발생 위치를 추정할 수 있다. 이 방법은 기본적으로 지진의 진원 위치를 구하는 방법과 동일하다. 정도가 높은 AE원의 위치표정을 위해서는 정확한 AE의 전파속도를 알고 정확한 도달시각을 결정하여 AE파의 전파 경로를 올바르게 파악하는 것이 중요하다. 미소 파괴에 따라 발생하는 돌발형 AE가 관측될 경우에는 비교적 쉽게 AE파의 도달시각을 결정할 수 있으나, 금속재료의 소성변형 중 등에 발생하는 연속적인 AE 파형이 관측되는 경우에는 AE파의 도달시각 결정이 어려워 결과적으로 정도 높은 위치표정을 수행하기 어려워진다.

등방 탄성체 중에서 가장 빠른 탄성파는 종파이기 때문에 만약 종파의 도달이 명확하게 관측된다면 종파 음속을 이용하여 위치표정을 하는 것이 바람직하다. 그러나 일반적으로 종파의 신호는 작은 경우가 많아 그 도달을 명확하게 관측하기가 어려운 경우가 많다. 따라서 이러한 경우에는 종파보다도 느린 파인 횡파나 표면파를 이용하여 위치표정을 할 필요가 있으며, 그 정도에 대해서는 충분히 고려할 필요가 있다.

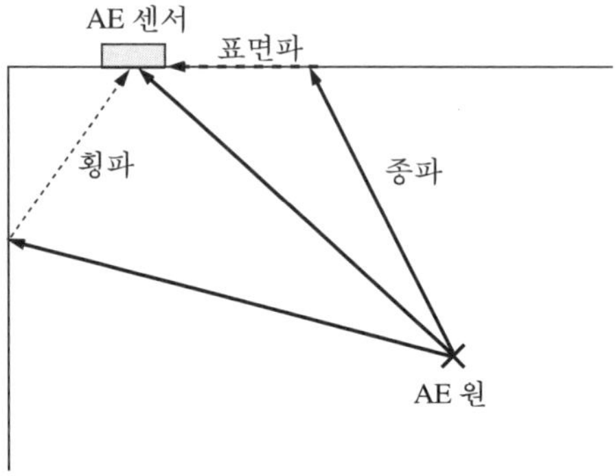

[그림 4.1] AE 파동의 전파 경로

또, 실구조물과 같은 복잡한 형상을 대상으로 위치표정할 경우에는 파의 반사에 의해 파동이 중첩되는 경우가 있고, 반사 시에 모드가 변환되어 다른 속도로 전파되는 경우도 고려할 필요가 있다. 즉, 재료 내부에서 발생한 AE의 파동은 모드 변환이 발생한 후에 센서에 도달하는 경우가 있다([그림 4.1]). 모드 변환에 의해 전파속도가 변화될 경우에는 단일 속도를 이용한 위치표정이 불가능하므로 전파 경로와 전파 모드(종파, 횡파, 표면파)를 고려하여 위치를 표정해야 한다.

검사 대상물이 판 상태인 경우에는 AE는 표면파인 레일리(Rayleigh)파 또는 램파(판파)로써 전파된다. 따라서 위치표정 시에는 그러한 파의 전파속도를 이용하여 위치표정을 하는 것이 실제적이다. 단, 이 경우에는 후술할 내용과 같이 전파속도는 주파수에 따라 변화하며, 진동 모드에 따라서도 변화한다. 따라서 정도가 높은 위치표정을 위해서는 이러한 점에 대해 충분히 고려할 필요가 있다. 위치표정의 정도는 주로 센서의 크기, AE 신호의 시간 분해능 및 파동 도달시각의 결정 방법에 따라 달라진다. 센서에 최초로 파동이 도달하면 AE 신호로 검출되기 때문에 센서의 크기가 AE원과 센서와의 거리에 비해 무시할 수 없는 정도일 경우에는 AE원과 여러 개의 센서와의 거리 관계가 복잡해져 다음 항에서 서술하는 바와 같이 점 음원을 가정한 위치표정이 불가능하여 정도가 높은 위치표정 결과를 기대할 수 없다. 또, 반대로 센서의 크기가 충분히 작은 경우라도 센서의 크기 정도에 따른 오차는 있다. 또, AE 신호의 시간 분해능(대부분의 경우, 파형의 샘플링 간격)은 직접적으로 위치표정의 오차에 영향을 끼친다.

대체로 시간 분해능×전파속도 정도의 오차는 있게 된다. 파형의 샘플링주파수가 10MHz, 음속 5000m/s인 경우에는 오차가 0.5mm 정도가 된다. 또, 뒤에서 설명하지만 AE 파동의 도달시각 결정도 위치표정 오차에 큰 영향을 미친다. 이상적으로는 파형의 Rise 시각이지만, AE 파형 자체가 반드시 전기적인 노이즈를 포함하고 있는 경우도 있어 실험적으로 파형의 Rise를 결정하는 것이 쉽지 않은 경우도 있나. 구체적인 결정 방법에 대해서는 4.4항에서 서술한다.

대형 구조물의 경우에는 AE 파형의 감쇠가 크기 때문에 많은 센서를 배치하여 위치표정을 해야 한다. 이 경우에는 모든 센서에서 신호가 검출되는 경우는 드문 일이라 AE 신호가 검출된 채널만을 이용하여 위치표정을 하게 된다. 따라서 이 경우에는 처음으로 AE 신호가 검출된 센서의 위치를 AE원의 발생 위치로 하는 영역(Zone) 표정이나 AE 신호가 검출된 센서만을 이용한 근접 센서에 의한 위치표정을 하게 된다. 이 경우에도 모드변환에 따른 전파속도의 변동에 대해서 충분히 고려해야 한다.

4.2 위치표정의 원리

먼저 돌발형 AE가 발생되었을 경우의 1차원 위치표정에 대해서 생각한다. 2개의 AE 센서 사이에서 AE가 발생했다고 가정하면 AE원의 위치 x, 두 센서의 위치 x_1, x_2, AE 발생 후 센서에 도달하는 시간 t_1, t_2에 대해,

$$Vt_1 = |x - x_1|, \ Vt_2 = |x - x_2| \tag{4.1}$$

의 관계가 성립한다. 여기서, V는 AE파의 음속이며, 센서간 도달시간차를 $\Delta t_{12} = t_1 - t_2$라 하면,

$$V\Delta t_{12} = |x - x_1| - |x - x_2| \tag{4.2}$$

가 된다. 전파속도 V와 센서 위치 x_1, x_2는 이미 알고 있기 때문에 이 방정식을 풀면 AE원의 1차원 위치 x를 구할 수 있다.

같은 방법으로 센서가 3개라면 AE원의 평면적 위치 즉, 2차원적 위치 (x, y)를 구할 수 있다. 앞에서와 동일하게 전파속도를 V, 각각의 센서 위치를 (x_1, y_1), (x_2, y_2), (x_3, y_3), 센서간의 도달시간차를 Δt_{12}, Δt_{13}라 하면,

$$V\Delta t_{12} = \sqrt{(x-x_1)^2+(y-y_1)^2} - \sqrt{(x-x_2)^2+(y-y_2)^2},$$

$$V\Delta t_{13} = \sqrt{(x-x_1)^2+(y-y_1)^2} - \sqrt{(x-x_3)^2+(y-y_3)^2} \quad (4.3)$$

가 성립한다. 미지수가 x, y로 2개이며 방정식도 2개이므로 이 방정식은 풀 수 있다. 비선형 방정식의 수치적 해법 등을 이용하여 컴퓨터로 쉽게 AE원의 2차원 위치표정을 할 수 있다.

다음으로 다채널 AE에 의한 3차원 위치 $\overrightarrow{X} = (x, y, z)$의 표정에 대해 생각한다. 여기서 i번째 센서의 부착 위치를 $\overrightarrow{X_i} = (x_i, y_i, z_i)(1 \le i \le n)$로 나타낸다([그림 4.2]). n은 센서의 개수이다. 이때, 식 (4.2) 및 (4.3)은 아래와 같이 나타낼 수 있다.

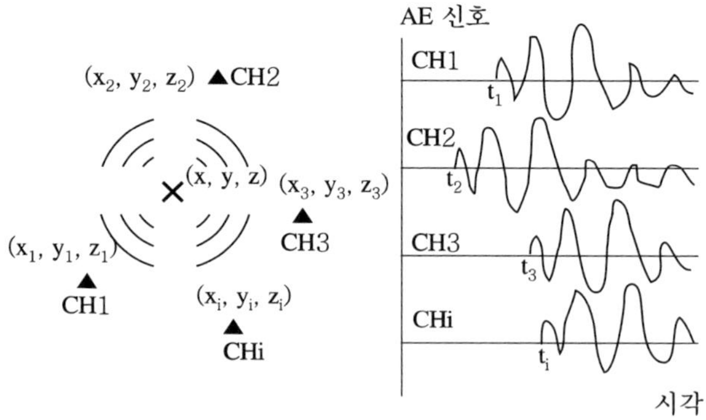

[그림 4.2] 다채널 AE 위치표정법

$$V\Delta t_{ij} = |\vec{X} - \vec{X}_i| - |\vec{X} - \vec{X}_j| \tag{4.4}$$

여기서, Δt_{ij}는 센서 i, j 사이의 도달시간차이다. 미지수가 x, y, z의 3개로, $n \geq 4$이면 방정식이 3개 이상이 되기 때문에 AE 발생원의 3차원적 위치를 구할 수 있게 된다. 그러나 식 (4.4)는 비선형 방정식이라 해석적으로 풀 수는 없다.

따라서 이 연립방정식은 수치적 방법을 이용하여 위치표정할 필요가 있다. 위치표정의 오차는 전파속도의 오차나 도달시각의 분해능 외에 센서의 크기에 의존하게 된다. 또, 전파속도나 도달시각의 오차가 크면 답이 수렴되지 않아 위치표정이 안 되는 경우가 있으므로 주의가 필요하다.

게다가 계측에 이용하는 센서 개수가 필요로 하는 센서의 최저 개수보다 많은 경우에는(즉, 1차원 위치표정은 3이상, 2차원 위치표정은 4이상, 3차원 위치표정은 5이상) 아래 식의 위치표정 오차 LUCY(Location Uncertainty)를 이용하여 추정 정도를 평가할 수 있다. 즉,

$$LUCY = \frac{1}{n-1}\sqrt{\sum_j (V\Delta t_{ij} - |\vec{X}_i - \vec{X}_j|)^2} \tag{4.5}$$

여기서 n은 센서의 개수, i는 AE파가 최초로 도달한 센서의 번호이다. $LUCY$값이 작으면 위치표정의 정도는 높아지고, 반대로 크면 정도가 낮아진다. 따라서 각 AE event의 $LUCY$값을 비교하면 각각의 위치표정 결과의 신뢰성을 고려할 수 있다.

4.3 전파속도의 도출

앞에서 설명한 바와 같이 위치표정의 정도를 향상시키기 위해서는 정확한 전파속도가 필요하다. 대상물의 AE파 전파 경로를 어느 정도 고려하여 사용할 전파속도를 정해야 한다. 즉, 벌크 형상의 대상물에 대해서는 종파의 도달이 명확하게 관측되는 경우가 많기 때문에 이 경우에는 종파의 속

도를 이용하여 위치표정을 수행할 수 있다. 종파나 횡파의 속도는 통상의 초음파 탐상법을 이용하여 측정할 수도 있고, 또는 이미 알고 있는 재료 물성(영률, 푸아송비 등)으로 계산하여 도출할 수도 있다. 그러나 속도에 분산이 있을 경우 즉, 주파수 의존성이 있는 경우도 많기 때문에 실제로 AE 센서를 이용하여 계측해두는 것이 효과적이다. 이 경우에는 샤프심 압절이나 펄서 등의 유사 음원을 이용하여 유사 AE를 발생시켜 유효한 속도를 구한다.

그리고 구조물이 판의 형상이라면 램파(판파)가 지배적이기 때문에 종파가 아니라 램파의 속도를 이용하는 것이 효과적이다. 이 경우에는 특히 속도가 주파수 특성을 가져 전파 주파수와 판 두께에 따라 크게 달라지기 때문에 주의해야 하며, 강한 AE 신호가 검출되는 군속도를 고려하여 해석을 실시하는 경우가 많다. 따라서 정도가 높은 위치표정을 위해서는 유사 음원을 이용하여 AE파의 전파 주파수 대역에서의 속도를 구해두는 것이 중요하다. 그리고 대상물이 복잡한 형상일 경우에는 전파 경로를 충분히 고려하여 속도를 결정해야 한다. 그러나 일반적으로 AE파의 전파 경로도 복잡해지기 때문에 위치표정의 오차는 어느 정도 피할 수 없다.

4.4 도달시각의 결정

일반적으로 시간 영역에서의 AE 파형을 이용하여 위치표정을 하는 경우에 위치표정의 정도는 도달시각의 결정에 따라 크게 달라진다. [그림 4.3]에 AE 파형과 도달시각의 결정방법에 대해서 나타낸다.

만약 파의 초동부가 명확하다면 파형 Rise부의 0교차점을 도달시각으로 하는 것이 바람직하다. 그러나 파의 전파방법에 따라서 반드시 종파 도달시각에 충분한 강도의 신호가 얻어지는 것은 아니라는 점에 주의해야 한다. 그 외에 초동부의 Peak를 이용하여 위치표정을 수행할 수도 있다. AE원과 센서의 거리가 등간격에 가까울 경우에는 비교적 정도가 높은 위치표정이 가능한 경우가 많다. 또한, 간단한 도달시각의 결정방법으로 전압 threshold값에 도달한 시각(트리거가 걸린 시각)을 도달시각으로 하는 방법도 있다. 일반적으로 많이 사용되는 방법이긴 하지만 이렇게 하여 얻어진 시각은 AE파의 엄밀한 도달시각이 아니므로 추정 정도에 관해서는 별도로 고려할 필요가 있다. 그리고 AE파의 크기에 따라 위치표정을 위한 Threshold값을 변화시키는 것(변동 threshold값을 이용하는 것)도 효과적이다. AE파가 최대값이 되는 시각을 이용한 위치표정도 가능하지만 반드시 정도가 높은 것은 아니다.

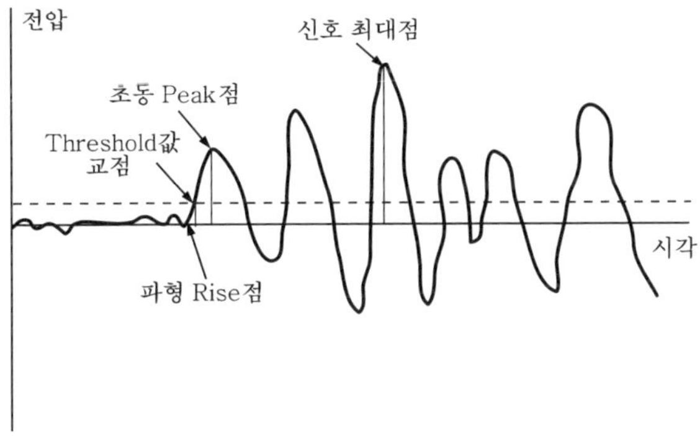

[그림 4.3] AE 파동의 도달시각 결정

실제 AE 시험에서는 AE 계측장치가 자동으로 위치표정 결과를 나타내게 되지만, 상기와 같은 이유에서 정도가 높은 위치표정 결과를 얻기 위해서는 어떠한 도달시각을 이용하여 그 결과가 얻어졌는지에 충분히 주의를 기울여야 한다. 그리고 가능하면 실제 파형을 관찰하여 어느 시각을 이용해 위치표정을 했는지를 확인하는 것이 바람직하다. 그리고 센서 수가 많을 경우에는 앞에서 설명한 *LUCY*값을 이용하여 그 정도에 대해 고찰하고, 충분한 정도가 얻어진 것만을 사용하여 위치표정을 하는 것도 바람직하다.

4.5 노이즈(잡음) 제거

앞에서 설명한 바와 같이 필요한 수의 계측 채널을 준비하여 AE파의 도달시각을 계측하면 AE원의 위치를 원리적으로는 구할 수 있다. 그러나 계측 대상부 이외에서 외부 노이즈 신호(잡음 신호)가 많이 계측될 경우에는 상기의 방법으로 노이즈라고 생각되는 신호도 포함하여 위치표정을 하는 것은 그다지 효율적이지 못하다. 그래서 가드 센서(guard sensor)를 이용한 위치표정을 실시한다.

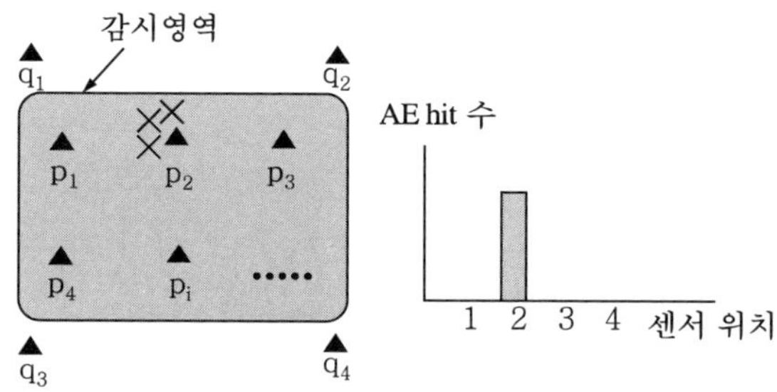

[그림 4.4] 가드 센서를 이용한 영역 표정

이것은 예를 들어, 재료의 인장시험 등을 실시할 때 시험편의 고정(chucking)에 의한 노이즈를 제거하거나 또는 시험 장치 자체에서 발생하는 노이즈를 제거하는데 매우 효과적이다. 그리고 대형 구조물 등에서도 측정 대상물 이외에서 전해지는 노이즈를 배제하는데 도움이 된다.

다채널 계측의 위치표정일 경우, 가드 센서를 이용한 계측 방법에 대해서 아래에 서술한다. [그림 4.4]와 같이 센서 위치를 $\vec{p}_i(1 \le i \le n)$, n을 센서 개수로 하여 센서를 배치한 영역에서 발생하는 AE원을 감시하기로 하였다. 감시 대상 영역의 바깥쪽 위치 $\vec{q}_i(1 \le i \le m)$에 노이즈를 제거하기 위한 가드 센서를 부착한다. m은 가드 센서의 개수이다. 만약 감시 영역의 바깥쪽에서 어떠한 노이즈가 발생하면 반드시 $\vec{q}_i$ 중 어느 위치의 가드 센서에 최초로 도달하게 된다. 따라서 모든 채널의 AE 신호 도달시각을 비교하여 $\vec{q}_i$ 중 어느 위치의 센서에 최초로 도달했을 경우에는 이 Event는 감시 영역 외에서 전해진 노이즈라고 판단할 수 있다. 이렇게 하여 제거한 Event 이외에 대해서 $\vec{p}_i$ $(1 \leq i \leq n)$의 위치 센서를 이용하여 위치를 표정하면 보다 효율적인 결과를 얻을 수 있게 된다([그림 7.6] 참조).

4.6 영역(Zone) 표정 및 근접 센서를 이용한 표정

AE 계측은 초음파 탐상시험(UT) 등에 비해 낮은 주파수 대역을 이용하기 때문에 신호 감쇠가 비교적 적어 대형 구조물의 감시 등에 효과적이다. 그러나 대상물이 큰 경우나 발생하는 AE 신호가 작은 경우에는 신호의 감쇠에 의해 계측하고 있는 모든 채널에서 AE 신호가 기록된다고는 할 수 없다. 이 경우에는 모든 채널의 AE 신호 도달 시간차를 이용한 위치표정은 불가능하다. 따라서 최초로 신호가 도달한 채널(First hit)이라는 개념이 대형 구조물의 위치표정에서 중요하다(제 1hit 영역 표정). 이 경우, 적어도 최초로 신호가 도달한 센서의 가까이에 AE원이 있다고 생각할 수 있다. 따라서 최초의 신호가 도달한 센서 위치를 AE원이라고 간주한 영역 표정은 대형 구조물에 대한 AE원의 대략적인 위치표정이라는 의미에서 중요하다.

그리고 최초로 신호가 도달한 센서 또는 가장 큰 신호가 검출된 채널을 기준으로 하고 그 센서에 근접한 센서와의 도달 시간차를 이용하여 위치를 표정하여 정도를 향상시키는 것도 가능하다.

물론 3차원적인 위치표정에서도 상기의 영역 표정 개념은 유효하지만, 대부분의 경우 AE 센서는 구조물의 표면에만 부착할 수 있기 때문에 대상 영역 전체에 걸쳐 AE 센서를 부착하는 것이 가능한 2차원 구조물 또는 구면, 원통과 같은 각상(殼狀) 구조물의 경우에는 영역 표정이 유용하다. 즉, 3차원 구조물이더라도 각상 구조물이라면 2차원 평면으로 전개하여 2차원적인 위치표정을 해도 좋다. 단, 다른 전파 방향에서 도달하는 신호에 대해서는 충분한 주의가 필요하다. 대상물의 2차원 영역 표정을 할 경우에는 거의 등간격으로 센서를 배치하여 다채널을 이용한 AE 계측을 실시하는데, 상기와 같이 AE 신호가 최초로 계측된 채널 가까이에 AE원이 있다고 판단할 수 있다. 예를 들어, 각 채널에 대해 영역 표정된 수를 비교함에 따라 AE activity가 높은 영역의 특정이 가능하게 되며, 구조물의 손상 평가 시에는 중요한 정보가 된다. 또, 영역 표정된 수를 점의 크기나 색의 차이 또는 3차원적인 히스토그램으로 나타냄에 따라 손상의 정도를 시각적으로 표시할 수 있게 된다. 다만, 이 경우에는 위치표정의 정도는 주로 센서의 간격에 의존하게 되고, 센서 사이의 중간점 부근에서는 위치표정 계측의 감도가 나빠진다는 결점도 가지게 된다. 영역 표정만으로는 도달시간차로 구한 위치표정의 정도와 비교할 수는 없지만, 대형 구조물의 손상 위치표정법으로써는 매우 효과적인 방법이라 할 수 있다.

4.7 위치표정 결과 표시

AE 신호의 위치표정 결과를 이용하여 재료나 구조물 손상의 시간적인 변화를 충분한 시간 분해능을 가지고 나타낼 수 있다. 이것은 다른 비파괴 평가법에는 없는 AE법의 우수한 특징 중 하나이다.

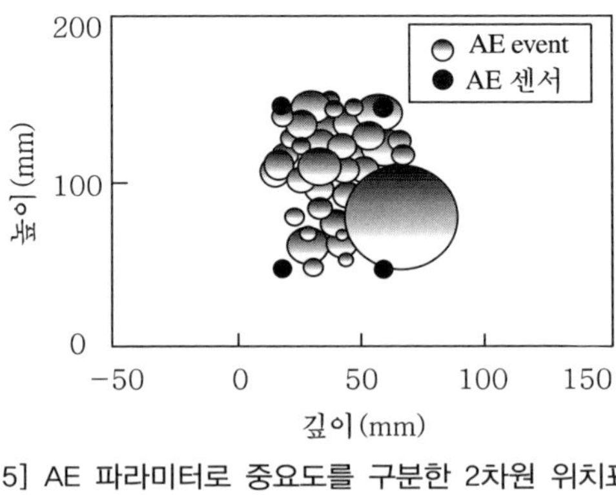

[그림 4.5] AE 파라미터로 중요도를 구분한 2차원 위치표정 결과
(원 직경에 AE count수를 반영)

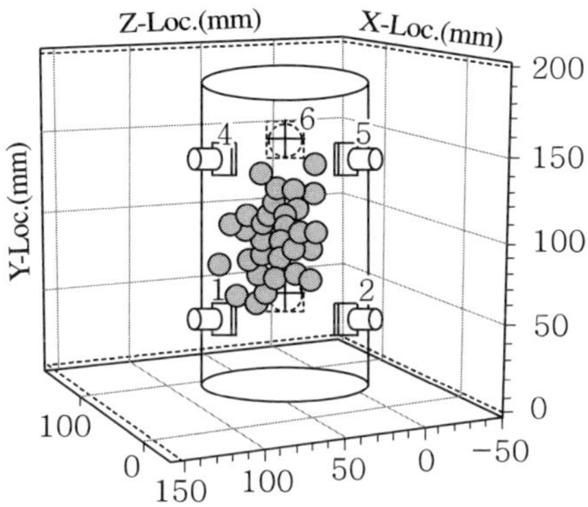

[그림 4.6] 3차원 좌표에 위치표정 결과를 나타낸 예

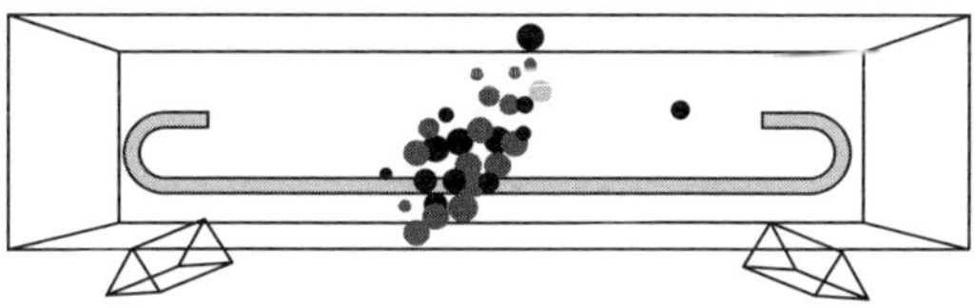

[그림 4.7] 3차원 위치표정 결과와 모멘트 텐서 해석 결과를 동시에 표시한 예

간단하게 AE원의 위치를 점 등으로 나타내는 것만으로도 손상의 집중 정도가 매우 명확해진다. 그리고 많은 AE 신호가 얻어질 경우에는 어느 공간적 영역에서 발생한 누적 AE count 수를 점의 크기나 색의 차이로 표시할 수 있다([그림 4.5]). 또한, 전개도나 3차원 조감도를 이용하여 손상의 발생 정도가 매우 알기 쉬워진다([그림 4.6]). 단지 지면상의 그림으로 표시하는 것뿐 아니라 애니메이션으로 작성하는 것도 효과적인 방법이다. 단순히 Event 수만을 표시하는 것뿐 아니라 진폭을 점의 크기로써 나타내거나 또는 누적 에너지도 동시에 나타내는 것은 매우 효과적인 표시 방법이다. 이 외에 모멘트텐서 해석의 결과 등도 동시에 표시함에 따라 손상 변화를 보다 명확하게 이해할 수 있다([그림 4.7]).

5

5. AE 센서(AE 변환자)

5. AE 센서(AE 변환자)

5.1 검출 원리

5.1.1 용수철 질량계에 의한 검출 원리

AE파는 고체 내부 또는 고체 표면을 전파하는 탄성파로, 이것을 고체 표면에 설치한 AE 센서로 검출한다. 일반적인 압전 세라믹을 사용한 압전형 AE 센서나 진동계의 검출 기구는 용수철 질량계(seismic system)로 설명할 수 있다. 이것은 [그림 5.1]의 용수철과 질량, 완충재를 조합한 진자(振子)로, 질량 m의 추를 스프링 정수 k인 용수철과 기계 저항 r의 완충재로 떠받친 틀(센서 케이스)로 구성된다.

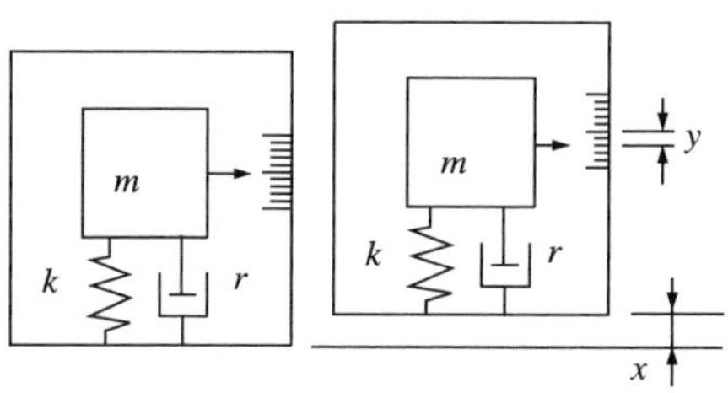

[그림 5.1] 용수철 질량계

[그림 5.1]과 같이 AE 센서에 위쪽 방향으로 변위 x가 가해지면 센서 내의 추는 틀에 대해 상대 변위 y가 발생한다. 따라서 정지계를 기준으로 한 틀의 변위 x에 대해 (5.1)식의 미분 방정식이 성립한다. 여기서 틀에

대한 출력을 y로 한다.

$$m(\ddot{x}+\ddot{y})+r\dot{y}+ky=0 \tag{5.1}$$

x의 변위가 주파수 f의 정현 진동이라고 하면, x는

$$x=j\omega x,\ \omega=2\pi f,\ j=\sqrt{-1}$$

로 나타내고, (5.1)식은 (5.2)식이 된다.

$$y=\frac{(f/f_0)^2}{\{1-(f/f_0)^2\}+j(1/Q)(f/f_0)}x \tag{5.2}$$

여기서, f_0는 고유 진동수이다.

이 식을 고유 진동수 f_0에 대해 f의 값이 충분히 작다, 거의 같다, 충분히 크다라는 조건으로 구분하여 나타내면 아래 식이 된다.

$$f \ll f_0 : y \approx (f/f_0)^2 x = -(\ddot{x}/\omega_0^2) \tag{5.3}$$

$$f \approx f_0 : y \approx -jQ(f/f_0)x = -(Q/\omega_0)\cdot\dot{x} \tag{5.4}$$

$$f \gg f_0 : y \approx -x \tag{5.5}$$

여기서, $\omega_0=2\pi f_0$, $Q=\sqrt{mk/r}$ 이다.

즉, 고유 진동수와 비교하여 충분히 낮은 주파수에서는 가속도, 거의 같은 주파수에서는 속도, 충분히 높은 주파수에서는 변위에 비례한 출력이 얻어지게 된다.

일반적으로 압전 세라믹을 사용한 AE 센서는 검출 소자의 공진을 이용하고 있으며, 이 공진주파수에서는 속도에 비례한 신호를 얻고 있는 것이 된다.

5.1.2 압전 세라믹

AE 센서는 대부분 압전체(압전 세라믹)을 사용한 압전형이다. 이 압전체(압전 세라믹)에 대해 설명한다.

(1) 압전 효과

압전 효과란 외부로부터 가해진 스트레인이나 전하를 없애는 방향으로 압전체 내부에서 전하나 스트레인을 발생시키는 현상이다. 즉, 압전체에 외부에서 힘을 가하면 전극에 전하가 발생하고, 전극에 전압을 가하면 압전체가 변위한다.

AE 센서는 이 압전체에 힘(스트레인)을 가했을 때에 전하가 발생하는 효과를 이용하여 AE파를 검출하고 있다. AE파에 의해 매우 미약한 스트레인도 고감도로 검출할 수 있으며, 공진주파수가 비교적 높아 일반적으로 60 또는 100kHz 이상의 AE파 검출에 적합하다.

(2) 압전체의 결정 구조

AE 센서의 검출 소자로 주로 사용되는 PZT(티탄산지르코산연: Pb(Ti · Zr)O_3)는 페로브스카이트(Perovskite)형이라 불리는 강유전체이며, 그 결정 구조를 [그림 5.2]에 나타낸다. PZT의 경우 그림의 A는 Pb^{2+}이온, O는 O^{2-}이온, B는 Ti^{4+}와 Zr^{4+}이온이다.

이 그림은 고온 상태에서의 결정 구조로 입방정형이라 하며, 각 변의 길이가 같은 입방체로 되어있다.

상온에서는 이것이 $a = b \neq c$가 되는 정방정형으로 상전이한다(결정 구조가 변화하는

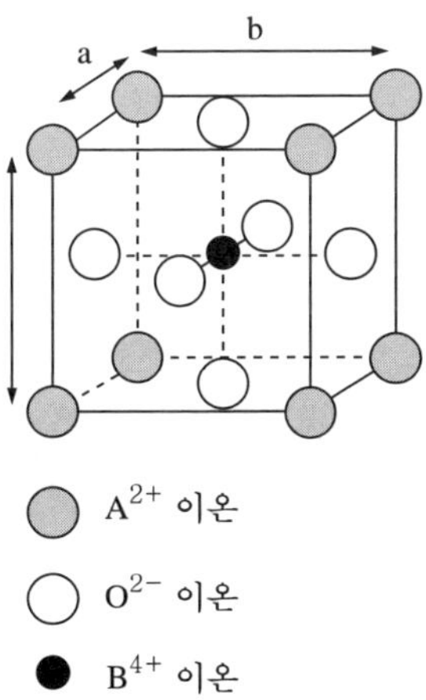

[그림 5.2] 압전체의 결정 구조

것을 상전이(相転移)라고 함). 이 상전이 시점의 온도를 퀴리점이라 한다.

이 정방정계의 상태에서 A^{2+} 이온과 O^{2-} 이온으로 형성되는 격자면을 예로 들면, O^{2-} 이온은 격자 중심에서 치우친 위치가 되고, B^{4+} 이온 또한 결정의 중심에서 치우친 위치가 된다. 이 상태를 자발 분극이라 하며 압전성을 가진다. 다만, 각각의 결정에서 이온이 치우친 위치는 랜덤으로 존재하기 때문에 압전체 전체에서는 압전성을 나타내는 경우는 없다. 이 상태에서 외부로부터 고전계를 가하면 각 결정 속 이온의 위치가 똑같이 모이게 되는데, 이를 분극이라 한다.

이 상태에서 힘을 가하면 전하(전압)가 발생하고 전압을 가하면 변위하는 압전성(압전효과)을 나타내게 된다.

압전성이 있는 재료에는 티탄산연($PbTiO_3$)이나 니오브산연($PbNb_2O_6$) 등이 있다. 또, 분극하지 않는 상태에서도 압전성을 나타내는 단결정으로는 수정(SiO_2) 등이 있다.

5.2 AE 센서의 구조

5.2.1 공진형 센서

일반적으로 공진형 AE 센서는 센서의 검출면 안쪽에 압전소자를 붙여 검출면으로부터 전파된 AE파를 압전소자 형상에 따른 공진으로 높은 감도로 검출한다. 그 개략적인 구조를 [그림 5.3]에 나타낸다.

이때, AE 센서 내의 검출 소자를 높이가 l인 원기둥 형상으로 하고, 압전소자 내의 전파속도를 V라 하면 공진주파수 f_r는 식 (5.6)과 같다.

$$f_r = \frac{V}{4l} \tag{5.6}$$

통상 AE 센서의 공진주파수는 (5.6)식의 검출 소자의 두께에 따라 결정되지만, 검출 소자의 지름 방향 치수에도 영향을 받는다. 이 양자의 치수를 적당하게 선택하면 공진주파수에서의 감도를 높이거나 반대로 다소 넓은 대역 특성을 가지도록 설계할 수 있다. 150kHz 공진형 센서의 대표 특성 예를 [그림 5.4]에 나타낸다. 세로축 단위는 dB이지만 0dB=1V/m/s로 속도 단위가 된다.

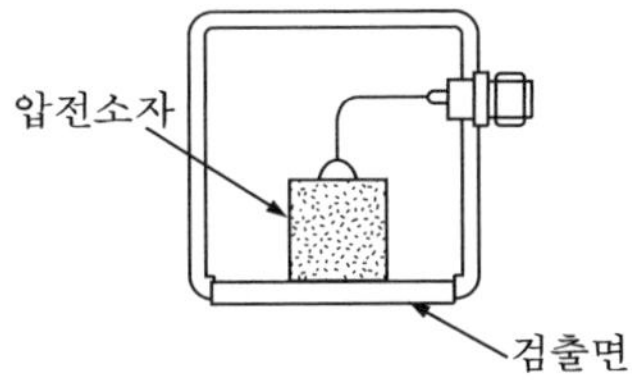

[그림 5.3] 공진형 AE 센서의 구조

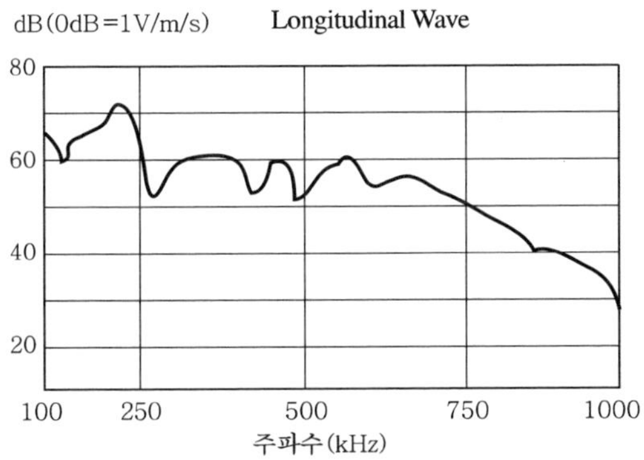

[그림 5.4] 150kHz 공진형 센서의 주파수 특성

감도는 검출 소자가 크면 높아지므로 저주파용 센서의 크기는 커지지만 감도가 높아지는 반면, 고주파용 센서의 크기는 작아지지만 감도가 낮아진다.

5.2.2 광대역형 센서

광대역형 AE 센서는 압전소자의 주위를 완충재로 감싸 공진을 억제시켜 넓은 주파수 대역을 측정하며, 개략적인 구조를 [그림 5.5]에 나타낸다.

이것은 스프링 질량계에서 완충재가 매우 잘 작용하고 있는 상태이며, 주파수 특성에서 속도 단위의 감도가 평탄한 특성을 가진다. 광대역형 센서의 대표 특성 예를 [그림 5.6]에 나타낸다.

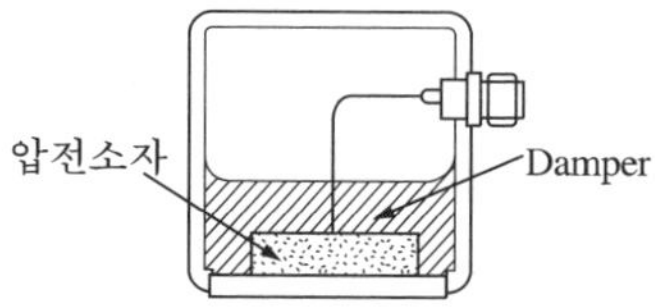

[그림 5.5] 광대역형 AE 센서의 구조

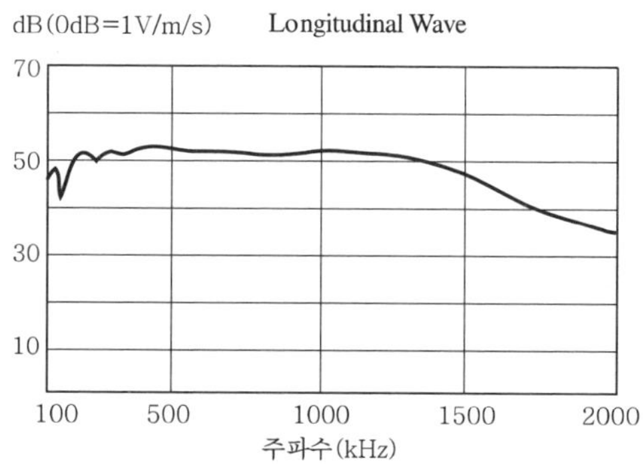

[그림 5.6] 광대역형 센서의 주파수 특성

완충재로서 필요한 특성은 압전소자 내부를 전파해온 AE파를 압전소자와 완충재의 경계면에서 반사시키지 않고 완충재로 투과시킨 후 완충재 속에서 감쇠시켜 AE파가 완충재에서 압전소자로 되돌아가지 않도록 하는 것이다. 이 때문에 완충재는 음향임피던스가 압전소자에 최대한 가깝고 내부 손실이 매우 큰 것이 요구된다.

실제 완충재는 수지에 텅스텐 등의 고밀도 재료를 혼합하여 제작한다. 음향임피던스는 밀도(ρ)×음속(c)으로 결정되며, 음속이 낮은 수지에 밀도가 높은 물질을 섞어 음향임피던스를 높인다.

압전소자의 음향임피던스가 약 30×10^6kg/(m^2·s)인데 비해 완충재의 음향임피던스는 통상 10×10^6kg/(m^2·s) 정도이다.

5.2.3 변위센서

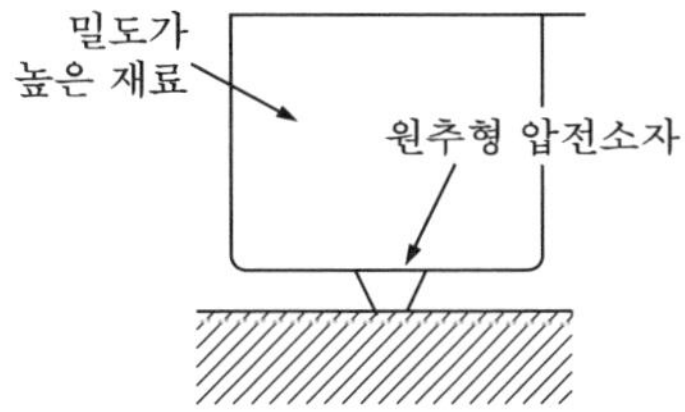

[그림 5.7] 변위센서의 개략적 구조

5.1.1에서 설명했듯이 스프링 질량계에 의한 검출에서는 공진주파수보다도 높은 주파수 범위에서 변위에 대한 출력이 얻어진다. 즉, 검출 소자를 직게 하고 그 위에 밀도가 높은 재료를 올려 질량을 크게 하여 공진주파수를 낮춤으로써 AE 주파수 대역에서 변위 출력을 얻을 수 있는데, 그 개략적 구조를 [그림 5.7]에 나타낸다.

이 구조의 센서가 뒤에서 소개할 2차 교정법(ISO12714)의 기준 센서로 사용되고 있다.

5.3 다른 방식의 AE 센서

(1) 마이크로폰, 하이드로폰

AE파는 고체 내부 또는 고체 표면을 전파하는 탄성파라고 했는데, 기체 중 또는 액체 중을 전파하는 음파를 AE파로써 취급하는 경우가 있다. 이러한 경우에는 마이크로폰이나 하이드로폰이 AE 센서로 사용된다.

콤프레샤 등의 기기 동작음을 마이크로폰으로 검출하고, 검출한 신호를 정상음과 비교함으로써 설비의 동작 이상을 검지한다. 적은 센서로 넓은 범위를 커버할 수 있다는 이점이 있다.

하이드로폰은 수중에서 사용할 수 있도록 방수 구조로 된 마이크로폰이다.

사용 예로써 땅 속에 설치한 액체 탱크의 누설 검출이 있다. 탱크 내부를 감압(減壓)하고 공기의 침입에 따른 기포 발생음을 액체 내부에 설치한 하이드로폰으로 검출하여 누설의 유무를 검지한다.

(2) 광섬유 센서[1)]

광섬유를 이용한 AE 센서는 전기를 필요로 하지 않기 때문에 방폭 환경이나 액체 내부에서 측정이 가능하며, 기존의 압전형 AE 센서와는 달리 전자파 영향을 받지 않는다는 우수한 특징을 가지고 있어 주목을 받고 있다. 여기서는 대표적인 Fiber Bragg Grating(FBG)를 이용하는 방식과 광간섭을 이용하는 방식에 대해서 소개한다. FBG 센서는 자외선을 이용하여 광섬유 Core에 회절 격자를 형성시킨 것이다. FBG의 주기가 Core를 전파하는 신호광의 반파장과 서로 일치하면 신호광은 Bragg 반사를 일으켜 되받아 쳐진다. 광섬유에 스트레인을 가하면 회절 격자의 주기가 변화하기 때문에 되받아 쳐지는 빛의 파장도 바뀐다. 필터 등을 이용하여 Bragg 반사를 일으키는 부근 파장의 광강도를 잡아내어 관측하면 AE 등의 외란에 의해 FBG부가 일그러지고 광강도가 변화하여 AE를 검출할 수 있다[2, 3)]. 현재 센서로써 각 FBG의 격자 간격을 변화시키는 WDM 방식(파장 분할 다중화 방식)과 동일 간격의 FBG를 도달시간으로 구별하는 TDM 방식(시간 분할 다중화 방식)에 의한 다점 동시 계측이 연구되고 있다.

한편, 광간섭을 이용하는 방식으로는 헤테로다인(Heterodyne) · Mach-Zehnder형 광섬유 센서를 이용하여 도플러(Doppler) 효과에 의한 AE 모니터링 시스템이 개발되어 있으며[4)], 자기 노이즈 환경 하에서의 모니터링, 고온 환경 속에서의 모니터링 등을 시도하고 있다. 이 시스템은 이미 상품화되어 판매되고 있다.

감도, 사용 방법 등 아직도 앞으로 개량이 필요한 기술이긴 하지만, 앞으로의 발전이 기대되고 있다.

(3) 레이저 간섭계

계측 대상이 고온으로 직접 AE 센서를 부착할 수 없을 경우에는 레이저 간섭계를 이용한 AE의 비접촉 계측을 수행하는 경우가 있다. 주된 간섭계로써 호모다인 간섭계(Michelson 간섭계), 헤테로다인 간섭계(Mach-Zehnder

간섭계), 공초점(confocal) Fabry-Perot 간섭계, 위상 공역 광학소자를 이용한 레이저 간섭계가 있다. 공초점 Fabry-Perot 간섭계와 위상 공역 광학소자를 이용한 레이저 간섭계는 시험체 표면이 어느 정도 거친 면이더라도 계측이 가능하다. 레이저 간섭계를 이용한 계측은 외부로부터 진동 등의 영향을 받기 쉬워, 현시점에서는 연구 용도로만 사용되고 있다.

5.4 감도 교정법

AE 측정에 사용하는 AE 센서를 선정함에 있어 센서의 감도 특성은 매우 중요한 정보이며, 실제 사용 시 AE 센서가 건전한 상태인지를 확인하기 위해서도 필요한 정보이다.

AE 센서로 측정되는 주파수는 수십 kHz에서 1MHz 이상으로 넓고 진동/탄성파 레벨이 매우 작기 때문에 AE 센서의 감도 특성을 교정하는 것은 그렇게 간단하지 않다. 이로 인해 과거에는 AE 센서의 교정법 자체가 연구 대상이기도 했다.

현재 AE 센서의 감도 교정법은 크게 AE 센서를 부착한 매체의 입자 속도나 음압 등 물리적인 값에 대한 출력 전압으로 감도를 나타내는 절대감도 교정법과 어느 특정 음원에 대한 출력 전압으로 나타내지는 접촉법 등의 두 가지 방법으로 나뉜다. 접촉법은 비교적 간단하게 실시할 수 있는 방법이지만, 개별 음원의 특성에 따라 교정 결과가 좌우되기 때문에 객관적인 감도 정보라고 하기는 어렵다.

절대감도 교정법에는 상호 교정법(NDIS2109)과 임펄스 응답 교정법(ISO12713)의 2종류가 있다. 이 2종류의 교정방법은 원리가 전혀 다르지만 회송시험(Round-robin 시험)을 실시한 결과, 그 교정 결과가 잘 일치하였음이 보고되어 있다. 여기서는 이 2종류의 절대감도 교정법에 대해 설명한다.

5.4.1 상호 교정법(NDIS2109)

AE 센서의 상호 교정법은 일본에서 개발되어 사용되고 있는 교정법으로, (사)일본비파괴검사협회 규격 「NDIS2109 상호 교정법에 의한 Acoustic Emission 변환자의 절대감도 교정 방법」에 의해 규격화되어 있다. 이 상호 교정법의 특징은 별도로 교정용 기준 센서가 필요하지 않지만 교정을 위해 대형 음향매체가 필요하며, 비교적 실시하기 쉬운 방법이다.

(1) 교정 원리

AE 센서에 사용하는 압전소자는 전기적인 신호를 변위 등의 기계적인 신호로 또는 그 역변환을 하는 전기기계 변환 소자이다. 이 AE 센서를 어떠한 음향매체에 2개 부착했다고 가정하면, 1개의 AE 센서에 부가된 전기신호는 기계신호로 변환되어 음향매체를 경유하여 또 하나의 AE 센서로 전달되고, 이 AE 센서에 의해 이번에는 기계신호가 전기신호로 변환된다. 즉, 2개의 AE 센서는 음향매체를 사이에 둔 전기적 4단자 회로망을 구성하게 된다. 따라서 AE 센서의 경우에도 전기회로에서의 4단자 회로망과 동일하게 상반 정리가 성립한다.

게다가 센서의 기본 방식이 같을 경우에는 상호 임피던스의 가역성이 성립한다.

이 원리를 응용하여 센서 1의 송파 전류감도(입력 단위 전류당 음장 음압)을 S_{O1}, 송파 전압감도(입력 단위 전압당 음장 음압)를 S_{S1}, 수파 전압감도(단위 음압을 수파했을 때의 출력개방 유기 전압)를 M_{O1}, 수파 전류감도(단위 음압을 수파했을 때의 단락 전류)를 M_{S1}, 센서 2의 송파 전류감도를 S_{O2}, 송파 전압감도를 S_{S2}, 수파 전압감도를 M_{O2}, 수파 전류감도를 M_{S2}라 하면 (5.7)식이 성립한다.

$$\frac{S_{O1}}{M_{O1}} = \frac{S_{O2}}{M_{O2}} = \frac{S_{S1}}{M_{S1}} = \frac{S_{S2}}{M_{S2}} = H \tag{5.7}$$

이 식은 2개의 센서가 무관한 기기이더라도 송파감도와 수파감도의 비가 정수 H(상반 정수, reciprocity parameter)로 같아짐을 나타내고 있다.

이러한 관계를 이용하여 같은 종류의 AE 센서를 3개 준비하여 [그림 5.8]과 같이 번갈아 송신용, 수신용으로 사용한 3쌍의 측정을 실시하고, 각각 송파 전류 $I_{12} \sim I_{31}$과 수신 전압 $E_{12} \sim E_{31}$을 측정한다.

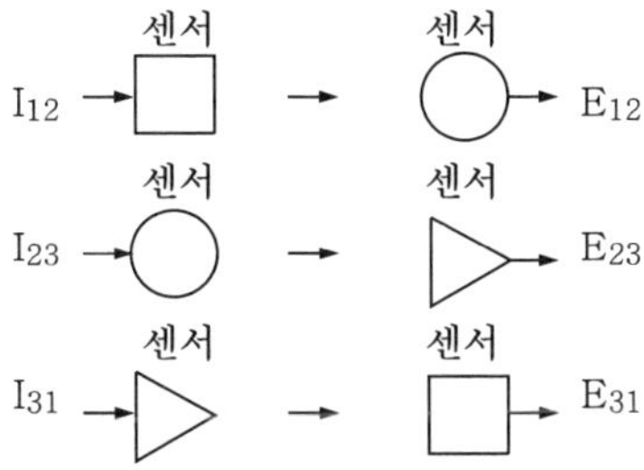

[그림 5.8] 상호 교정법의 측정

센서 1, 2, 3의 수파 진폭감도 M_1, M_2, M_3은 각각 (5.8)~(5.10)식으로 구할 수 있다.

$$M_1 = \left(\frac{1}{H} \cdot \frac{E_{12}}{I_{12}} \cdot \frac{I_{23}}{E_{23}} \cdot \frac{E_{31}}{I_{31}} \right)^{\frac{1}{2}} \tag{5.8}$$

$$M_2 = \left(\frac{1}{H} \cdot \frac{E_{23}}{I_{23}} \cdot \frac{I_{31}}{E_{31}} \cdot \frac{E_{12}}{I_{12}} \right)^{\frac{1}{2}} \tag{5.9}$$

$$M_3 = \left(\frac{1}{H} \cdot \frac{E_{31}}{I_{31}} \cdot \frac{I_{12}}{E_{12}} \cdot \frac{E_{23}}{I_{23}} \right)^{\frac{1}{2}} \tag{5.10}$$

여기서 상반 정수 H는 음향매체의 물리 정수에 의해 정해지는 값으로 (5.11)~(5.14)식으로 구할 수 있다.

$$H_L = 2f \frac{(1+v)(1-2v)}{E(1-v)D} \tag{5.11}$$

$$H_R = 2\pi f \frac{1+v}{E} \cdot k_R \cdot X \cdot \left(\frac{2}{\pi k_R \cdot D} \right)^{\frac{1}{2}} \tag{5.12}$$

$$k_R = \frac{2\pi f}{V_R} \tag{5.13}$$

$$V_R = \frac{1}{Y}\left\{\frac{(1-v)E}{2(1+v)\rho}\right\}^{\frac{1}{2}} \tag{5.14}$$

H_L : 종파의 상반 정수

H_R : 표면파의 상반 정수

E : 종탄성계수(영률) [Pa]

f : 주파수[Hz]

v : 푸아송비

D : AE 센서 간의 거리[m]

X, Y : 음향매체의 푸아송비에 의존하는 정수로 [표 5.1]에 나타낸다.

수파 전압감도의 산출 방법을 나타내었으나, 같은 방법으로 송파 전류감도를 구할 수 있다.

[표 5.1] 교정 매체의 정수 X, Y

v	X	Y
0.00	0.2844	1.1441
0.25	0.1835	1.0877
0.26	0.1800	1.0857
0.27	0.1765	1.0838
0.28	0.1731	1.0820
0.29	0.1697	1.0801
0.30	0.1664	1.0783
0.31	0.1631	1.0765
0.32	0.1598	1.0747
0.33	0.1566	1.0730
0.34	0.1535	1.0712
0.35	0.1504	1.0695

(2) 교정장치의 구성

교정장치의 구성을 [그림 5.9]에 나타낸다. 그림은 표면파 교정의 측정 예를 나타내고 있으며 AE 센서를 같은 면에 설치하고 있다. 종파의 경우에는 마주보는 앞·뒷면의 중심축 위에 AE 센서를 설치한다.

감도 교정에는 제곱 코사인파로 진폭 변조된 톤버스트(tone burst) 신호를 이용한다. 측정 주파수 범위의 각 주파수에서 구동 전류, 수파 전압을 순차적으로 측정한다. 구동 톤버스트 파형을 [그림 5.10]에 나타낸다.

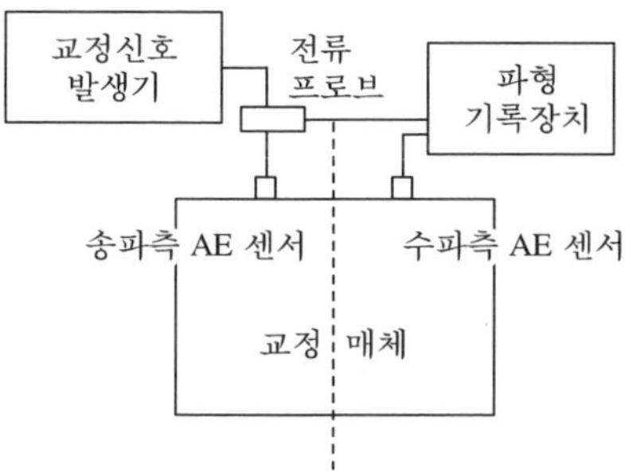

[그림 5.9] 교정장치의 구성

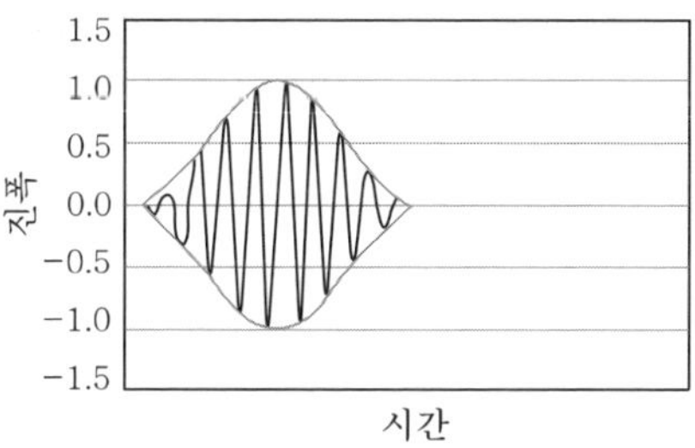

[그림 5.10] 구동전류 파형

교정매체는 본래 실제 AE 계측대상과 같은 재질이여야 하나, 필요로 하는 모든 재질의 매체를 준비할 수 없기 때문에 가장 일반적이라고 생각되는 단조강(탄소강)을 사용하고 있다. [그림 5.11]에 실제 교정에 사용하고 있는 교정용 블록의 예를 나타낸다. 그림의 블록은 직경 0.6m, 두께 0.36m의 원기둥 형태의 단조강이지만, 직경 1.1m, 두께 0.76m의 대형 블록도 있다.

종파 교정에서는 AE 센서를 양단면의 중심에 마주보게 설치하고, 표면파 교정에서는 같은 면에 설치하지만 두 경우 모두 교정 대상으로 하는 파의 직접파가 최초로 도달한 후, 그 이외의 반사파 등의 불필요한 파가 도달하기까지의 시간차를 이용하여 측정한다. 종파의 경우에는 우선 직접파가 도달하고 이어서 측면으로부터의 반사파, 그 후에 직접파의 재반사파,

표면파 등이 도달한다. 따라서 교정매체의 치수가 클수록 이 직접파와 반사파 등과의 시간차가 길어져 교정에 사용하는 톤버스트 신호의 계속시간을 길게 설정할 수 있어 보다 낮은 주파수에서의 교정이 가능하게 된다.

[그림 5.11] 교정용 블록

또한, 톤버스트 신호를 이용하여 진폭 수파감도를 교정하는 방법을 설명하였는데, 같은 원리를 적용하여 임펄스파에 따른 응답을 측정함으로써 진폭뿐만 아니라 위상 특성을 교정할 수도 있다.

(3) 2차 교정(2변환자 교정)

상호 교정(3변환자 교정)을 하기 위해서는 최소 3개의 AE 센서가 필요하므로 AE 센서가 1개뿐일 경우에는 교정할 수 없다는 점, 외부로부터 검출 소자를 구동할 수 없는 프리앰프 내장형 센서도 교정할 수 없다는 등의 문제가 있다.

상호 교정에 의해 송파 전류감도를 이미 알고 있는 AE 센서를 송파용으로 사용하여, 교정 대상 AE 센서의 수파 전압감도를 교정하는 2차 교정법(2변환자 교정법)이 있다.

측정에는 상호 교정법(3변환자 교정)과 같은 설비, 교정 블록을 사용하여 송파전류 I_L과 피교정 AE 센서의 수파전압 E_L을 측정한다. 피교정 AE 센서의 수파감도 M_L은 식 (5.15)로 구할 수 있다.

$$M_L = \frac{1}{S_L} \cdot \frac{E_L}{I_L} \tag{5.15}$$

S_L은 송파에 사용한 AE 센서의 3변환자 교정으로 구한 송파 전류감도이다.

같은 방법으로 종파와 표면파도 측정할 수 있다. 단, 기준 센서에 감도가 낮은 주파수가 있다면 그로 인해 측정 정도가 낮아지기 때문에 기준 센서는 광대역 센서를 사용하는 것이 바람직하다.

5.4.2 임펄스 응답 교정법(ISO12713)

임펄스 응답 교정법은 NBS(현 NIST)에서 개발된 방법으로, 현제는 ISO 규격(ISO12713: 변환기의 1차 교정)으로 되어있다. 또, 상호 교정과 같이 2차 교정법(ISO12714)도 규격화 되어있다.

(1) 교정 원리

임펄스 응답 교정법도 상호 교정법과 마찬가지로 교정 매체를 사용한다. 교정장치 전체의 구성을 [그림 5.12]에 나타낸다.

음원으로 유리세관의 파괴를 이용하고, 정전용량형 기존 센서와 피교정 AE 센서를 음원으로부터 같은 거리에 설치한다. 유리세관의 파괴에 따른 탄성파가 매체를 전파하여 피교정 AE 센서와 기준 센서에 도달한다. 그때의 매체 표면의 변위를 정전용량형 기준 센서로 측정한다.

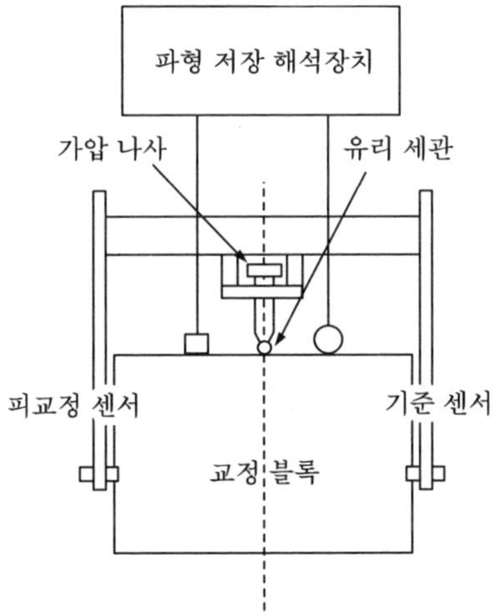

[그림 5.12] 변환기의 1차 교정 구성

이 값을 기준으로 하여 피교정 AE 센서의 출력값으로 감도를 산출한다.

(2) **구체적인 시험 방법**

음원이 되는 유리세관의 파괴 방법을 [그림 5.13]에 나타낸다. 교정 매체 표면의 음원 위치에 매체 표면의 보호를 위해 현미경용 커버유리를 접착한다. 그 위에 파이렉스 유리막대를 늘려 직경 0.1~0.3mm로 만든 유리세관을 놓고, 그 유리세관 위에 직각으로 직경 12mm의 유리막대를 놓은 후, 그 위에서 나사로 가압하여 교정 매체의 표면을 점점 변형시켜 최종적으로 유리세관이 파단될 때까지 가압한다. 유리세관이 파단됨에 따라 그때까지 눌려져 변형되던 매체 표면은 0.1μ sec 이하의 시간에서 원래의 위치로 복원되는데, 이것이 교정에 필요한 Step 상태로 변위하는 음원이 된다.

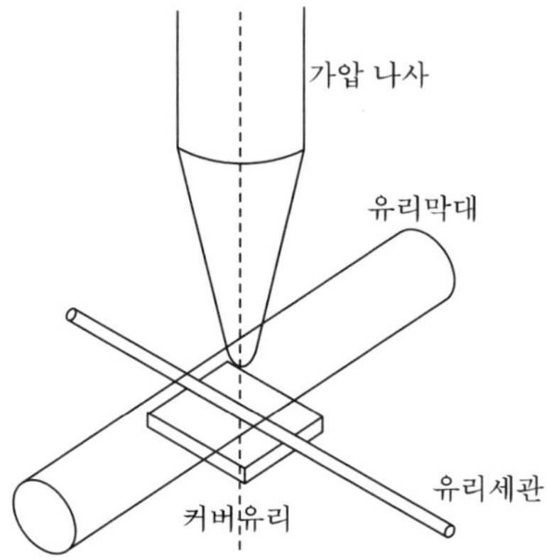

[그림 5.13] 임펄스 응답 교정용 음원

피교정 센서와 정전용량식 변위센서의 양쪽 신호를 측정, 기록하여 FFT에 의해 주파수축 데이터로 변환하고, 주파수마다 표준 센서값으로부터 감도와 위상 특성을 계산하여 구한다.

(3) **2차 교정**(ISO12714)

이 측정법에도 상호 교정법과 같이 2차 교정법이 규격화되어 있다. 임펄스 응답 교정법도 동일하게 교정 매체, 유리세관에 의한 음원을 사용하지만, 다른 점은 기준 센서로 임펄스 응답 교정법에 의해 교정한 원추형 압전소자를 사용한 100kHz~1MHz에서 평탄한 특성을 가지는 변위형 AE 센서를 사용한다는 점이다.

임펄스 응답 교정법도 같은 방법으로 FFT 처리를 실시하여 기준 센서의 감도 특성으로부터 감도, 위상 특성을 계산한다.

5.4.3 센서 설치 대상물에 의한 영향

상호 교정법 또는 임펄스 응답 교정법으로 구하는 감도 특성은 탄소강에 AE 센서를 설치했을 때의 특성이다. 그러나 실제로 AE 시험을 할 경우, 반드시 탄소강이 시험 대상이 되는 것이 아니라 다른 재질인 경우도 많다. 다른 금속이나 수지, 액체에 사용했을 경우의 AE 센서 감도 특성은 교정 결과와는 당연히 달라진다.

AE 센서 내의 검출 소자가 높이 l인 원기둥 형태에서 검출 소자 내의 음속이 C인 경우 공진주파수 f_r는 앞에서 서술한 식 (5.6)이 된다.

$$f_r = \frac{C}{4l} \tag{5.6}$$

이 식은 AE 센서를 강성이 높은 측정 대상에 부착한 상태에서 검출 소자의 고정단(검출면)이 진동의 마디가 되는 편단 고정의 진동 모드로 되어 있음을 나타내고 있다. 한편, 같은 AE 센서라도 액체 속에서 사용했을 경우에는 검출면은 마디가 아닌 자유단에 가까워져 검출 소자는 양단 자유 진동 모드가 된다. 그 공진 주파수는 (5.16)식이 된다.

$$f_r = \frac{C}{2l} \tag{5.16}$$

즉, AE 센서의 공진주파수가 강체에 부착했을 때의 2배가 되고 감도 특성 전체도 교정 결과와는 다른 특성이 된다. 수지 등에서는 이들 편단 고정과 양단 자유의 중간 특성이 된다고 여겨지며, 같은 금속이라도 알루미늄과 탄소강은 특성이 다르다.

AE 시험의 대상물 재질에 따라 AE 센서의 특성이 교정 결과의 특성과는 다르다는 점에 주의해야 한다.

5.5 온도에 의한 영향

5.5.1 온도 특성

AE 센서는 온도에 의해 특성이 변화한다. AE 센서에 사용되는 압전소자는 일반적으로 온도가 높아짐에 따라 발생 전하량이 증가하는 반면 정전용량도 상승한다. 수파 전압은 전하량/정전용량이기 때문에 온도 상승이 단순히 감도 상승을 가져오진 않는다.

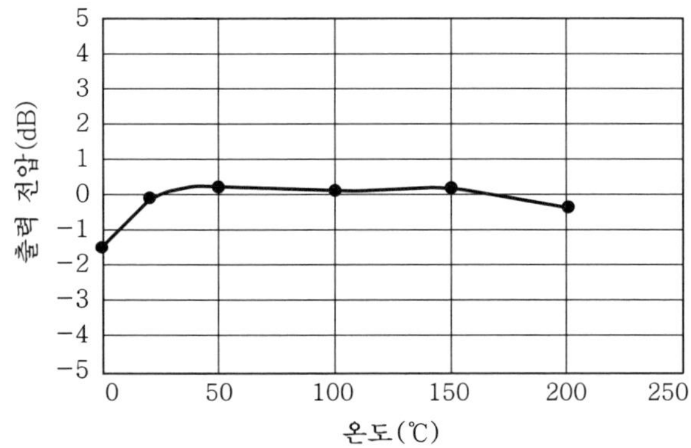

[그림 5.14] AE 센서의 온도 특성 예

[그림 5.14]에 200℃ 사양의 200kHz 공진형 AE 센서의 온도 특성 예를 나타낸다. 측정은 피측정 AE 센서를 도파봉의 한쪽 끝면에 부착하여 온도조 안에 넣고 온도조 밖에 위치한 도파봉의 반대쪽 끝면에 펄서를 부착한다. 펄서의 온도를 실온으로 유지한 상태에서 함수발생기의 펄스파로 구동하였다. 온도조의 온도를 변화시켜 피측정 센서의 수신 파형의 Peak 전압을 기록하였다. 그래프에서는 20℃에서의 수신 전압값을 0dB로 하고 있다. 도파봉은 직경 20mm, 길이 500mm의 스테인리스(SUS304) 재질이며 온도에 의한 감도 변화가 적지만, 이 특성은 AE 센서의 구조나 검출 소자의 종류에 따라 다르다.

5.5.2 사용 상한 온도

(1) 검출 소자에 의한 고온 한계

AE 센서의 검출 소자로 많이 사용되는 PZT는 퀴리점 이하의 온도에서는 정방정계이지만 온도가 퀴리점을 넘으면 입방정계로 상전이한다. 이 상전이에 의해 분극으로 얻어진 압전성을 잃게 된다. 그 후, 퀴리점 이하로 온도를 낮추면 결정 구조는 다시 정방정계로 되돌아가지만 자발 분극은 랜덤이 되어 전체로써의 압전성은 잃고 만다.

AE 센서의 상한 온도는 퀴리점 이상이 될 수는 없다. PZT의 퀴리점은 350℃ 정도이지만, AE 센서로써는 250℃ 정도가 상한 온도이다. 퀴리점이 높은 압전체로는 570℃의 니오브산연($PbNb_2O_6$)이나 1210℃의 압전성 단결정인 니오브산 리튬이 있다.

(2) 구조 이외에 의한 사용 상한 온도

일반적인 AE 센서의 검출 소자는 접착제로 검출면에 접착되어 있다. 이 접착제의 내열 온도가 사용 상한 온도가 되므로 압전체의 퀴리점보다도 낮은 80~150℃ 정도로 제한된다.

접착제를 사용하지 않는 구조로 된 AE 센서도 있으며, 이러한 센서는 200~250℃로 되어 있다. 또, 압전성 결정을 납땜 등의 특수한 방법으로 검출면에 부착하여 500℃ 이상에서도 사용할 수 있도록 한 센서도 시판되고 있다. 단, 이들 고온용 AE 센서는 일반적으로 감도가 낮아 특수한 용도로 사용이 한정된다. 일반적으로는 도파봉(웨이브가이드)에 일반 AE 센서를 부착하여 고온 환경에서의 측정에 대처하는 경우가 많다.

5.6 웨이브가이드(도파봉)

웨이브가이드는 측정 대상이 고온인 경우 등 AE 센서를 측정 대상에 직접 부착할 수 없을 때에 사용하는 것으로, 봉의 한쪽 끝에 AE 센서를 부착하여 사용한다. 측정 대상이 고온이더라도 웨이브가이드를 이용하여 AE 센서를 부착하면 AE 센서의 온도 상승을 억제할 수 있다. 또, 지반 암반에서는 땅속에서 발생하는 AE의 광범위 한 검출을 목적으로 웨이브가이드를 땅속에 매설하여 웨이브가이드에서 AE를 검출하는 방법이 실시되고 있다.

웨이브가이드는 측정 대상에 용접이나 접착하여 사용하는 경우가 많으나 마그네틱으로 부착하여 사용하는 경우도 있다.

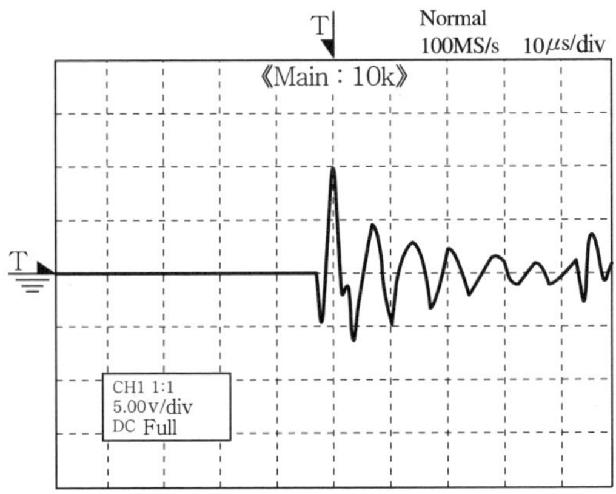

[그림 5.15] AE 센서 직접 부착시 측정 파형

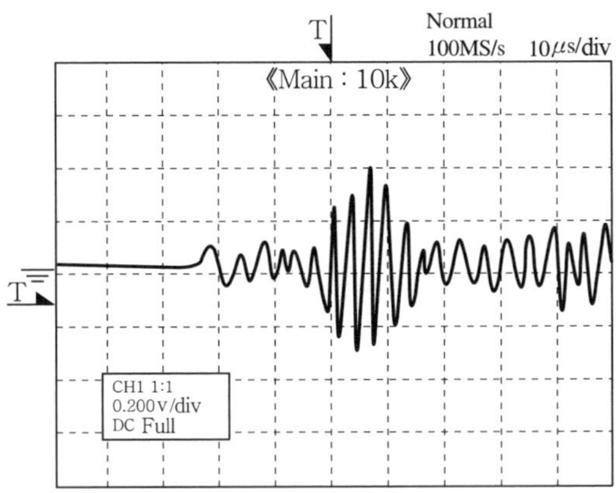

[그림 5.16] 웨이브가이드 사용시 측정 파형

위의 설명처럼 웨이브가이드의 사용은 이점도 있는 반면, AE파가 감쇠하고 파형도 변화하기 때문에 주의가 필요하다. [그림 5.15]는 샤프심 압절로 발생시킨 AE파를 AE 센서(150kHz 공진형)로 직접 측정한 예이고, [그림 5.16]은 AE 센서를 도파봉(직경 6mm, 길이 500mm)에 설치하여 웨이브가이드를 통해 AE파를 측정한 예이다. 양쪽 모두 40dB의 프리앰프를 사용하였으나 AE 센서로 직접 측정한 [그림 5.15]는 세로축 눈금 간격이 5V, 도파봉을 사용한 [그림 5.16]은 세로축 눈금 간격이 0.2V로 신호가 약 1/25로 감쇠되어 있다. 도파봉을 사용하면 AE파가 감쇠하고 파형도 크게 변화함을 알 수 있다.

도파봉으로 인해 고온에서의 측정이 가능하게 되고, 또 반대로 필터가 되는 점을 적극적으로 이용하는 경우도 있으나 실제 적용에서는 감도나 검출 파형에 미치는 영향, 도파봉 전달에 따른 시간 지연이 발생한다는 점도 고려할 필요가 있다.

5.7 센서의 선택

AE 센서에는 다양한 종류가 있으나 각각의 사양(형상, 감도, 주파수 특성, 절연이나 방수 등)을 확인하여 적용하고자 하는 AE 계측에 적합한 센서를 선택해야 한다. 주된 사양 항목에 대해서 간단히 설명한다.

(1) 주파수 특성

저유탱크나 교량 등 대형 구조물의 측정에서는 AE파의 전달 거리가 길어 감쇠가 크다는 점에서 비교적 감쇠가 적은 표면파를 측정하는 경우가 많아지기 때문에 AE 센서는 공진주파수가 30~150kHz 정도로 낮고 표면파 감도가 높은 센서가 필요하다.

토목 관계에서도 땅속에서 AE파의 감쇠가 매우 크기 때문에 더욱 공진주파수가 낮은 15~60kHz 공진형 센서를 이용하는 경우가 많다.

측정한 AE파의 주파수를 알고 있을 경우에는 그 주파수에 맞는 특성의 AE 센서를 사용한다. 일반적으로는 공진주파수가 100~200kHz인 센서를 사용하는 경우가 많으나, 파형 해석을 할 경우나 AE 신호의 주파수가 불분명한 경우에는 광대역형 AE 센서를 사용한다.

(2) 형상

측정 목적, 부착 장소, 방법에 맞는 형상의 AE 센서를 선택한다.

소형 시험편에 대한 AE 시험에서는 센서를 부착하는 장소가 제약을 받기 때문에 소형 AE 센서가 필요하다. 또, AE원 위치표정에 사용할 경우에도 센서의 형상이 작은 편이 표정 정도 면에서 유리하므로 소형 센서가 사용된다. 소형 센서는 공진주파수도 150~500kHz로 비교적 높다.

(3) 출력 형식

일반적인 출력 방식은 Single-ended 출력 방식이다. 프리앰프와의 거리가 가깝고 Low-noise가 필요한 경우에는 Differential 출력 방식이 유리한데, 이 경우에는 신호를 받는 프리앰프도 Differential 타입이 필요하다.

AE 센서에서 프리앰프까지의 케이블 길이가 길어질 경우에는 프리앰프 내장형 AE 센서를 사용하는 것이 좋으며, 그 경우 연결하는 계측장치에서 AE 센서로 전원 공급을 하기 때문에, 그 전압이나 임피던스 등의 사양이 적합한지를 확인한다.

(4) 절연

시험편 등 AE 센서나 계측기 사이를 확실히 동일 전위로 만들 수 있는 환경을 제외하고 Ground loop에 의한 노이즈 혼입을 피하기 위해 AE 센서와 측정 대상을 절연할 수 있도록 검출면이 신호선과 절연되어 있는 센서를 사용하고, 부착 시에도 절연이 유지될 수 있는 부착 방법을 강구하거나 전용 부착 치구를 사용하도록 한다.

(5) 환경으로부터의 보호: 방수, 절연 방수

통상의 AE 센서는 방수 구조가 아니기 때문에 물방울이 튀는 정도의 환경에서는 방적형, 많은 물이 닿거나 수중에서 사용하는 경우에는 방수형을 선택해야 한다. 선택 시에는 센서의 방수 보호 정도를 확인하고, 가능하면 Ground loop에 의한 노이즈 대책으로써 방수 절연형을 선택하는 것이 바람직하다. 기름이 있는 환경에서는 센서뿐 아니라 케이블의 내유성도 고려해야 한다.

AE 센서나 케이블이 주변 기계나 차량에 의해 손상될 가능성이 있는 상황에서는 센서뿐 아니라 케이블 자체의 강도를 높이거나, 보호용 튜브나 배관을 추가 설치할 필요가 있다.

(6) 온도

고온 또는 저온 환경에서는 AE 센서의 사용 온도 범위를 확인해야 한다. AE 센서를 부착함에 따라 부착면의 방열 조건이 변화하여 부착면의 온도가 상승(또는 하강)하는 경우가 있으므로 주의가 필요하다. 필요에 따라서는 웨이브가이드의 사용도 검토한다.

참고 문헌

(1) 松尾卓磨, 광섬유 AE 검출 시스템의 개발과 손상 모니터링에의 응용, 아오야마(青山)학원 대학 박사 학위 논문(2007)

(2) 玉上久夫 외, "FBG 광섬유 센서를 이용한 Lamb파 수신에 의한 CFRP 적층판 속의 박리 검출", 일본항공우주학회 논문집, 53-615, pp.166~173 (2005)

(3) J.R.Lee et. al., "A nobel fiber bragg grating acoustic emission sensor head for mechanical tests", Scripta Materialia, 53, pp.1181~1186 (2005)

(4) K.Kageyama et. al., "Acoustic emission monitoring of a reinforced concrete structure by applying new fibre-optic sensors", Start material and Structures, 14, S53~59(2005)

6. AE 계측장치

6. AE 계측장치

탄성파인 AE파는 AE 센서에 의해 전기신호로 변환·검출되는데, AE 계측장치는 그 전기신호를 증폭하여 다양한 처리를 실시하고 거기에서 유용한 정보를 추출하여 해석, 표시, 기록하기 위해 이용되는 전자기기이다. 본 장에서는 AE 계측장치를 구성하는 요소 중 AE 센서 이외의 부분에 대해 설명한다.

6.1 AE 계측장치의 기본 구성

AE 계측 대상물의 종류나 크기, AE 계측을 수행하는 목적이나 장소 등의 모든 조건에 대응하기 위해 규모나 구성이 다른 각종 AE 계측장치가 개발되어 이용되고 있다. 일반적인 다채널 AE 계측장치는 기본적으로 [그림 6.1]과 같이 AE 센서로부터의 출력 신호를 최초로 증폭하는 프리앰프, 필터링 및 증폭 등의 처리를 수행하여 AE 신호에서 각종 AE 파라미터를 디지털 데이터로써 추출하는 AE 신호처리장치, 그 데이터를 계측용 컴퓨터로 보내기 위한 컴퓨터 인터페이스, 소프트웨어에 의한 각종 해석 처리를 수행하고 그 결과를 출력·표시·기록하는 계측용 컴퓨터 등으로 구성된다.

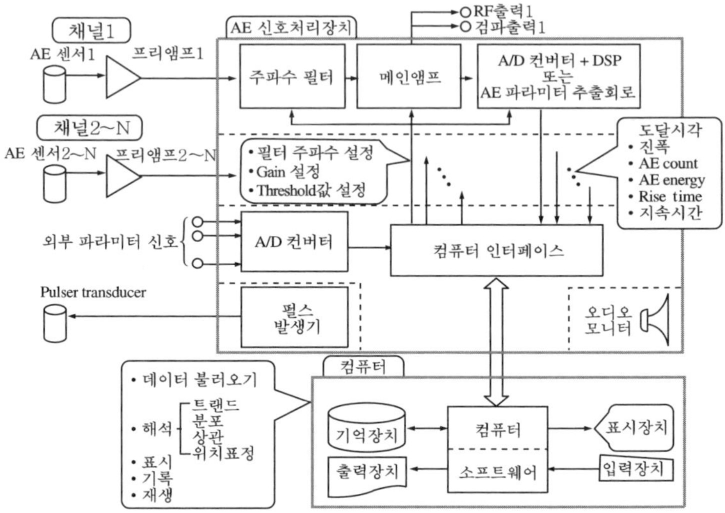

[그림 6.1] 일반적인 AE 계측장치의 기본 구성

6.2 프리앰프(전치 증폭기)

프리앰프는 AE 센서에 의해 검출된 AE 신호를 받아 그 전압을 증폭하고 케이블을 구동하기 위해 AE 센서와 메인앰프와의 사이에 설치하는 증폭기이다. AE 신호처리장치의 앞에 설치하기 때문에 전치 증폭기라고 불리기도 한다. 프리앰프에는 AE 센서 케이스에 내장되어 있거나 AE 센서와 일체화된 구조의 제품 등도 있다. [그림 6.2]에 각종 프리앰프의 예를 나타낸다.

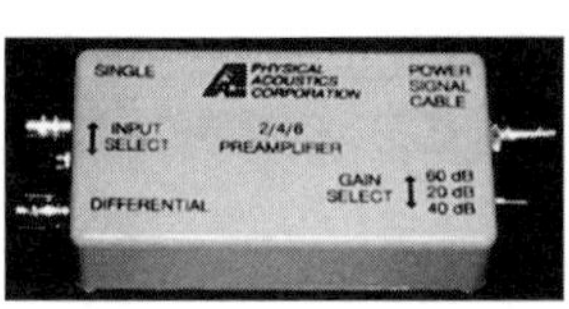

[그림 6.2] 각종 프리앰프의 예

AE 센서는 신호원 임피던스가 높고 출력 신호의 진폭도 작기 때문에 그 상태로는 긴 케이블을 구동하기에 적합하지 않으며, 또 노이즈에도 약하기 때문에 프리앰프를 사용하여 일단 증폭한 후 AE 신호처리장치로 보낸다. 프리앰프를 선택할 때에는 사용 목적에 따라 입출력 형식, Gain(증폭도), 주파수 특성, 노이즈, 입출력 임피던스, 전원, 형상 · 치수 · 무게 및 내환경성 등의 각 사양 항목에 대해 검토해야 한다.

6.2.1 주파수 필터의 선택

프리앰프 단계에서 불필요한 주파수 대역의 신호를 제거 또는 억압하는 것은 AE 계측에서의 SN비 개선에 효과가 있기 때문에 프리앰프에 주파수 대역을 제한하는 필터(주파수 필터)를 내장하고 있는 제품이 있다. 단, 필터를 내장한 프리앰프는 일반적으로 외형 치수가 커지고 무게도 무거워지기 때문에 작고 가벼움을 우선으로 설계한 프리앰프에는 필터를 내장하지 않는 것도 있다.

주파수 필터에서는 신호가 거의 감쇠없이 통과하는 주파수대역을 통과역, 감쇠를 받는 대역을 저지역이라 하고, 그 경계를 차단(cut off) 주파수라고 한다. 프리앰프 단계에서는 AE 신호가 통상 아날로그 신호이기 때문에 프리앰프에서의 주파수 필터로는 아날로그 필터가 이용된다.

주파수 필터를 기능으로 분류하면 통과역주파수가 차단주파수보다 높은 High pass(고역 통과)형, 통과역주파수가 차단주파수보다 낮은 Low pass (저역 통과)형, 통과역이 2개의 차단주파수 사이에 있는 Band pass(대역 통과)형, 저지역이 2개의 차단주파수 사이에 있는 Band elimination(대역 저지)형 등이 있으며, 구성 방법으로 분류하면 CR형 및 LC형(passive filter), 액티브 필터(active filter) 등이 있다. 또, 회로 방식으로는 Butterworth형, Bessel형, Chebyshev형 등으로 분류된다. [그림 6.3]에 대표적인 Butterworth형 필터의 진폭 주파수 특성 예를 나타낸다.

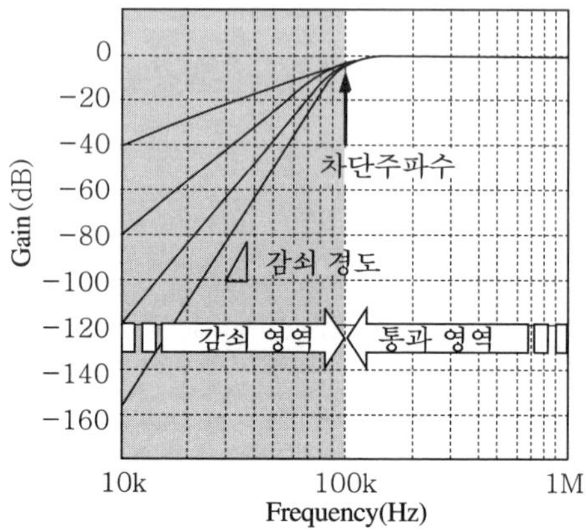

[그림 6.3] 대표적인 필터의 진폭 주파수 특성 예

필터를 내장한 프리앰프에서는 Band pass형의 액티브 필터가 많이 이용된다.

AE 프리앰프의 필터 선택 시에는 차단주파수 및 감쇠 경도에 주의하여 AE 계측 목적에 적합한 것을 선택해야 한다. 필터의 차단주파수는 감쇠량이 3dB이 되는 주파수로 정의되는 경우가 많다. 필터의 통과역으로는 하한을 10~500kHz 정도, 상한을 200kHz~2MHz 정도의 범위에서 선택하지만, 공진형 AE 센서를 이용하여 AE 계측을 실시할 경우에는 센서의 주파수 특성을 고려하여 필요한 대역을 통과시켜 불필요한 대역을 저지하도록 설정하게 된다. 감쇠 경도란 필터 특성의 날카로움을 나타내는 지표이며, 저지역에서의 주파수에 대한 감쇠의 크기를 dB/oct. 또는 dB/dec.로 나타낸다. dB/oct.는 1옥타브(주파수가 2배)당 감쇠량의 변화를, dB/dec.는 주파수 10배당 감쇠량의 변화를 나타내고 있다. 일반적으로는 12~48dB/oct. 정도의 감쇠경도 필터가 사용된다. 프리앰프에 내장되어 있는 필터는 Plug-in식으로 교환 가능한 것이나 고정식으로 변경할 수 없는 것 등이 있다.

또한, 필터를 내장하지 않는 프리앰프라도 주파수 대역은 유한한데, 일반적으로 1~10kHz, 1~2MHz(−3dB) 정도의 것이 많다. [그림 6.4]에 필터

내장형 프리앰프와 비내장형 프리앰프의 주파수 특성 예를 나타낸다.

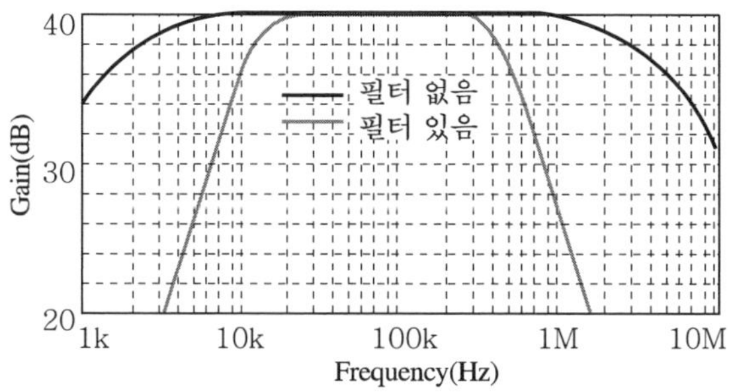

[그림 6.4] 프리앰프의 주파수 특성 예

6.2.2 테스트 펄스 신호의 바이패스(Bypass)

프리앰프에 따라서는 Auto Sensor Test(AST)나 Pulse-through 등으로 불리는 AE 센서를 유사 AE원으로 하여 동작시키기 위한 펄스 신호를 바이패스하는 기능을 가진 것도 있다. 이것은 AE 신호처리장치로부터 전송되는 테스트 펄스 신호를 프리앰프 회로에서 바이패스하여 AE 센서로 보내며, 일반적으로는 AE 신호를 검출(수신)하기 위한 AE 센서를 펄서로 사용하여 유사 AE파를 발생시키는 변환기로 구동하는 기능이다. 이 기능은 AE 시험의 시작 전이나 시험 중 또는 종료 후에 센서의 부착 상태나 AE 채널의 신호검출 기능, AE파 전파속도나 감쇠를 확인하는 수단으로써 이용할 수 있다.

6.2.3 케이블 길이의 영향

AE 센서에 의해 검출된 AE 신호는 대부분 케이블을 통해 프리앰프로 입력되고, 프리앰프에 의해 증폭된 AE 신호는 다른 케이블에 의해 AE 신호처리장치로 입력되기 때문에 AE 계측 시에는 케이블의 길이에 따른 영향을 고려해두어야 하는 경우가 있다.

우선 센서에서 프리앰프로 연결되는 케이블인데, 일반적인 AE 센서는 전하를 발생하는 압전소자로 그 정전용량은 수십~수백pF 정도, 케이블의 정전용량은 약 100pF/m 정도, 프리앰프의 입력용량은 일반적으로 10~30pF 정도이다.

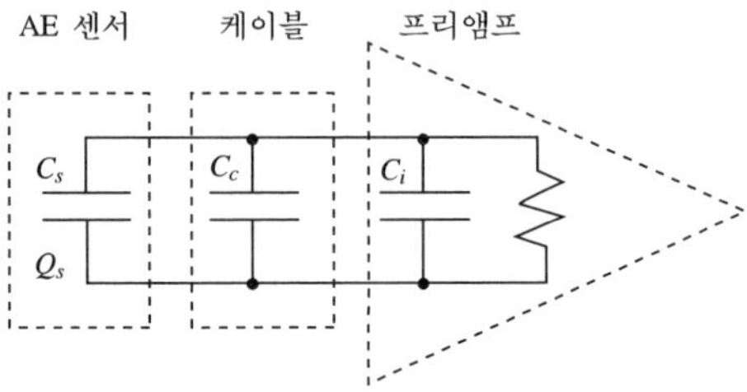

[그림 6.5] 케이블 정전용량의 영향

[그림 6.5]는 AE 센서, 케이블 및 프리앰프의 입력부 등가회로를 나타낸 것이다. 여기서 AE 센서, 케이블 및 프리앰프의 입력 정전용량을 각각 C_s, C_c, C_i, AE 센서에서 발생하는 전하를 Q_s, 프리앰프 입력단에서의 전압을 V_i라하면,

$$Q_s = (C_s + C_c + C_i) \cdot V_i$$
$$\rightarrow V_i = Q_s / (C_s + C_c + C_i) \quad (6.1)$$

의 관계가 성립한다. 즉, 프리앰프에 입력되는 AE 신호의 전압은 센서에서 발생하는 전하를 센서와 케이블의 정전용량 및 프리앰프의 입력용량의 합으로 나눈 값이 되기 때문에 케이블의 정전용량이나 프리앰프의 입력용량이 클수록 프리앰프 입력에서의 AE 신호 전압이 저하된다. 여기서 C_s =100pF, C_i=20pF라 하고 센서 케이블의 정전용량을 1m당 120pF라고 하면, AE 센서와 프리앰프가 직결되어 있을 경우 1m의 케이블을 사용했을 경우에는 1/2(−6dB), 2m 케이블을 사용했을 경우에는 1/3(−9.5dB)이 된다. 또, 위 식에서 케이블의 정전용량에 따른 감쇠 영향은 C_s가 작을수록 크기 때문에 C_s가 작은 AE 센서를 사용할 때에는 최대한 짧은 케이블을 사용하도록 한다.

다음으로 프리앰프 출력을 AE 신호처리장치인 메인앰프 입력에 연결하는 케이블인데, 이 케이블에서도 신호의 감쇠가 발생한다. 이 부분에 일반적으로 사용되고 있는 동축케이블(JIS 3D-2V 3C-2V)의 감쇠는 주파수 200kHz에서는 약 6~7dB/km 정도이므로 10m 이내의 길이라면 거의 무시할 수 있을 정도이지만, 100m 이상이 되는 경우에는 고려할 필요가 있다. 동축케이블의 단위 길이당 감쇠의 크기는 주파수가 클수록 커져 1MHz에서는 약 12~14dB/km 정도가 된다. 또, 케이블에 의한 감쇠는 케이블의 직경이 클수록 작다. [그림 6.6]에 대표적인 동축 케이블의 주파수에 대한 감쇠량의 변화 예를 나타낸다.

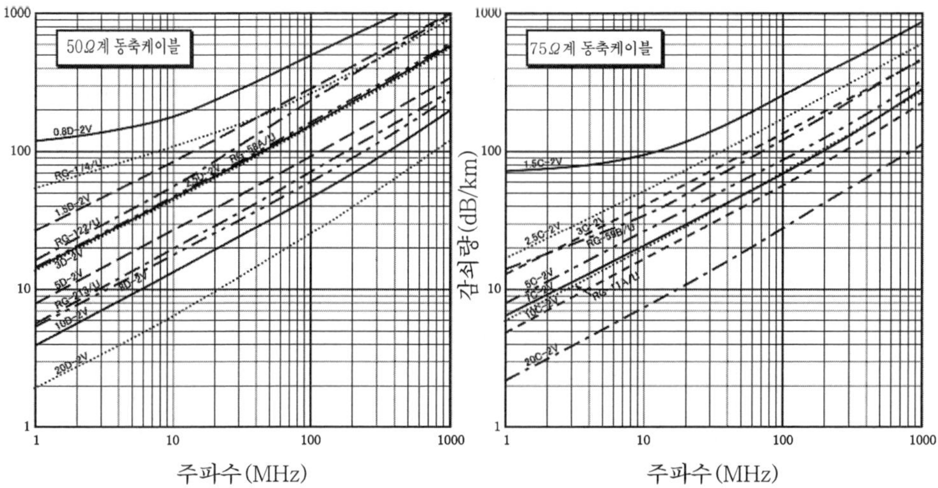

[그림 6.6] 대표적인 동축케이블의 주파수에 대한 감쇠량의 변화 예

AE 계측용 프리앰프 중에는 신호 케이블을 이용하여 AE 신호처리장치로부터 전원을 공급하는 경우가 많다. 동축케이블의 직류 저항은 33Ω/km(3C-2V)~91Ω/km(3D-2V) 정도이므로 프리앰프 전류가 통상 수십 mA라는 점에서 대략 100m 정도까지는 신호 케이블의 직류 저항에 의한 전원 전압의 강하는 무시할 수 있는 정도이지만, 수백 m 정도로 긴 케이블을 사용할 경우에는 직류 저항의 영향도 검토해야 한다.

6.2.4 동상 (신호) 제거(common mode rejection)

AE 계측에서는 계측 대상물(AE 센서)과 AE 신호처리장치가 떨어져 있어 각각의 접지가 동일한 전위라고 볼 수 없는 경우에는 [그림 6.7]과 같이 동상(common mode) 노이즈가 혼입될 우려가 있다. Single-ended 연결 방식의 경우는 동상 노이즈에 약하기 때문에 이와 같은 노이즈의 혼입을 피하기 위해 굵은 접지선을 이용하여 계측 대상물(AE 센서)과 AE 신호처리장치의 접지를 연결하여 접지 간에 최대한 전위차가 발생하지 않도록 하거나 AE 센서 또는 AE 신호처리장치를 접지로부터 분리하여 접지간의 루프(ground loop)를 단절하도록 한다. 대부분 AE 신호처리장치를 접지에서 분리하기 어려운 경우가 많으므로 AE 센서를 접지로부터 분리한다. 이를 위해 AE 센서는 접촉면이 절연판으로 되어 있는 것이 많으나, 부착 치구 등을 이용하여 AE 센서를 고정할 때에 치구 등을 통해 AE 센서의 케이스와 접지가 도통하는 경우가 있으므로 주의해야 한다. 또, 직류적으로는 분리되어 있어도 접지와의 사이의 부유용량에 의해 교류적으로는 임피던스가 낮아져 있는 경우도 있으므로 이 점에도 주의를 요한다.

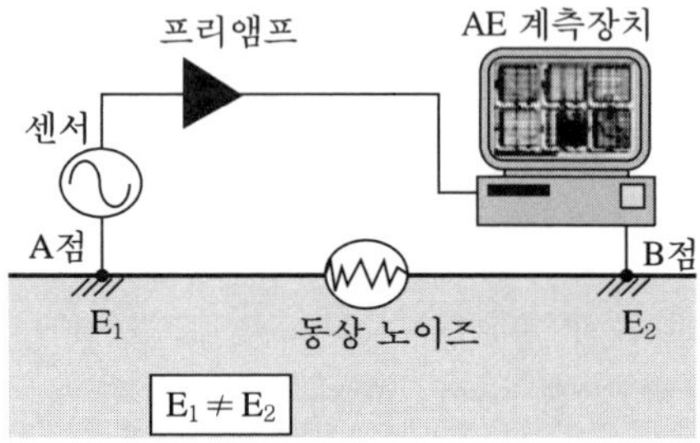

[그림 6.7] 동상 노이즈의 혼입

평형(differential)형의 AE 센서 및 프리앰프를 사용하면 동상 노이즈의 저감에 효과가 있다. 평형 신호 전송에서는 입력 신호의 동상 성분은 소거되어 출력에는 나타나지 않기 때문에 이를 이용해 동상 노이즈를 제거하여 SN비를 개선할 수 있다. 이상적인 차동 증폭기에서는 동상 성분이 완전하게 소거(동상 Gain이 0)되어 출력에는 전혀 나타나지 않으나, 실제 증폭기에서는 동상 Gain이 완전히 0은 아니기 때문에 동상 신호의 소거가 완전하지 않아 얼마간의 출력이 남는다. 동상 신호 제거의 성능을 나타내는 지표로써 차동 Gain과 동상 Gain의 비를 동상 신호 제거비(common mode rejection ratio, CMRR)라 한다. CMRR는 통상 dB로 표시한다. 동상 신호 제거비가 클수록 동상 노이즈는 작아지지만 이것은 주파수 특성을 가지고 있어 일반적으로 주파수가 높을수록 저하되는 경향이 있다.

6.2.5 신호의 포화

일반적으로 증폭기의 입력전압과 출력전압 사이에는 어느 범위 내에서 직선 관계가 성립하지만, 경계를 넘으면 직선성을 잃어 입력전압을 크게 해도 출력전압이 증가하지 않게 된다.

이 현상을 증폭기의 포화(saturation)라고 한다([그림 6.8] 참조). AE 신호처리에서는 AE 계측장치의 여러 가지 부분에서 포화 현상이 발생할 가능성이 있음을 고려해야 하는데, 여기에서는 프리앰프에서의 포화에 대해 설명한다. AE 프리앰프의 Gain은 0~60dB, 최대 출력전압은 10~20Vp-p 정도로 폭이 있으나, 예를 들어 Gain이 40dB, 최대 출력전압이 10Vp-p일 경우에는 입력전압이 0.1Vp-p 이상이 되면 신호의 포화가 발생한다. 프리앰프의 출력이 포화하지 않는 최대 입력전압은 Gain이 클수록 작아지기 때문에 큰 진폭의 AE 신호를 수집할 경우에는 Gain이 작은(최대 입력전압이 큰) 프리앰프를 사용해야 한다.

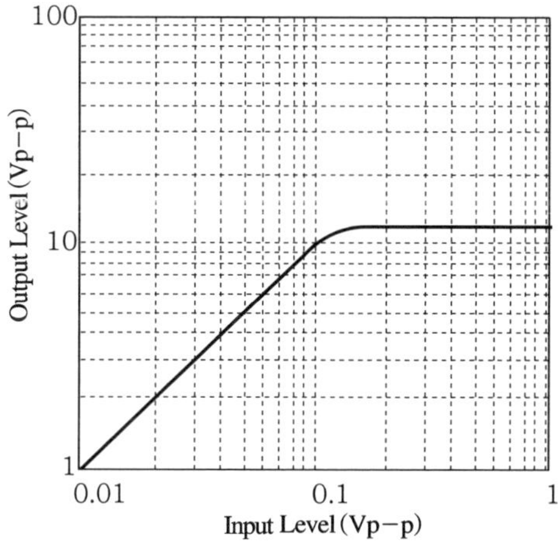

[그림 6.8] 프리앰프의 포화 특성 예(모식도)

6.3 AE 신호처리장치

AE 신호처리장치는 프리앰프에서 입력되는 AE 신호에 대해 증폭 및 주파수 필터 처리, Hit의 변별, AE 신호 파라미터의 추출, 외부파라미터의 계측 및 AE 데이터 세트의 작성을 수행한다. AE 신호처리장치에서 작성된 AE 데이터 세트는 컴퓨터로 보내져 해석, 표시, 저장된다. 또한 AE 신호처리장치는 AE 센서의 부착 상태나 프리앰프를 포함하는 신호 처리계의 연속성 및 정상 동작을 확인하고 AE파 전파 특성을 계측하기 위한 테스트 펄스 신호를 발생하는 기능이나 AE 신호를 검파하여 가청음으로 스피커를 통해 출력하여 직감적인 판단·인식에 도움이 되는 기능(오디오 모니터)을 내장하고 있는 경우도 있다.

6.3.1 AE 신호의 특성

[그림 6.9]는 돌발형 AE 신호의 파형과 AE 파라미터를 나타낸 것이다. AE 신호 파라미터는 신호 파형과 설정된 전압 threshold값(또는 해석 시에서의 평가 threshold값)과의 관계로 정의된다. 각종 AE 파라미터의 상세한 의미에 대해서는 제 3장에 설명되어 있다.

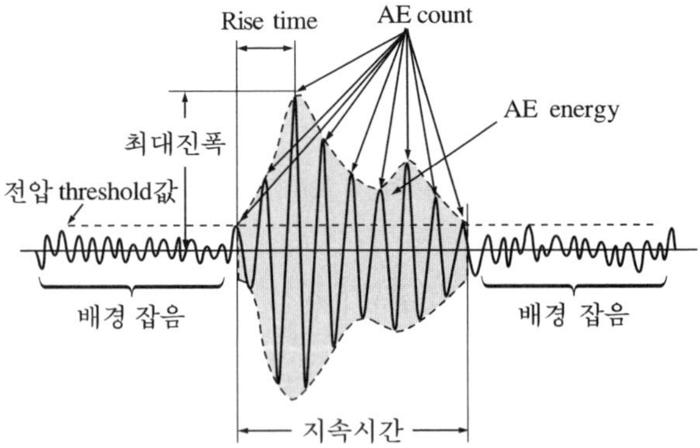

[그림 6.9] AE 신호의 파라미터

6.3.2 진폭 및 입력 속도의 포화

프리앰프에서의 신호 포화에 대해서는 6.2.5절에서 설명하였는데, AE 신호처리장치의 내부에서도 신호 진폭의 포화가 일어날 수 있다. 신호 진폭이 포화될 우려가 있을 경우에는 AE 신호처리장치의 메인앰프 Gain을 작게 설정하지만, 지나치게 작으면 충분한 SN비를 확보할 수 없게 되므로 주의해야 한다.

AE 신호처리장치에서는 입력 속도에 한계가 있다는 점도 고려해야 한다. 단, 입력 속도는 AE 신호처리장치와 컴퓨터 시스템과의 인터페이스의 Throughput rate(전송 속도)와 컴퓨터 시스템 및 기억장치의 성능에 의존한다. 또, 장치의 사양 성능으로써 기술되어 있는 입력 속도의 값이 순간적인 속도인지 연속적으로 입력 가능한 속도인지 그리고 1채널당의 속도인지 시스템 전체의 속도인지를 파악할 필요가 있다. 시스템에 따라서는 연속적인 입력 속도가 순간적인 속도보다 대폭 느린 것도 있고, 또 다채널 구성 시스템에서는 1채널당 속도가 상당히 늦어지는 경우도 있다. 최근의 AE 계측 시스템은 Hit 데이터의 입력 속도는 매초 10,000~30,000Hit 정도이며, 위의 주의점을 배제하면 후술의 신호 변별시간으로 판단해도 충분히 고속이라고 생각할 수 있다.

6.3.3 AE energy 계측

AE energy는 AE 신호처리장치에 따라 정의가 다른 경우가 있다. 아래에 대표적인 AE energy 정의를 설명한다. AE energy에 대해서는 3.3절도 참조하기 바란다.

(1) AE 신호 전압의 제곱을 지속시간에 걸친 적분값. 「참(true)」 에너지라 불리는 경우도 있으나, AE원에서 방출된 에너지라는 의미는 아니다.

$$E_{AE} = \int_0^{T_d} a^2(t)dt \tag{6.2}$$

(2) AE 신호 전압 절대값을 포락선 지속시간에 걸친 적분값. MARSE (Measured Area of the Rectified Signal Envelope)라고도 한다.

$$E_{AE} = \int_0^{T_d} |\, a(t) \,|\, dt \qquad (6.3)$$

(3) AE 신호 진폭의 제곱

$$E_{AE} = (a_p)^2 \qquad (6.4)$$

(4) AE 신호 진폭의 제곱과 지속시간의 곱.

$$E_{AE} = (a_p)^2 \cdot T_d \qquad (6.5)$$

여기서 E_{AE}는 AE energy, $a(t)$는 AE 신호 전압의 순시값, T_d는 지속시간, a_p는 AE 신호 진폭(AE 신호의 Peak 진폭)이다.

6.3.4 신호 변별시간의 선택

신호 변별시간은 Hit 식별시간(Hit Definition Time, HDT)이라 불린다. 이것은 AE 신호가 독립된 Hit인지 또는 이전에 시작된 Hit가 아직 종료되지 않고 계속 연결되고 있는 것인지를 구별하기 위해 설정되는 시간이다. AE 신호가 Threshold값을 초과한 시점부터 설정한 신호 변별시간을 경과할 때까지 새로이 Threshold값을 초과하는 신호가 없으면 Hit는 종료된 것으로 간주하고, 이 사이에 새로이 Threshold값을 초과하는 것이 있다면 아직 그 Hit가 종료되지 않고 계속되고 있는 것으로 취급한다.

AE 신호의 발생 빈도가 매우 높은 경우나 고진폭으로 지속시간이 긴 AE 신호가 많이 발생할 경우 또는 노이즈 레벨이 전압 threshold값에 가깝거나 그것보다 높을 경우 등에서는 잇달아 Threshold값을 초과하는 신호가 들어오기 때문에 검출된 Hit가 쉽게 종료되지 않고 여러 개의 Hit가 발견되는 가운데 지속시간이 매우 긴 연속된 하나의 AE 신호처럼 계측되는 경우가 있다. 이러한 경우에는 Hit 발생률이 증가하지 않거나 감소하거나 하여 언뜻 보기에 시스템의 처리 속도가 포화되어 부하가 발생하고 있는 듯이 보이는 경우가 있으나, 실제로는 AE 신호 전압과 Threshold값 및 신호 변별시간의 관계에서 Hit가 연결되어 계측되는 현상이 발생하고 있는 것이며, 이러한 조건에서는 시스템의 처리 속도가 아무리 빨라도 각각의 Hit를 구별하여 인식할 수 없다. 감쇠가 작은(잔향이 긴) 구조물 등의 AE 계측에 있어서는 일반적으로 신호 변별시간을 수 msec 정도로 설정하는 경우가 많기 때문에 Hit 발생률은 최대라도 매초 수백 Hit 정도가 된다. 한편, 소형에 감쇠가 큰 시험편의 계측에서는 신호 변별시간을 짧게 설정하긴 하지만 그래도 100μsec 정도이며, 매초 10000Hit 정도이면 부하의 우려는 없다. 이처럼 신호 변별시간의 설정은 Gain이나 전압 threshold값의 설정처럼 중요한 계측조건이며, AE 계측 대상물의 특성, 부하 조건 등을 고려하여 최적의 값으로 설정해야 한다.

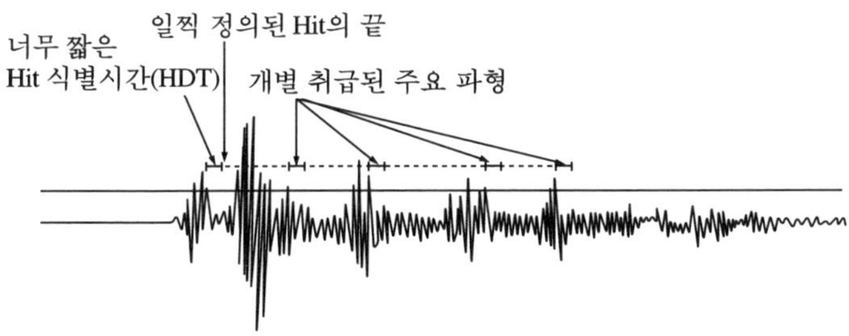

(a) 신호 변별시간이 너무 짧은 경우

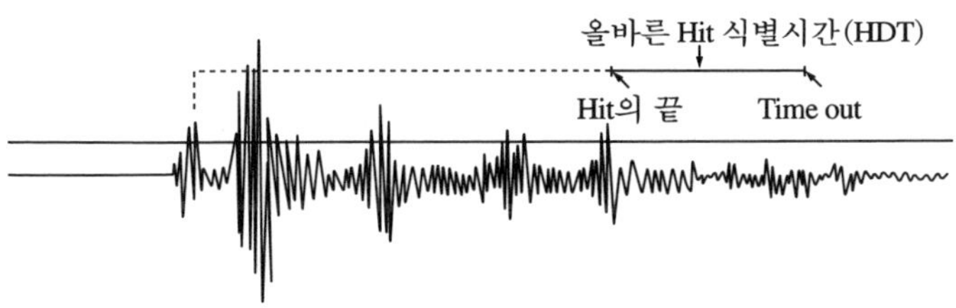

(b) 신호 변별시간이 적절한 경우

[그림 6.10] 신호 변별시간의 설정

[그림 6.10]에 신호 변별시간의 설정 예를 나타낸다. Hit를 바르게 식별하기 위해서 신호 변별시간은 계측하는 신호가 완전히 Threshold값 이하가 되기까지의 시간을 포함해야 하지만, 앞에서 설명했듯이 서로 다른 Hit를 1Hit로써 취급할 위험을 저감시키기 위해서는 가능한 한 짧게 설정하는 편이 좋다.

6.3.5 AE 파라미터에 의한 필터링

AE 신호로부터 추출된 AE 파라미터의 값에 따라 신호를 필터링할 수 있다. 그러나 현재는 시스템의 처리속도가 충분히 빨라져 있어 최대한 많은 신호를 입력하여 기록하는 방법을 취하는 경우가 많기 때문에 AE 파라미터에 의한 필터링은 오프라인 해석 시에 적용되는 경우가 많다.

AE 파라미터에 의한 필터링에는 하나의 파라미터에 대한 윈도우를 통과한 신호만을 집계하는 것, 여러 개의 파라미터 상관에 기초하는 2차원 이상의 상관 윈도우를 통과한 것만을 집계하는 것 또는 이 두 종류를 조합하여 적용하는 것 등이 있다. AE 파라미터에 의한 필터링은 컴퓨터 소프트웨어의 기능으로 내장된다.

6.3.6 파형의 디지털 기록

계측된 AE 신호 파형을 A/D 변환하여 디지털 데이터로써 저장해두면 사후의 상세 해석 시에 도움이 되며, 프리트리거 기능을 이용하면 Threshold값을 초과하기 전의 데이터도 저장할 수 있다. AE 신호 파형의 A/D 변환에서는 샘플링 속도, 분해능, 워드 길이 등 기존의 디지털 파형 기록 장치를 사용할 때와 같은 주의가 필요하다.

현재의 고성능 컴퓨터 및 고속·대용량의 기록장치를 사용하여 계측 중인 AE 신호를 모두 A/D 변환하여 디지털 데이터로 기록하는 것은 가능하지만 데이터 양이 방대해져 비현실적이므로 특수한 경우 외에는 Threshold값을 초과한 신호가 파형 기록의 대상이 된다. 파형 기록은 데이터 양이 많아지기 때문에 1파형의 데이터 길이나 입력 속도 등에 제약이 있는 경우가 있으므로 사전에 검토해둘 필요가 있다.

6.3.7 외부파라미터의 처리

AE 계측장치는 일반적으로 AE 계측 시의 환경 조건을 외부파라미터로써 AE 데이터와 동시에 계측·기록하기 위한 기능이 있다. 대표적인 외부파라미터로써는 하중, 변위, 압력, 온도, 스트레인 등이 있으며, 이것들은 통상 아날로그 신호로 AE 계측장치의 A/D 변환기에 입력된다. 회전수나 피로 사이클수 등과 같이 펄스로 입력되어 카운터에 의해 연산되는 외부파라미터도 있다.

외부파라미터용 A/D 변환기의 사양 항목으로는 인터페이스 사양(전압, 전류, 극성, 임피던스, 평형/불평형, 절연/비절연 등), 채널 수, 입력 범위, 분해능, 샘플링 속도 등이 있으나 계측·기록해야 하는 외부파라미터 신호에 따라서는 적절한 신호 변환기를 삽입하여 인터페이스 사양을 조합시켜야 한다. 예를 들어 하중을 계측할 경우에 로드셀(load cell) 및 로드셀 앰프를 사용하듯이 각종 물리량을 계측할 경우에는 각각의 전용 센서 및 신호 변환기를 사용하는 경우가 많다. 플랜트의 계장신호 등을 입력받을 경우에는 4~20mA의 전류나 1~5V의 전압을 이용하는 경우도 있다.

입력 범위는 분해능을 고려하여 최대로 개략 Full 스케일의 1/3 이상이 되도록 하면 되지만 포화하지 않도록 주의한다. 샘플링 속도는 대상으로 하는 외부파라미터의 변화 속도(주파수) 및 전체의 계측 시간을 고려하여 설정한다. 고속 현상에서는 1000sample/sec 이상의 속도가 필요한 경우도 있으나, 변화 속도가 느린 현상을 모니터링할 경우에는 1sample/min이라도 충분한 경우도 있다. 외부파라미터의 기록에 필요한 데이터 양은 채널 수, Bit 수, 샘플링 속도 및 계측 시간으로 결정한다.

6.4 출력 · 표시 장치(계측용 컴퓨터 및 그 이용)

AE 계측장치에서는 AE 신호에서 추출되는 AE 파라미터, 파형 데이터 및 외부파라미터는 모두 디지털화되어 디지털 데이터 세트로 기록되고, 컴퓨터 상에서 소프트웨어에 의한 처리가 이루어진다. 이 때문에 AE 계측 기술자는 컴퓨터의 기능 및 조작에 대해 충분한 지식을 가지고 있어야 한다.

AE 계측용 컴퓨터에서 동작하는 AE 계측 소프트웨어는 일반적인 응용 소프트웨어와 달리 실시간 처리를 위한 소프트웨어이기 때문에 다른 소프트웨어와 동시에 실행시키면 서로에 영향을 미치는 경우가 있으므로 AE 계측 중에는 다른 소프트웨어를 실행하지 않는 것이 좋다. 또, 하드디스크의 포맷 형식에 따라 1파일당 최대 용량(FAT16의 경우에는 2Gbyte)이 정해져 있는 경우도 있으므로 AE 파형의 기록 시나 파일 용량이 커질 것이 예측되는 경우에는 주의가 필요하다.

7. AE 시험의 실제와 기록

7. AE 시험의 실제와 기록

7.1 노이즈 대책

AE 계측에서는 계측 대상물의 내부에서 발생한 탄성파를 고감도로 계측한다는 점에서 감시 대상이 아닌 신호가 계측되는 경우, 이러한 신호는 모두 노이즈가 된다.

노이즈가 많은 계측 환경에서는 AE 계측장치가 노이즈 계측으로 풀가동인 상태가 되어 감시 대상인 신호가 계측되지 않거나 압도적인 노이즈 수로 인해 감시 대상 신호가 묻혀버려 판별하기 어렵게 되기 때문에 사전에 노이즈의 발생 상황을 확인하여 신호 식별이 가능한 레벨까지 노이즈를 저감시키는 것이 중요하다.

본 항에서는 실제 AE 계측 현장에서 있을 수 있는 일반적인 노이즈와 그 저감 대책에 대해서 설명하도록 한다.

7.1.1 노이즈의 종류와 1차적인 대책

데이터 수집에서 계측되는 노이즈는 크게 두 가지로 나뉘는데, 하나는 탄성파로써 센서에서 계측되는 음향 노이즈, 또 하나는 전자파나 전압 변동으로 인해 전원 라인이나 신호 라인을 통해 유입되는 전기 노이즈이다.

(1) 음향 노이즈

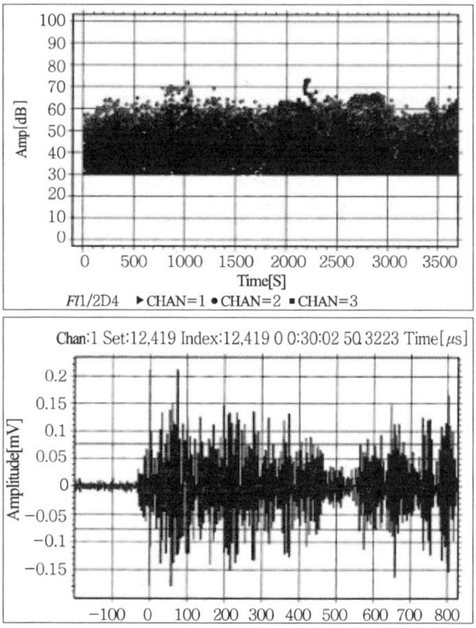

[그림 7.1] 피로시험 시 음향 노이즈의 발생 상황(상)과 파형 예(하)

음향 노이즈의 발생 원인은 AE 계측의 적용 대상에 따라 달라지지만, 그 대표적인 예를 아래에 나타낸다. 피로시험이나 인장시험 등의 재료시험 중에 AE를 계측할 경우에는 시험편에 하중을 가하는 하중점의 마찰이나 시험편 지그부의 미끌림 등에 의해 시험편에서 노이즈가 발생하는 경우와 시험기 동작에 따른 진동이 장치나 시험편을 매개로 센서까지 도달하여 노이즈가 되는 경우가 있다. [그림 7.1]은 CT 시험편([그림 2.12] 참조)에 대한 피로시험 시작 직후의 AE 데이터(최대 진폭값의 시간이력 및 파형 예)를 나타낸 것인데, 모든 신호가 시험기 동작에 수반된 노이즈이다.

이러한 노이즈 중에서 하중점 마찰에 기인하는 노이즈를 저감시키기 위해서는 접촉면에 윤활유를 바르거나 테프론 시트를 삽입하여 마찰의 저감을 꾀하는 것이 효과적이다. 그리고 지그의 미끌림에 기인하는 노이즈의 저감에 대해서는 지그의 조임 강도를 높이거나 사전에 시험편 설계 시에 미끌림이 발생하기 어려운 구조로 만드는 편이 효과적이다.

그 외 진동시험을 포함하는 동적인 시험에서는 센서의 설치상 문제나 신호 케이블의 마찰에 기인한 노이즈가 발생할 수 있다는 점에서 변형량이나 가속도가 가장 작고 안정된 부위에 센서를 부착함과 동시에 케이블 마운트나 테이프로 신호 케이블을 고정하는 등의 대책을 강구할 필요가 있다.

화학플랜트나 에너지플랜트에서의 AE 계측은 플랜트 내에 설치된 각종 장치의 운전, 증기의 분출 등에 따른 다양한 노이즈가 발생한다.

이들 노이즈는 배관이나 배관 랙을 통해 먼곳까지 전파된다. 따라서 플랜트 내에서의 AE 계측은 계측대상 설비의 노이즈 발생 상황 외에 인접하는 설비로부터의 노이즈 전파 상황을 사전에 파악하여 노이즈 식별이 어렵다고 판단한 경우에는 필요에 따라 조업의 조정, 밸브의 폐지, 배관의 분리 등의 대책을 강구한다.

옥외 AE 계측에서는 비바람 등이 노이즈의 발생 원인이 되는 경우 외에도 기온의 변화에 따른 보온재의 팽창 또는 수축에 따라 노이즈가 발생하는 경우가 있다. 이러한 기상 조건의 영향을 받는 AE 계측에서는 사전에 기상 정보를 파악하여 AE 계측의 시기를 조정하는 것이 중요하다.

(2) 전기 노이즈

전기 노이즈에는 AE 장치나 증폭기 내부에서 발생하는 것과 AE 장치의 전원 라인이나 신호 라인을 통해 외부로부터 혼입되는 것이 있다.

(a) 내부 잡음

AE 계측기기의 내부에서 발생하는 노이즈를 내부 잡음이라 한다. 이러한 노이즈는 외부로부터 신호 입력이 없을 때에도 항상 발생하고 있다.

내부 잡음에는 전자회로 내 분자의 열 운동에 기인하는 열 잡음이나 반도체의 PN 접합부의 흔들림에 기인하는 쇼트 잡음 등이 있다.

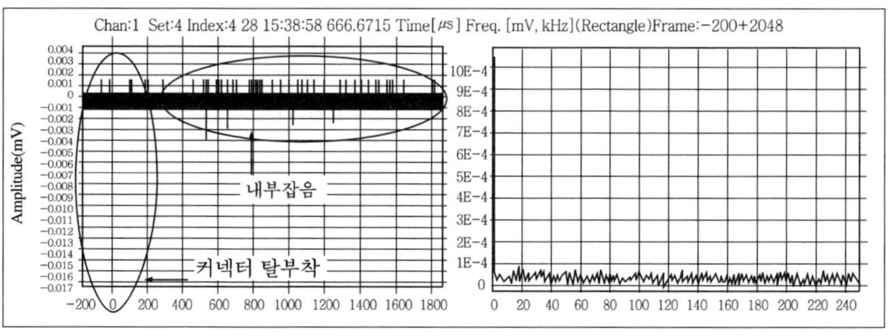

[그림 7.2] 커넥터 탈부착에 의한 노이즈와 내부 잡음 파형 및 주파수 해석 예

쇼트 잡음은 1/f 잡음이라고도 하며 주파수에 반비례한다는 점에서 AE 계측에서 주로 취급하는 10kHz 이상의 주파수 영역에서 문제가 되는 경우는 적다. 한편, 열 잡음은 넓은 주파수 범위에서 균일하게 분포하며, AE 계측에서 내부 잡음의 주요 성분이 된다([그림 7.2] 참조).

AE 계측장치의 측정 범위(다이나믹 레인지) 하한은 내부 잡음의 레벨로 결정된다. 따라서 AE 장치의 선택은 검출해야 할 AE의 신호 강도와 기기의 내부 잡음레벨을 고려하여 결정하는 것이 중요하다.

(b) **전원 라인을 통해 혼입되는 노이즈**

외부로부터 전원 케이블을 통해 혼입되는 노이즈는 AE 계측기기 주변에 설치된 기기의 운전에 수반되는 경우가 많다.

특히 AE 계측기와 동일 라인에 회전 기기나 용접기 등이 연결된 경우에는 이러한 기기의 운전에 따른 방전이나 전자파가 노이즈가 되어 전원 라인을 타고 혼입되는 경우가 있다([그림 7.3] 참조).

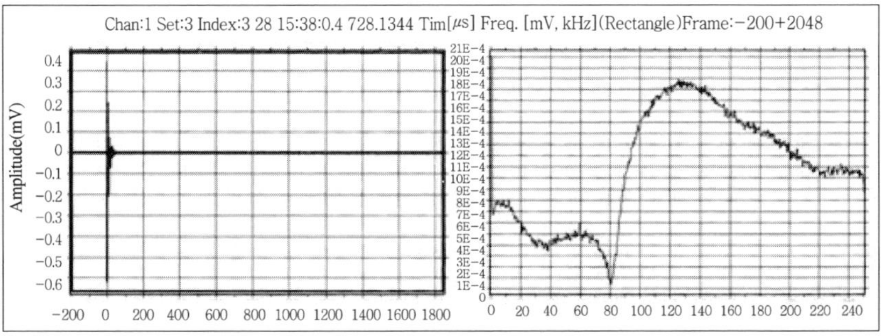

[그림 7.3] 전원 라인에서 발생하는 노이즈 예(노이즈원: 기기 스위치의 ON/OFF)

전원 라인을 통해 혼입된 노이즈가 확인되었을 경우에는 AE 장치의 전원을 노이즈의 발생 원인이 되는 기기와는 다른 계통에 연결하는 것이 바람직하다. 그러나 전원 라인을 선택할 수 없는 경우에는 AE 장치의 전원 라인에 노이즈 차폐 변압기 등의 노이즈 제거장치를 설치하거나 생산 라인을 정지한 시간대에 AE 계측을 실시하는 등의 대책을 강구할 필요가 있다.

또, 노이즈 제거장치의 효과가 불충분한 경우에는 발전기를 이용하여 독립된 전원을 설치하는 것이 효과적이다.

(c) **신호 라인을 통해 혼입되는 노이즈**

일반적인 PZT식의 센서를 사용한 AE 계측에서 수신 탄성파는 수십 μV~수십 mV의 전압으로 변환된 후, 프리앰프에서 수십 배~수백 배로 증폭되어 AE 계측장치로 보내진다. 이 때문에 센서와 프리앰프 사이의 센서 케이블이나 커넥터에서 전자파가 혼입되면 프리앰프에서 증폭되어 불필요한 노이즈가 되는 경우가 있다. 이 같은 전자파의 발생원으로는 모터 등의 동력 기계, 용접기, 제어기기 외에도 방송국이나 변전설비 등을 들 수 있다 ([그림 7.4] 참조). 이와 같은 전자파에 기인한 노이즈에 대한 대책으로는 프리앰프 내장형 센서를 사용하거나 센서와 프리앰프 간의 케이블을 최대한 짧게 하는 것 등이 있다.

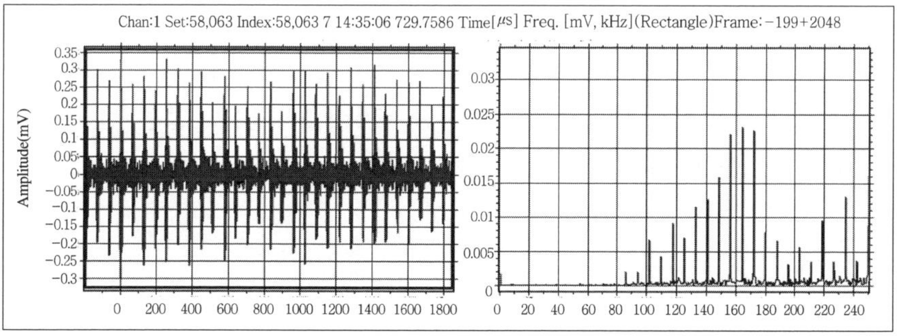

[그림 7.4] 신호 라인에서 발생한 노이즈 예(노이즈원 : 회전기기)

또, 계측 현장이 좁은 경우에는 신호 케이블과 전원 라인이 접촉하여 전원 라인에 혼입된 노이즈가 신호 케이블로 전파하는 경우도 있으므로 신호

라인을 설치하는 경우에는 신호 케이블과 전원 케이블이 접촉하지 않도록 주의해야 한다.

7.1.2 노이즈원의 구분 방법

AE 계측에서는 어떠한 노이즈던지 반드시 존재하기 때문에 신호 검출에 불필요한 노이즈에 대해서는 그 발생원을 구분하여 발생 원인에 따른 대책을 강구할 필요가 있다.

본 항에서는 대표적인 노이즈의 종류와 그 구분 방법에 대해서 설명한다.

(1) 배경잡음

AE 계측에서는 AE 계측기기의 내부 잡음이나 계측 대상물을 포함하는 계측 환경에서 발생하는 진동이나 전자파에 기인하는 노이즈가 존재한다. 이러한 노이즈는 배경잡음이라 불리며, 일반적으로는 연속하여 랜덤으로 발생한다. AE 계측에서는 모든 신호를 연속하여 수집하는 계측 방법과 Threshold값(전압 threshold값)을 설정하여 이 Threshold값을 초과하는 신호가 입력되었을 경우에만 신호를 입력하는 2가지 방법이 있으며, 일반적으로는 후자의 계측 방법이 이용된다.

연속적으로 데이터를 수집하는 방법에서는 계측 대상이 무부하인 상태에서 계측되는 신호가 배경잡음이 되지만, Threshold값을 설정하는 계측 방법에서는 Threshold값을 낮추면 배경잡음을 계측할 수 있다.

(2) 주변기기에서 발생하는 노이즈

기기의 동작에 따른 노이즈는 일정한 신호 강도로 기기의 동작과 동기하여 발생하는 경우가 많다. 이러한 노이즈에 대해서는 [그림 7.5]와 같은 진폭의 시간이력을 나타내는 그래프를 관찰하면 노이즈의 유무를 확인할 수 있다.

계측 대상물의 하중 증감에 상관없이 주기적으로 일정 진폭의 신호가 혼입될 경우에는 주변기기의 운전에 기인한 노이즈가 발생하고 있음을 생각할 수 있다. 이러한 경우에는 주변기기의 운전을 정지하거나 운전 속도를 변경하여 노이즈 발생 타이밍의 변화를 확인함으로써 노이즈 발생원을 구분할 수 있다.

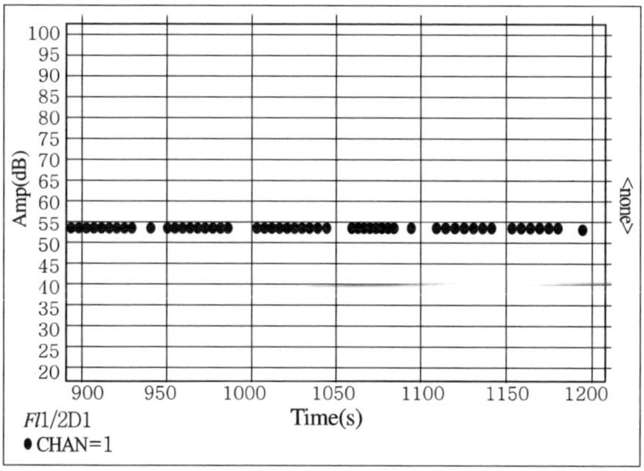

[그림 7.5] 회전기기에서 발생하는 노이즈 진폭

(3) 전원 라인을 통해 혼입되는 노이즈

전원 라인을 통한 노이즈의 혼입이 의심될 경우에는 전원을 다른 계통의 전원 라인으로 옮기거나 노이즈 제거용 절연 변압기 등을 연결하거나 센서를 분리하는 등의 조치를 하여 조치 전후의 노이즈 증감을 확인함으로써 노이즈원을 구분한다.

(4) 신호 케이블을 통해 혼입되는 노이즈

신호 케이블로 혼입되는 노이즈에 대해서는 신호 케이블을 다른 채널과 교체함으로써 노이즈의 송신원이 신호 케이블 쪽에 있는지 계측장치 쪽에 있는지를 확인할 수 있다. 노이즈의 발생원이 신호 케이블 쪽에 있음이 확인된 경우에는 계측 대상에서 센서를 떼어낸 상태로 계측하여 노이즈가 계측 라인을 통한것인지 여부를 확인한다.

또한 프리앰프, 신호 케이블, 센서 등의 계측기기의 불량에 따라 노이즈가 발생하는 경우도 있다는 점에서 각각의 기기를 교체하여 각 계측기기 자체의 불량 유무를 확인하는 것도 노이즈원의 구분에 효과적이다.

각 계측기기가 정상인 경우에는 센서 케이블이나 프리앰프의 배치를 바꾸거나 프리앰프를 전자 실드로 감싸거나 하여 조치 전후의 노이즈 발생 상황 변화에 따라 노이즈원을 구분한다.

(5) 음향 노이즈

음향 노이즈에 대해서는 여러 개의 센서를 이용하여 발생원의 위치를 표정하여 노이즈원을 구분하는 것이 가능한 경우가 있다. 위치표정은 여러 개의 센서에 의한 AE 계측을 실시하여 각 센서로의 도달시간차에 따라 발생원의 위치를 표정하는 것으로 원리적으로는 지진의 진원지 추정 방법과 동일하다.

또, 특정 방향으로부터 노이즈가 유입될 것이 예상될 경우에는 가드 센서(4.5 참조)를 이용하여 각 센서로의 신호 도달 순위에 따라 신호의 유입 방향을 특정함으로써 노이즈를 구분하는 방법이 있다. 이 방법은 계측용 센서 외에 노이즈 발생원에 가까운 위치에 가드 센서를 부착함에 따라 가드 센서에 먼저 도달하는 신호를 노이즈로써 식별하는 것이다([그림 7.6]).

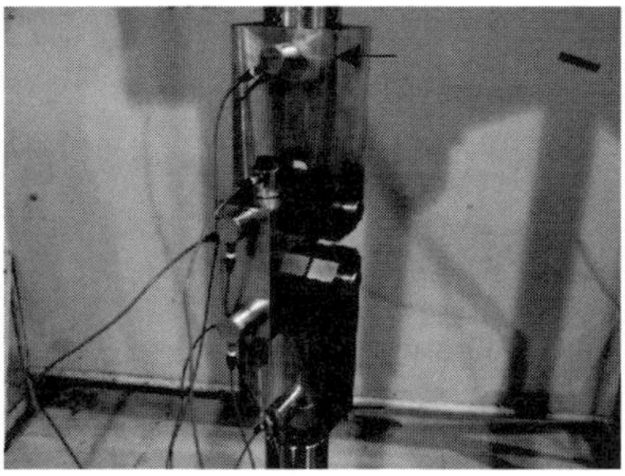

[그림 7.6] 가드 센서 배치 예

누설음 등 연속적으로 발생하는 노이즈에 대해서는 위치표정이나 도달순위에 의한 구분이 불가능한 경우가 많은데, 이 경우에는 여러 개의 센서를 이용한 계측을 실시하여 각 계측점에서의 AE 신호 진폭을 관찰함으로써 노이즈의 발생 위치를 표정하는 방법이 있다. 이 방법은 발생원에 가까운 센서에서는 보다 높은 진폭이 얻어지고, 발생원으로부터 멀리 떨어진 센서에서는 감쇠 때문에 진폭이 저하된다는 점에서 착안한 표정방법이다.

7.1.3 노이즈의 식별과 방지책

전항에서 설명한 방법으로 노이즈원이 구분되었을 경우 이 노이즈의 영향을 배제한 후에 AE 계측을 실시하는 것이 이상적이지만, 실제 AE 계측에서는 노이즈를 완전히 제거하는 것이 어려운 경우가 많다. 이처럼 노이즈가 혼입되는 상황에서 AE 계측을 실시할 경우에는 검출 대상 신호와 노이즈의 특징 차이를 찾아내어 양자의 분별을 실시한 후에 평가하는 것이 중요하다.

(1) 배경잡음에 대한 대응

전압 threshold값을 설정하는 계측방법에서는 배경잡음을 초과하는 값으로 Threshold값을 설정함으로써 배경잡음의 영향을 무시할 수 있게 된다.

전압 threshold값의 설정에서는 설정값이 너무 높으면 검출해야 할 신호가 계측되지 않는 경우가 있기 때문에 일반적으로는 사전에 확인한 배경잡음 레벨보다 2~3dB 높게 설정한다.

(2) 주파수에 의한 노이즈 식별 제거

균열의 진전이나 재료의 변형 등에 따라 발생하는 AE파는 재질이나 균열의 형태 등에 의해 특정주파수의 신호 강도가 높아지는 경우가 많다.

한편, 노이즈 주파수 대역도 검출 신호와는 다른 주파수 대역에 분포하는 경우가 있는데, 이러한 경우에는 검출 신호와 노이즈를 구분한 후에 주파수 해석을 실시하여 검출 대상 신호와 노이즈 주파수 간에 차이가 있음이 확인되면 AE 계측장치의 회로 상에 특정 주파수 대역만을 통과시키는 주파수 필터(6.2.1 참조)를 넣음으로써 노이즈를 제거할 수 있게 된다.

일반적인 AE 계측기기의 주파수 필터에는 하드웨어로써 프리앰프나 A/D 변환부 등에 특정 주파수의 신호만을 통과시키는 회로를 넣는 경우와 소프트웨어 상에서 특정 주파수 신호를 제거하는 디지털 필터가 있다.

또, 주파수 필터의 종류에는 특정 주파수 이상의 신호를 통과시키는

High pass filter, 특정 주파수 이하의 신호를 통과시키는 Low pass filter, 특정 대역의 주파수만을 통과시키는 Band pass filter가 있다([그림 7.7] 참조).

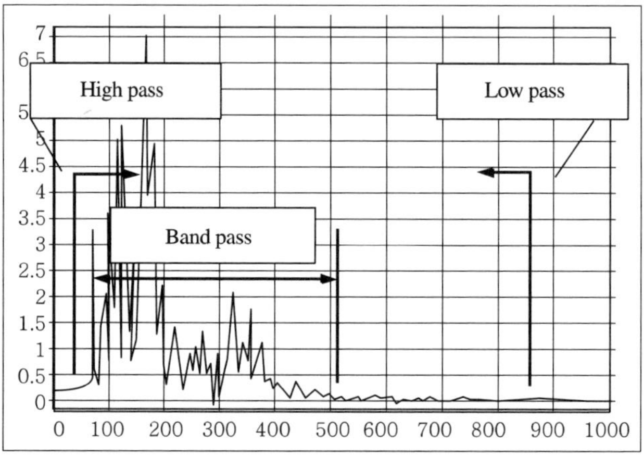

[그림 7.7] 각종 주파수 필터

그리고 범용 AE 계측장치에는 입력된 파형 데이터에 디지털 필터 처리를 함으로써 특정 주파수대역의 신호만을 남기고 그 이외의 주파수 성분을 제거하는 기능이 있어 이 기능을 사용하면 계측 후에 특정 주파수의 노이즈를 제거할 수 있게 된다.

(3) 특정 파형 파라미터를 가진 노이즈

전항에서는 특정 주파수를 가진 노이즈에 대해 설명하였으나, 노이즈와 검출 신호의 발생 형태가 다른 경우에는 파형의 특징도 다른 경우가 많다. 이러한 경우에는 AE파의 Rise time, 지속시간, AE 신호 진폭, Count 수 등의 파형 파라미터에 착안하여 특정 조건의 파형 파라미터를 가지는 신호만을 제거하는 처리를 수행함으로써 노이즈를 식별하여 제거할 수 있게 된다.

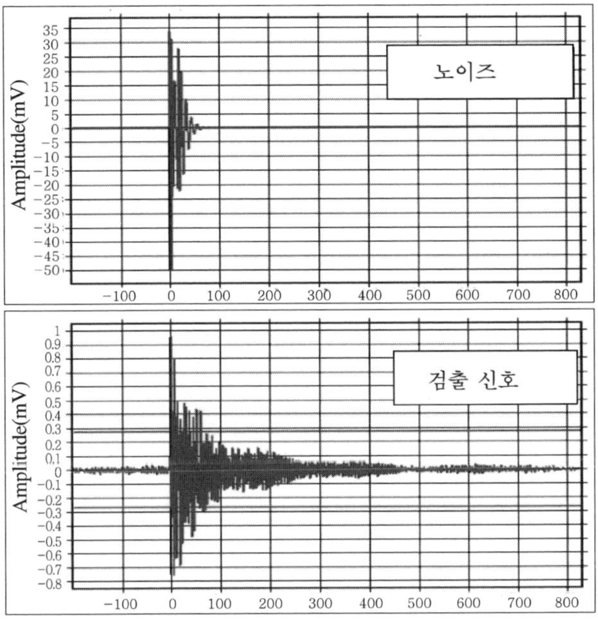

[그림 7.8] 노이즈와 신호의 파형 예

[그림 7.8]에 전기 노이즈의 파형과 검출 대상으로 하는 파형의 한 예를 나타낸다. 이 예에서는 노이즈 파형은 검출 대상 파형과 비교하여 지속시간이 짧은 반면 높은 진폭을 나타낸다는 점에서 지속시간이나 진폭 등의 AE 파라미터로 식별이 가능하다. [그림 7.8]의 예에서는 파형 지속시간이 100μs 이하이고 진폭이 60dB(1mV) 이상인 파형 특징을 가진 신호를 노이즈로써 제거하는 방법을 생각할 수 있다.

범용 AE 계측장치를 사용할 경우에는 장치의 기능에 데이터 수집 시에 특정 파형 파라미터를 가진 데이터만을 수집하는 필터링 기능이나 수집한 데이터에서 특정 파형 파라미터를 가진 신호만을 추출하는 필터링 기능을 가진 것이 있으므로 이러한 기능을 이용하면 노이즈의 식별 제거가 가능하게 된다.

(4) 공간 필터에 의한 노이즈 대책

여러 개의 센서를 이용함으로써 AE 발생원의 위치표정이 가능한 경우에는 발생원의 위치가 감시대상 범위 밖에 있는 신호를 노이즈로 간주하여 제거하는 것이 가능하게 된다.

이 노이즈 처리는 공간 필터라고도 불리며, 표정된 AE 발생원의 위치정보에 기초하여 감시대상 범위 내에 표정되는 AE만을 평가에 이용하는 것이다.

[그림 7.9]는 CT 시험편의 피로시험 중에 계측된 AE원 위치표정 결과이다. 실선의 범위가 CT 시험편의 외형을 나타내는데, 감시 대상은 파선으로 나타낸 예비 균열 부분이라는 점에서 이 범위에서 표정된 AE만을 평가대상으로 함으로써 외부로부터 혼입된 노이즈를 제거할 수 있다.

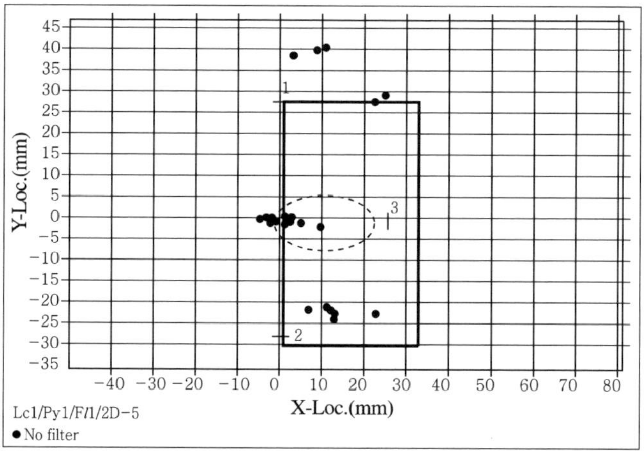

[그림 7.9] CT 시험편에서의 위치표정 예

(5) 외부파라미터를 이용한 노이즈 대책

계측 대상에 하중을 가하는 재료시험에서는 감시 대상으로 하는 균열의 발생이나 진전 시기를 부하량이나 하중의 타이밍 등으로 예상할 수 있는 경우가 있다.

예를 들어, 피로시험에서 균열은 하중이 최대 하중에 달했을 때에 진전하는 것이 예상된다. 이러한 경우에는 [그림 7.10]과 같이 최대 하중 부근에 하중의 Threshold값을 설정하여 최대하중 부근에 이르렀을 때에 발생하는 AE 데이터만을 수집함에 따라 하중의 상승 도중이나 하강 시에 발생하는 하중점의 마찰이나 시험기의 동작에 따른 노이즈를 제외할 수 있다.

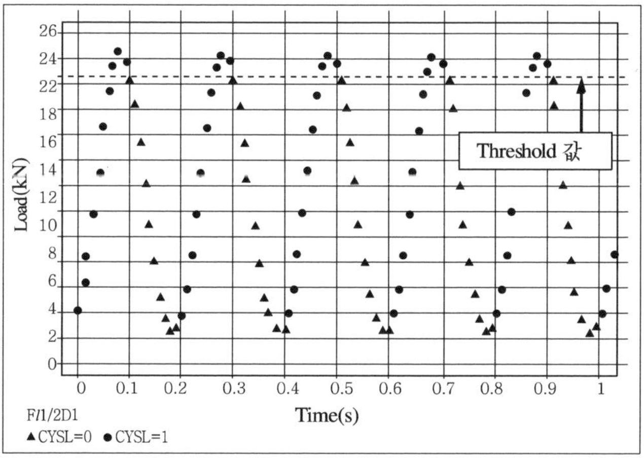

[그림 7.10] 외부파라미터의 한 예(피로시험 시의 하중)

7.2 장치 교정

표준화된 AE 시험을 실시하기 위해서는 측정 정도가 검증된 계측장치를 사용함과 동시에 표준화된 음원으로 감도 특성을 교정한 센서를 사용해야 한다.

AE 센서나 계측장치의 교정에는 AE 계측기기의 정도나 감도특성의 검증을 목적으로 실시하는 교정(실험실에서의 교정)과 시험 대상에 센서를 부착한 상태에서 계측기기 전체의 감도가 소정의 레벨임을 확인하는 것을 목적으로 실시하는 교정(계측현장에서의 교정)이 있다.

또한, 센서의 절대감도 교정에 대해서는 제 5장을 참조하기 바란다.

7.2.1 시험실에서의 교정

AE 센서의 감도 특성이나 AE 계측장치의 정도 검증은 재현성이 있는 표준 음원을 이용하여 시험 환경이 관리된 시험실에서 실시해야 한다.

교정을 실시하는 시험실은 AE의 전파속도에 영향을 미치는 온도가 일정하고 습도가 유지되며, 장치의 고장이나 측정 오차의 원인이 되는 분진 등이 없는 깨끗한 환경이어야 한다.

시험실에서의 교정은 제조자가 계측기기의 제조 시나 수리 시에 실시하는 것 외에 사용자 또는 제조자에 의해 정기적으로 실시되는 교정이다.

(1) AE 센서의 감도열화 측정

표준 음원을 사용한 AE 센서의 감도열화 정도를 측정하는 방법은 NDIS 2110「Acoustic Emission 변환자의 감도열화 측정방법」으로 규정된다. 이 규격에서는 샤프심 압절을 표준 음원으로 하고, 사용하는 심의 종류나 압절 시 심의 각도를 일정하게 유지하기 위한 가이드 링 등의 사용 기재나 측정방법을 규정하고 있다.

본 규격에 대응하는 외국 규격은 없으나 ASTM E 976「Acoustic Emission 변환자의 감도 재현성 조사 지침」이나 ASTM E 1118「유리섬유 강화복합 수지 배관의 Acoustic Emission 검사법」 등에서 샤프심 압절이 표준 음원으로써 이용되고 있다.

본 항에서는 NDIS 2110에 규정되어 있는 표면파에 의한 교정과 종파에 의한 교정의 2가지 교정방법에 대해 설명한다. 또한, NDIS 2110에서는 [그림 7.11]의 가이드 링을 장착한 샤프를 이용하여 [그림 7.12]와 같은 요령으로 지점이 움직이지 않도록 천천히 회전시켜 심을 압절하여 이때 발생하는 탄성파를 음원으로 하고 있다.

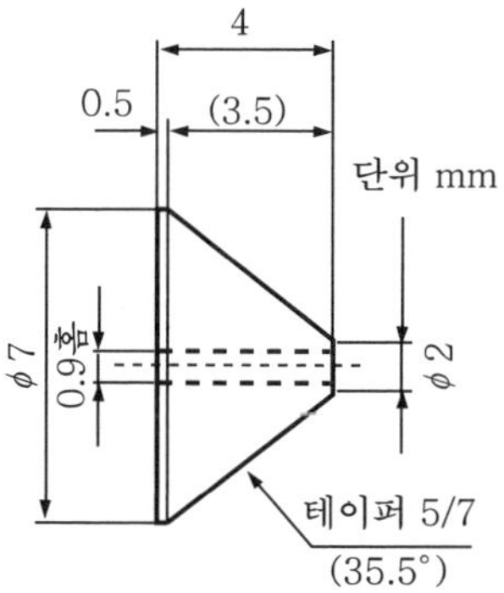

[그림 7.11] 가이드 링

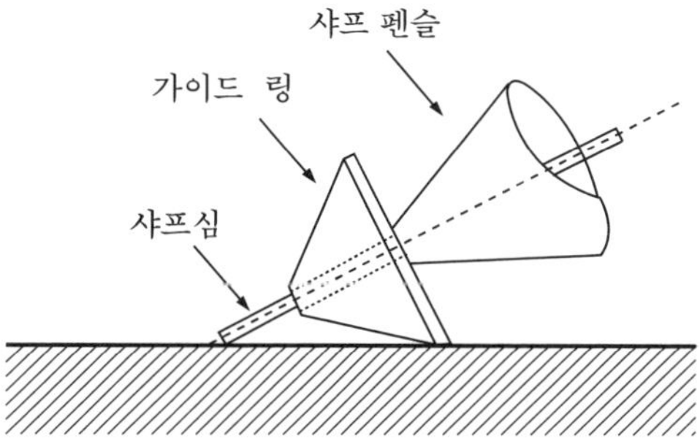

[그림 7.12] 심의 압절방법

(a) **표면파에 의한 감도열화 측정방법**

표면파에 의한 교정에서는 [그림 7.13]과 같은 배치로 심을 압절하여 AE 센서의 입력 신호 중 최초의 신호가 검출되고부터 25μs 이내에 도달한 파고치의 최대값을 읽어낸다.

동일 배치에서의 계측을 5회 이상 반복하여 그 평균값을 구한다. 5회 이상 반복하여 평균값을 구하는 것은 배치를 다시한 후 3회 이상 반복하여 그 평균값을 구한다.

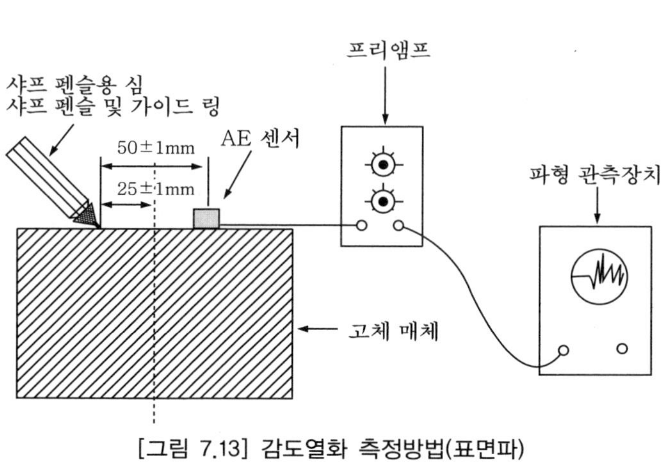

[그림 7.13] 감도열화 측정방법(표면파)

이 평균값을 $G_m(V)$로 하여 열화 정도를 아래 식으로 구한다.

$$R = \frac{G_m}{G_A} \tag{7.5}$$

여기서, R : 열화 정도, G_m : 수신 신호의 파고치, G_A : 초기 감도이다.

(b) **종파에 의한 감도열화 측정방법**

종파에 의한 교정에서는 [그림 7.14]의 배치로 심을 압절하여 AE 센서의 입력 신호 중 최초의 신호가 검출되고부터 8μs 이내에 도달한 파고치의 최대값을 읽어낸다.

동일 배치로 계측을 5회 이상 반복하여 그 평균값을 구한다. 이 5회 이상 반복하여 평균값을 구하는 것은 배치를 다시한 후 3회 이상 반복하여 그 평균값을 구한다.

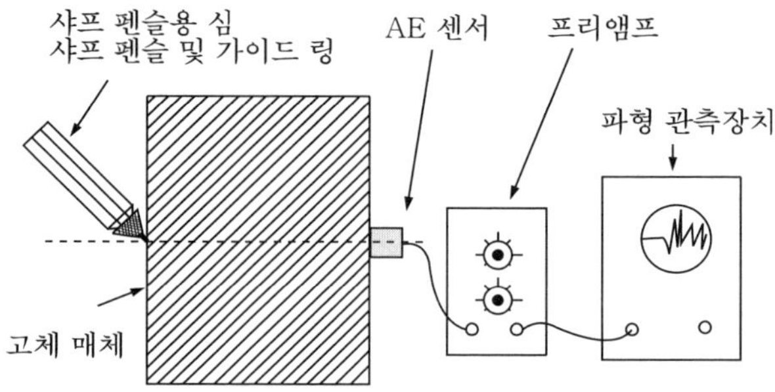

[그림 7.14] 감도열화 측정방법(종파)

이 평균치를 $G_m(V)$로 하여 열화 정도를 아래 식으로 구한다.

$$R = \frac{G_m}{G_A} \tag{7.6}$$

(2) **AE 계측장치의 성능평가**

AE 계측장치의 성능평가는 AE 장치의 제조자가 제조 시 또는 정기적인 교정이나 고장 시의 점검에서 실시하는 것이다.

성능평가의 방법에 대해서는 국내 규격으로 NDIS 2106「Acoustic Emission 시험 장치의 성능측정 및 표시 방법」, 미국 규격으로 ASTM E 750「Acoustic Emission 계측기기의 성능 측정방법」이 있으나, 통일된 국제 규격이 없다는 점이나 ASTM E 750에서도「컴퓨터 베이스의 AE 시스템은 제조자의 사양서에 기초하여 모든 교정 및 수입검사를 실시해야 한다」라고 되어 있어 실제로는 제조자가 정한 방법으로 측정 정도나 성능의 확인이 이루어지는 경우가 많다.

또, ASTM E 750에서는 필요한 측정 항목으로 기기의 주파수 대역 폭, 주파수 대응성, Gain, 잡음 레벨, Threshold값 레벨, 다이나믹 레인지, 신호 과부하점, 불감시간, 카운터 정도를 들고 있다.

참고로, 시판되고 있는 AE 계측장치의 검사 기록을 [표 7.1]에 나타낸다.

[표 7.1] (1) AE 기판 구성의 확인 기록은 장치의 구성을 나타낸 것으로 아래의 항목을 나타내고 있다.

① 장치 형식(System Type)

② 제조 번호(Id No)

③ Slot address(Rad Addr)

④ 외부파라미터 입력 채널 수(No of PA-Channels)

⑤ 참조 AE 기판 Id(Ref ASIPP Id)

⑥ 참조 AE 기판 Address(Ref ASIPP Log. Addr)

⑦ AE 기판 Ch 번호(ASIPP Chan No.)

⑧ AE 기판 Address(Pruf No)

⑨ 하드웨어 및 펌웨어 리버전(HW/FW)

⑩ 에너지 계산 하드웨어의 유무(ASP-SQ/YN)

⑪ 파형 보존 Module의 유무(TR-4M/YN)

⑫ High pass filter1의 주파수(High-Pass/HP4-)

⑬ High pass filter2의 주파수(High-Pass/HP4/BP-)

⑭ Low pass filter의 주파수(Low-Pass/TP4-)

또, [표 7.1] (2) AE 장치 본체의 성능확인 기록에서는 아래의 항목을 나타낸다.

① 장치의 제조 번호(System Id No)

② 형식(Model)

③ 참조 AE 기판의 Id(Ref ASIPP…Id)

④ 펄서 출력 확인(Pulser Verification)

⑤ I/0 출력기능 확인(Verifying of I/0-Flag Function)

⑥ 외부파라미터 입력기능 확인(Verifying Parametric Input Function)

[표 7.1] (3) AE 기판의 성능 확인에서는 아래의 항목을 나타낸다.

① 채널 번호(Channel)

② AE 기판번호(ASIPP No)

③ 하드웨어 및 펌웨어 리버전(Rev HW/FW)

④ 케이스 Id(Box Id)

⑤ High pass filter1의 주파수(Filter 1-Hi)

⑥ High pass filter2의 주파수(Filter 2-Hi)

⑦ 에너지 계산 하드웨어의 유무(ASP-SQ/YN)

⑧ 파형 보존 Module의 유무(TR-4M/YN)

⑨ 에너지 계산방식(Energy)

⑩ 성능시험 항목

Test 1 : 80μs 중 연속 Hit 분리

Test 2 : 125μs 중 12Hit 분리

Test 3 : 파형 지속시간 계측 정도

Test 4 : 주파수 응답성

Test 5 : 진폭값 계측 정도

Test 6 : RMSS 및 부동 threshold값

Test 7 : 자동 Calibration 기능

[표 7.1] 시판 AE 계측장치의 성능검사 기록의 한 예
(1) AE 기판 구성의 확인 기록

AMSY-5 ASIPP Configuration Report

VeriConfig.Template: 3/23/2004 10:22:00 AM Version 3.0

The contents of this document are used for the generation of one verification report per ASIPP by Y5VeriAnal

System Type	IdNo	Rad Addr	No of PA-Channels	Ref ASIPP Id	Ref ASIPP Ch No
AMSY 5 M37	42470	01	4	42446	60

Signal Source used for PAx Input Stimulation: Analogic AN3100 IdNo: 40806 calibrated till: 06/2004
Signal Source used for ASIPP-Verification: Agilent 33x20A IdNo: 42294 calibrated till: 04/2005

ASIPP Chan No.	Prüf No.	Rev. HW	Rev. FW	ASP-SQ (Y/N)	OK	TR-4M (Y/N)	OK	High-Pass 1 (Hi) HP4-	High-Pass 2 (Lo) HP4- / BP-	Low-Pass TP4-	Remark	Verified
1	1957	4.2	R3	Y	✓	Y	✓	095	025-044	850		✓
2	1958	4.2	R3	Y	✓	Y	✓	095	025-044	850		✓
3	1959	4.2	R3	Y	✓	Y	✓	095	025-044	850		✓
4	1960	4.2	R3	Y	✓	Y	✓	095	025-044	850		✓
5	1961	4.2	R3	Y	✓	Y	✓	095	025-044	850		✓
6	1962	4.2	R3	Y	✓	Y	✓	095	025-044	850		✓
7	1963	4.2	R3	Y	✓	Y	✓	095	025-044	850		✓
8	1965	4.2	R3	Y	✓	Y	✓	095	025-044	850		✓
9	1966	4.2	R3	Y	✓	Y	✓	095	025-044	850		✓
10	1967	4.2	R3	Y	✓	Y	✓	095	025-044	850		✓
11	1968	4.2	R3	Y	✓	Y	✓	095	025-044	850		✓
12	1969	4.2	R3	Y	✓	Y	✓	095	025-044	850		✓
13	1970	4.2	R3	Y	✓	Y	✓	095	025-044	850		✓
14	1971	4.2	R3	Y	✓	Y	✓	095	025-044	850		✓
15	1972	4.2	R3	Y	✓	Y	✓	095	025-044	850		✓
16	1973	4.2	R3	Y	✓	Y	✓	095	025-044	850		✓
17	1974	4.2	R3	Y	✓	Y	✓	095	025-044	850		✓
18	1975	4.2	R3	Y	✓	Y	✓	095	025-044	850		✓
19	1976	4.2	R3	Y	✓	Y	✓	095	025-044	850		✓
20	1977	4.2	R3	Y	✓	Y	✓	095	025-044	850		✓
21	1979	4.2	R3	Y	✓	Y	✓	095	025-044	850		✓
22	1980	4.2	R3	Y	✓	Y	✓	095	025-044	850		✓
23	1939	4.1	R3	Y	✓	Y	✓	095	025-044	850		✓
24	1982	4.2	R3	Y	✓	Y	✓	095	025-044	850		✓
25												
26												
27												
28												
29												
30												
31												
32												
33												
34												
35												
36												
37												

Date: ____________ Name: ______________________________ Sign: ______________________

(2) AE 시스템 본체의 성능확인 기록

AMSY-5 System Verification Report

Y5VeriAnalyzer Revision 2004.0310 ; Data Format: 00.01; Sys.Template.Doc: 19/03/2004 09:55:00

System Id No. 42470 Model: AMSY-5 M37 Last Parametric Input: PA3

Reference ASIPP used for Pulsertest: Id No: 42446

Pulser Verification:

Pulser Amp.	Amp@ RefASIPP	Min Allowed	Max allowed	passed/failed:
Max (400V)	99,1 dB	97,0 dB	99,9 dB	passed
Min (4V)	46,8 dB	43,0 dB	50,0 dB	passed
Remote (200V)	92,7 dB	91,0 dB	94,0 dB	passed

Verification of I/O-Flag Function:
Stimulating Bits SP0, SP1, Warning, Alarm over alarm connector and verifying them in ParStatus passed

Verifying Parametric Input Function:
Signal Source: Analogic AN3100 IdNo: 40806 calibrated till: 06/2004. Signal fed-in to all PAx in parallel
Feeding 21 DC voltages from –10V to +10V in 1.0 V steps into all parametric inputs PA0 to PA3. passed
Allowed Deviation: 2,5 [mVavg] (avg = Average); Allowed Noise: 2,5 [mVpp] (pp = Peak-Peak = Max-Min)

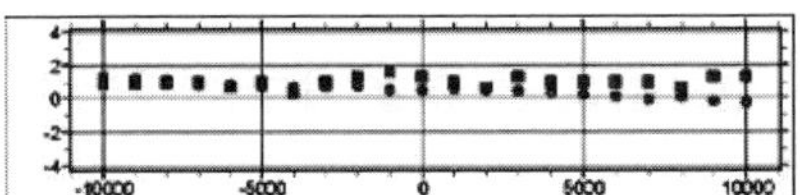

PA0 deviation [mVavg] vs Input [mV] max: 1,3
PA0 noise [mVpp] vs Input [mV] max: 1,6

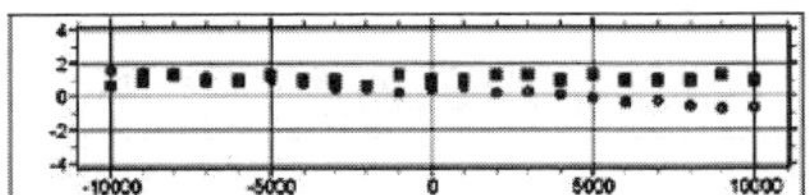

PA1 deviation [mVavg] vs Input [mV] max: 1,6
PA1 noise [mVpp] vs Input [mV] max: 1,3

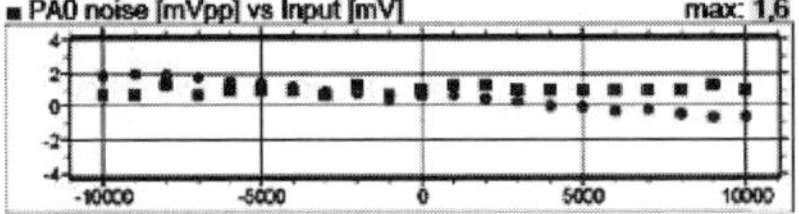

PA2 deviation [mVavg] vs Input [mV] max: 1,9
PA2 noise [mVpp] vs Input [mV] max: 1,3

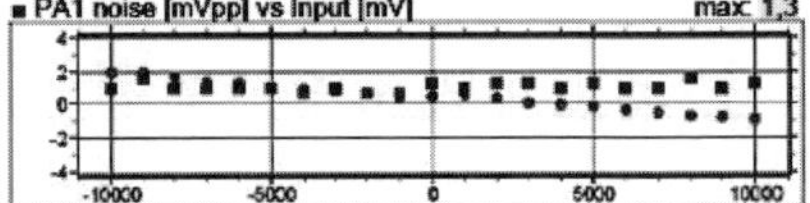

PA3 deviation [mVavg] vs Input [mV] max: 1,9
PA3 noise [mVpp] vs Input [mV] max: 1,6

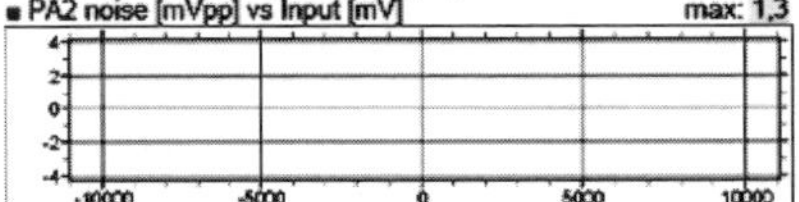

PA4 deviation [mVavg] vs Input [mV] max: n/a
PA4 noise [mVpp] vs Input [mV] max: n/a

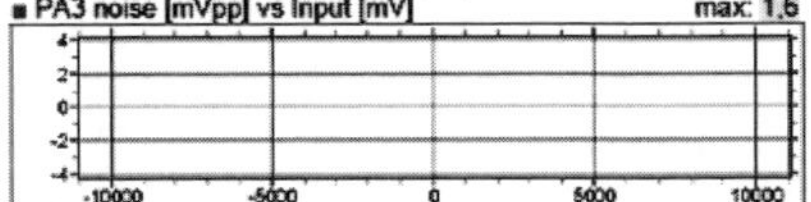

PA5 deviation [mVavg] vs Input [mV] max: n/a
PA5 noise [mVpp] vs Input [mV] max: n/a

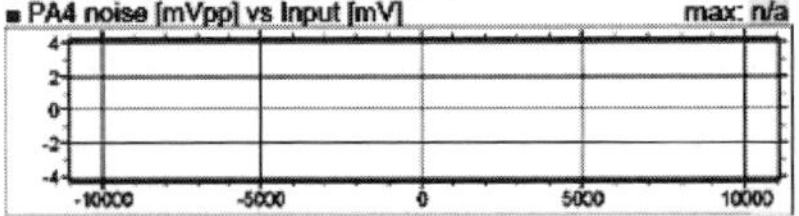

PA6 deviation [mVavg] vs Input [mV] max: n/a
PA6 noise [mVpp] vs Input [mV] max: n/a

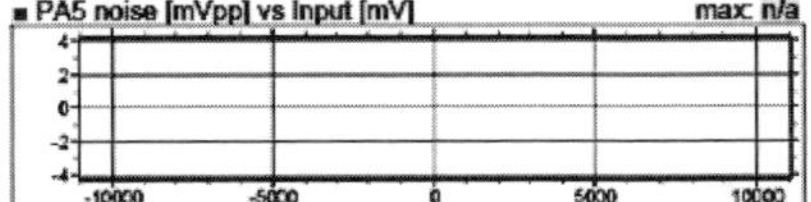

PA7 deviation [mVavg] vs Input [mV] max: n/a
PA7 noise [mVpp] vs Input [mV] max: n/a

Date: 19.03.2004 09:55, verified by [User: as] (initials): _____Sign:____________

(3) AE 기판의 성능확인 기록

AMSY-5 ASIPP Verification Report

VeriAnalyzer Rev. 2004.0310 Data Format: 00.01 ASIPP.Template.doc-Rev.: 23/03/2004 10:15:00

Channel: 1 (HW: 01.01) **ASIPP No.**: 1957 Rev HW: 4.2 FW: R3 Box IdNo: 42470
Filter 1-Hi: 095 Filter 2-Lo: 025-044 TP4: 850 ASP-SQY: Y TR-4M: Y Energy: true
Signal Source:Agilent 33x20A IdNo: 42294 calibrated till: 04/2005. Signal fed-in at BNC connector "AC"

Test 1: Cascaded hits 80µs apart. Hits: 1 (1) Cascaded Hits: 3 (3) Test 1 passed
Test 2: 12 hits 125µs apart: Hits: 12 (12) Cascaded Hits: 12 (12) Test 2 passed
Test 3: Duration variation: Filter: 095 Frequency: 284 KHz Test 3 passed

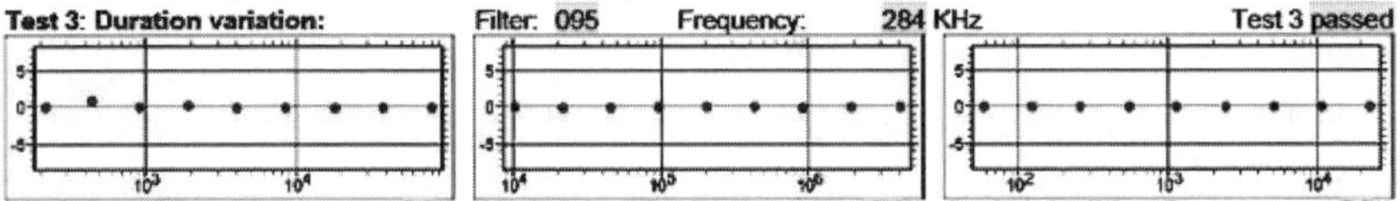

Dur-deviation [%] vs. D [µs] max.: 0,9% (Offset 15,3 µs) allowed: 5,0% | Eny-deviation [%] vs E [eu] max.: -0,1% (Offset -16,2 eu) allowed: 5,0% | Cts deviation [%] vs. Cts max: 0,0% (% above 1) Offset: 2 Cts allowed: 5,0%

Test 4: Frequency Response Hi: 96,0 - 823,7 KHz Lo: 23,2 – 45,4 KHz Test 4 passed

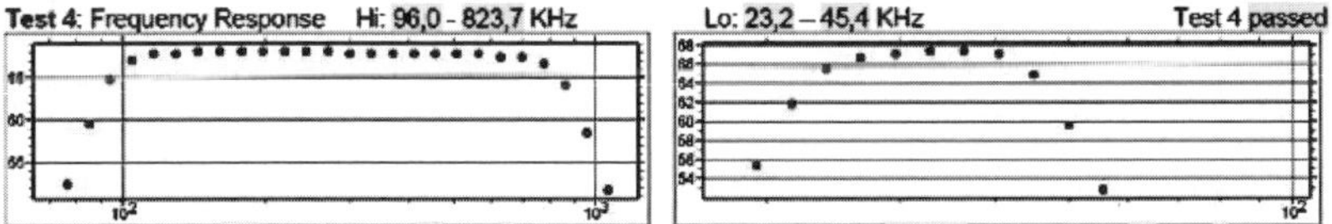

A[dB] vs. f [kHz], HP: 095 kHz, Hi-Flt-Pts: 26, min: 5 | A[dB] vs. f[kHz], HP: 025-044 kHz, Lo-Flt-Pts: 11, min: 5

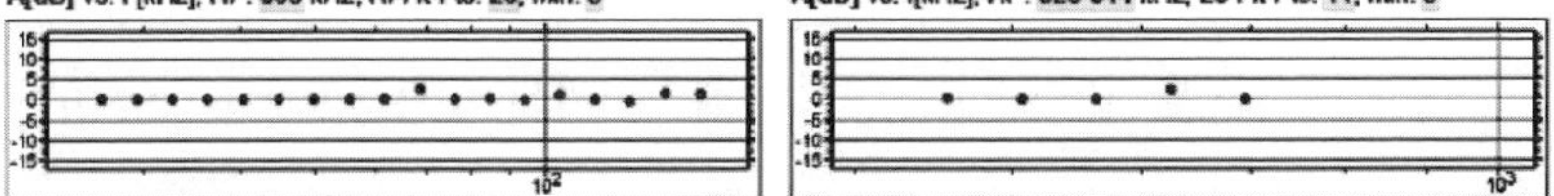

Risetime deviation [%] vs R [µs] (Amax-1dB) max: 2,5% (% above: 2,0 µs) R(shouldbe) = 19/f allowed: 10,0% | Risetime deviation [%] vs. R [µs] (Amax-1dB) max: 2,4% (% above 2,0 µs) R(shouldbe) = 19/f allowed: 10,0%

Test 5: Amplitude variation (shouldbe corrected by -0,06 dB (allowed: -0,61 to 0,39 dB)) Test 5 passed

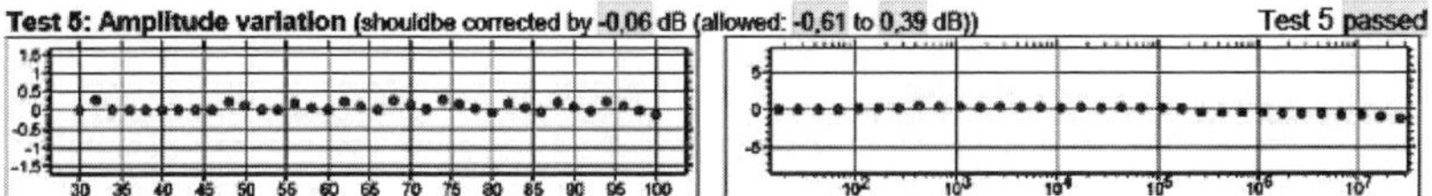

Amplitude deviation [dB] vs. A[dB$_{AE}$] max: 0,3 (dB above 3,0 µV) allowed: 1,0 | Energy deviation [%] vs. E [eu] max: -1,2% (% above 1,0 eu) allowed: 5,0%

Test 6: RMSS and Floating Threshold (continuous signal) (corrected as with Test 5) Test 6 passed

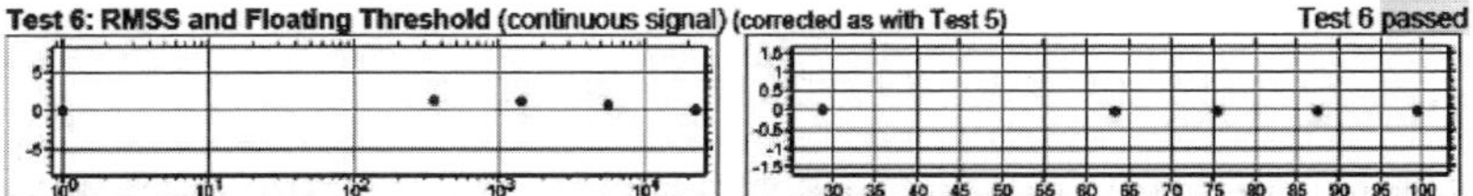

RMSS deviation [%] vs. RMSS [µV] max: 1,3% (% above 2,0 µV) allowed: 5,0% | Floating Threshold deviation [dB] vs THR[dB$_{AE}$] max: 0,0 (dB above 1,0 µV) TNR: 4,2 allowed: 1,0

Test 7: Autocalibration pulser path: Test 7 passed
Pulser Voltage: 200,0 V, Calib.Amp. (no cable connected, filter 1 - Hi): 89,7 dB, should be: (>55dB)

All tests passed Icking, 23.03.2004 10:10, verified by [User: as] (initials): ________Sign:____________

7.2.2 계측 현장에서의 교정

실제 AE 계측에서는 재 계측이 불가능한 경우도 있으므로 계측에 들어가기 전에 사용할 기기가 정상적으로 동작하는지를 확인해야 한다.

본 항에서는 계측 현장에서 사전에 확인해야 할 사항에 대해 설명하기로 한다.

(1) AE 계측기기의 관리와 조정

계측에 사용하는 센서와 프리앰프는 사용 전 점검을 통해 그 제조 번호와 점검 결과를 기록한다.

사용 전 점검에서는 센서와 프리앰프를 AE 계측장치에 연결하고 센서를 부착한 매체 상에서 샤프심 압절이나 펄서를 음원으로 한 유사 AE를 발생시켜 계측된 진폭 및 주파수 대역이 타당한지를 확인하다.

점검 결과, 진폭에 이상이 확인되었을 경우에는 프리앰프의 Gain이나 전원에 관한 설정을 조정한다. 또, 주파수에 이상이 있을 경우에는 주파수 필터의 설정을 조정한다.

(2) 계측기기 전체의 연결상태 확인

모든 계측기기의 설치를 완료하고 계측에 들어가기 전에 모든 기기가 정상적으로 동작하는지를 확인한다.

(a) 전체 연결상태의 확인

연결상태 확인에서는 계측기기 전체가 정상적으로 연결되어 기기가 동작하고 있음을 확인하기 위해 시험대상을 가볍게 두드리거나 펄서를 이용하여 시험대상에 유사 AE를 발생시켜, 이 유사 AE에 따른 신호가 각 채널에 정상적으로 계측됨을 확인한다.

이 확인에서 신호가 들어오지 않는 라인이 있을 경우에는 아래의 항목을 확인한다.

- 장치의 데이터 수집조건 설정
- 신호 케이블의 연결 상황
- AE 센서의 부착 상황
- AE 센서의 동작 확인
- 프리앰프의 동작 확인
- AE 장치의 동작 확인

(b) 시험 준비 시의 감도 확인

시험 준비의 마지막으로 실제 계측이 이루어지는 기기의 설치 및 실정 조건에서 소정의 감도가 얻어짐을 확인한다.

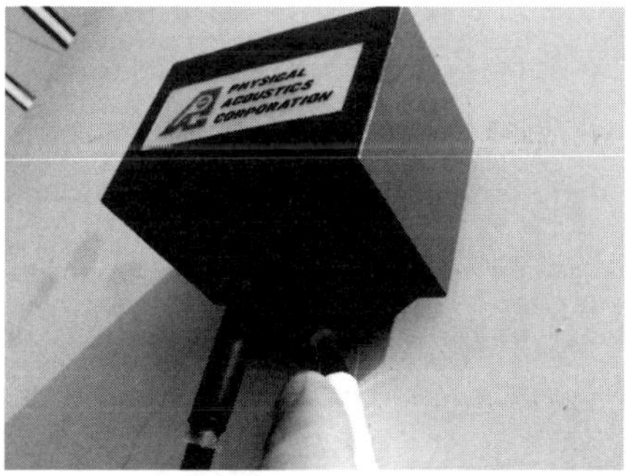

[그림 7.15] 샤프심 압절에 의한 감도 확인

감도 확인을 목적으로 한 계측에서는 [그림 7.15]와 같이 샤프심 압절이나 펄서를 음원으로 하여 시험 대상에 설치된 센서 부근에 유사 AE를 발생시키고 AE 계측장치로 AE파의 최대 진폭을 읽어내어 소정의 감도가 얻어짐을 확인한다.

이 측정에서는 발생하는 AE파의 진폭이 불규칙함을 고려하여 측정을 수차례 반복하여 평균값을 구해 센서 간의 감도 차를 확인한다.

따라서 유사 AE를 발생시키는 위치와 센서와의 거리, 반복 횟수, 기준 감도나 허용하는 기준 감도로부터의 차를 사전에 절차서에서 정해놓는 것이 중요하다.

7.3 하중 등의 부하방법과 합부 판정

7.3.1 하중 등의 부하방법

일반적인 AE 계측에서는 계측 대상에 하중 등의 부하를 가했을 때에 발생하는 AE파를 계측하여 재료나 구조물의 건전성이나 강도 등을 평가한다. 계측대상에 부하를 수반하는 AE 계측에서는 부하량은 동일하더라도 부하방법이나 순서에 따라 AE의 발생 상황이 다르다는 점에서 사전에 부하의 종류, 부하량, 부하의 상승 속도, 유지시간 등의 조건을 정해 정량적이고 재현성있는 시험을 실시하는 것이 중요하다.

(1) 재료시험에서의 부하 조건

재료의 강도 평가를 목적으로 하는 재료시험에서는 재료의 특성이나 시험의 종류에 따라 부하 조건이 결정된다([그림 7.16]). 재료시험에서 AE 계측을 적용하는 주된 목적은 육안 관찰로는 어려운 균열의 발생이나 성장의 감시, 복합재료의 섬유 파단 감시 등을 들 수 있다.

재료시험 중에 AE 계측을 실시할 경우에는 하중이나 스트레인 계측 데이터를 AE 데이터와 함께 수집하는 것이 나중의 해석 시에 효과적이다.

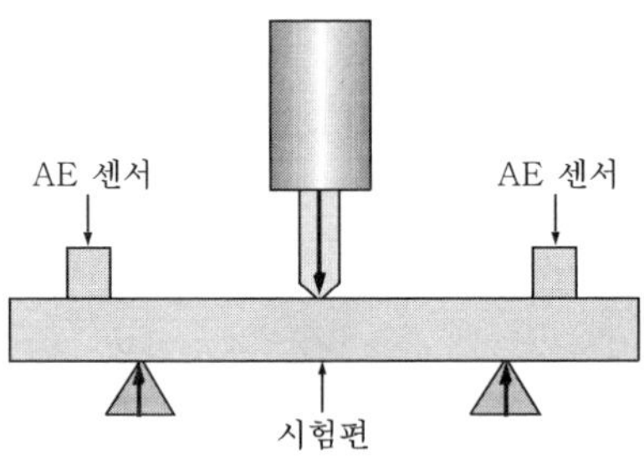

[그림 7.16] 굽힘시험 시의 부하

재료시험의 AE 계측에서도 전압 threshold값을 설정하는 계측방법이 일반적이지만, 보다 미세한 신호의 검지를 요하는 시험에서는 시험 중의 모든 파형 데이터를 수집하는 연속 모드로 계측하는 것이 효과적이다.

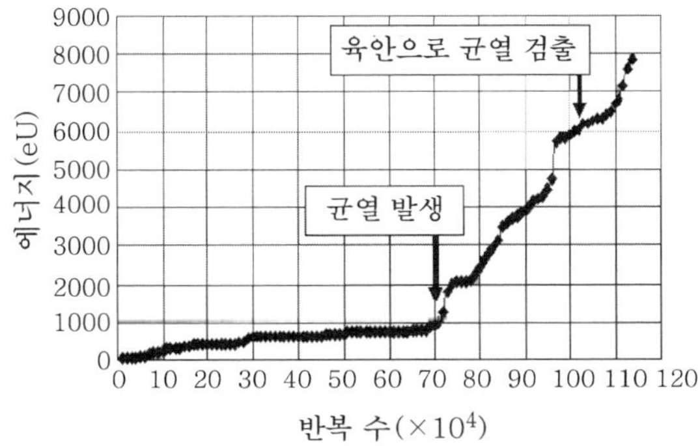

[그림 7.17] 피로시험의 해석 예

또한, 피로시험에서는 오랜 시간동안 계측하는 경우가 있는데, 이 경우에는 데이터 양이 방대해지기 때문에 하중 Threshold값을 설정하여 불필요한 데이터를 수집하지 않도록 설정하는 경우도 있다([그림 7.10] 참조). 또, 피로시험에서는 하중과 반복 횟수가 균열의 발생과 진전에 크게 영향을 미치기 때문에 하중 및 반복 횟수와 AE 데이터의 관계가 해석 가능하도록 데이터를 수집하는 것이 중요하다([그림 7.17]).

(2) 압력용기의 부하방법

압력용기 내압시험에서의 AE 시험 적용에 대해 일본에서는 NDIS 2412 「고장력강을 이용한 구형 탱크의 Acoustic Emission 시험방법과 시험결과의 등급 분류방법」으로 규정되고, 해외에서는 미국의 ASME section V Article 11 「섬유강화유리 플라스틱 용기의 Acoustic Emission 시험」이나 Article 12 「금속제 용기의 압력 테스트 중의 Acoustic Emission 시험」 등으로 규정된다. 본 항에서는 Article 12에서 규정하는 압력 부하방법에 대해 소개한다.

[그림 7.18]은 Article 12에서 규정하는 내압시험 시의 부하 공정을 나타낸다.

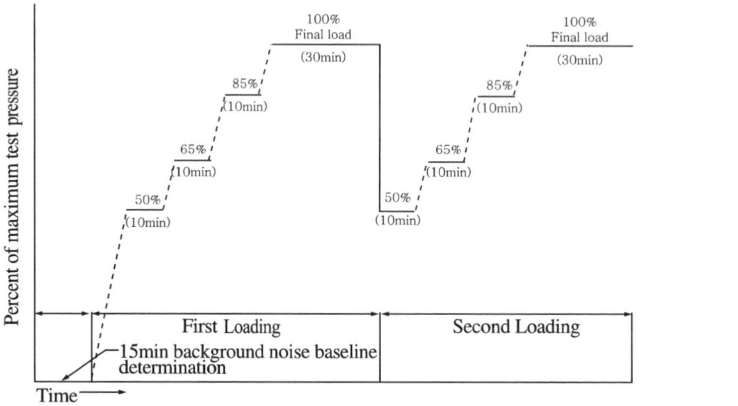

[그림 7.18] 압력용기의 시험 부하 공정의 한 예

이 부하 공정에서는 최초의 15분간은 배경잡음의 기준 라인을 결정하기 위해 AE의 발생 상황을 감시한다. 배경잡음이 충분히 낮은 레벨임을 확인한 후, 시험 압력의 50%, 65%, 85% 및 100%에서 AE 신호를 감시한다. 또한, 이 시험에서는 2분마다의 압력 증가가 시험 압력의 10%를 넘어서는 안 된다. 또, 50%, 65%, 85%의 압력에서의 유지 시간은 10분이지만 100%의 최종적인 압력에서는 30분으로 한다. Article 12에서는 1회째 가압으로 얻어진 AE 데이터가 손상의 존재를 나타내거나 결정적인 데이터가 얻어지지 않을 경우에는 규정된 부하 공정에 따라 2회째 부하를 실시해도 된다고 되어있다(본 부하 공정은 한 예이며, 실제 시험에서는 적용하는 규격이나 절차서에 기초하여 실시해야 한다).

(3) 대기압 · 저압 탱크에서의 부하방법

대기압 및 저압 금속제 액체 저장탱크에 대한 부하방법에 대해서는 미국 규격인 ASTM E1930「대기압 및 저압 금속제 액체 저장탱크의 Acoustic Emission 시험방법」으로 규정된다.

이 규격에서는 정액압 및 중첩되는 액압 또는 공기압 혹은 그 합에 따라 부하된다. 신설 탱크의 경우에는 [그림 7.19]에 나타내는 공정으로 부하하고, 사용 중 탱크의 경우에는 [그림 7.20]에 나타내는 공정으로 부하한다. 양쪽 모두 1회째의 가압으로 얻어진 AE 데이터가 결함의 존재를 나타내거나 결정적인 데이터를 얻지 못했을 경우에는 규정하는 공정으로 2회째의 부하를 실시해도 된다(사용 중 탱크에서는 보수 시에만).

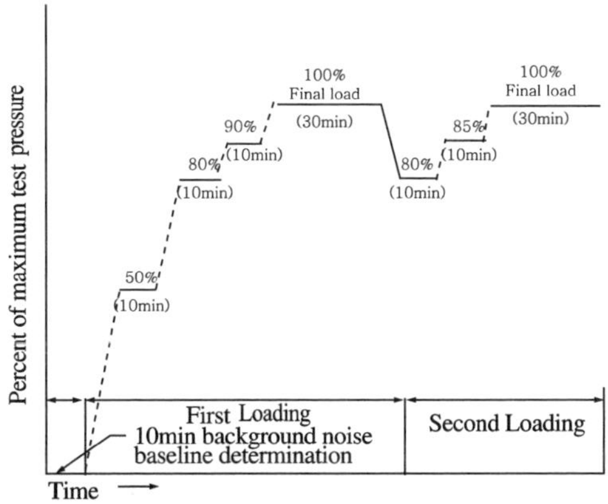

GENERAL NOTE:
During loading increases in pressure/load levels should not exceed 10% of the maximum test pressure in 2 min.

[그림 7.19] 신설 탱크의 부하 공정

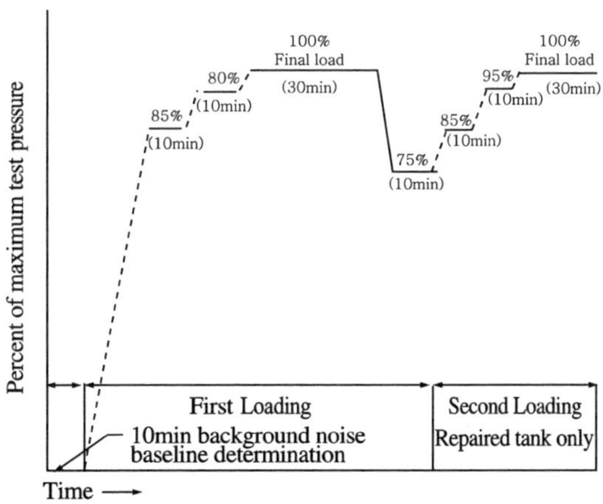

GENERAL NOTE:
During loading increases in pressure/load levels should not exceed 10% of the maximum test pressure in 2 min.

[그림 7.20] 사용 중 탱크의 부하 공정

7.3.2 합부 판정의 설정

합부 판정을 요하는 AE 계측에서는 부하의 증가에 대한 AE 활동도나 신호 강도의 증가 유무 등을 합부 판정의 기준으로 한다.

참고로 저압 탱크의 내압시험에 적용하는 합부 판정 기준의 예를 아래에 나타낸다.

① 부하의 증가에 대해 신호 강도는 증가해서는 안 된다.

② 부하의 증가에 대해 AE 활동도는 증가해서는 안 된다.

▸ 참고

1) 평가 threshold값은 50dB(0dB은 프리앰프 입력 전압에서 1μV)이어야 한다.
2) 검출한 모든 손상에 대해 위치를 표정하고 2차적인 검사방법(예를 들어 초음파 탐상시험)을 이용하여 그 치수를 확인해야 한다.

7.4 계측 조건의 설정과 데이터 수집

7.4.1 계측 환경의 확인

AE 시험은 계측 환경의 영향을 받기 쉽기 때문에 데이터의 재현성을 갖고 추적을 가능하게 하기위해 계측 환경을 가능한 한 상세하게 기록하는 것이 중요하다.

AE 시험에 미치는 영향이 커서 기록해야 할 계측 환경의 일반적인 항목은 아래와 같다.

(1) 배경잡음 레벨

(2) 노이즈의 유무 · 노이즈의 크기

(3) 기후 · 기온 · 습도

(4) 풍속

(5) 주변 설비의 가동 상황

(6) 그 외, 계측에 영향을 미치는 환경 조건

7.4.2 데이터 수집 기술

AE 시험에서는 동일한 AE라도 계측 조건에 따라 파형 파라미터 등의 계측 데이터가 크게 달라진다.

계측 조건은 계측 환경 조건, 검출 대상 AE파의 특징, 계측 중에 발생이 예상되는 노이즈나 반사파의 영향 등을 고려하여 결정된다.

각 계측 조건을 결정하기 위한 판단 기준이나 유의점을 아래에 나타낸다.

(1) AE 센서의 선택

AE 센서는 검출해야 할 AE파의 주파수 특성이나 강도(진폭), 데이터 해석방법 등의 정보를 바탕으로 선택한다.

검출해야 할 신호의 주파수 대역이 불분명한 경우나 주파수의 변화를 모니터링 할 경우에는 주파수 대역이 넓고 평탄한 특성을 가진 센서(광대역형)를 이용한다.

한편, 특정 주파수 대로 범위를 한정하여 감도 높은 계측을 할 경우에는 공진형 센서를 이용한다.

그 외에 센서의 선택에 있어서는 부착면의 치수나 형상, 온도 조건이나 부착방법 등을 고려한다.

(2) 주파수 필터의 선택

주파수 필터는 검출해야 할 AE파의 주파수와 제거해야 할 노이즈의 주파수에 따라 선택한다.

AE 시험에서는 일반적으로 낮은 주파수 영역에서는 멀리서 발생한 음향 노이즈의 영향을 받기 쉬워지고, 높은 영역에서는 고주파 성분을 포함하는 전기 노이즈의 영향을 받기 쉬워진다. 따라서 검출해야 할 신호와 제거해야 할 노이즈의 주파수를 확인하여 Low pass filter(LPF), High pass filter(HPF), Band pass filter(BPF)를 선택한다.

(3) 프리앰프(Gain)의 선택

AE 시험에서는 높은 Gain의 프리앰프를 선택하면 미약한 신호가 검출 가능하게 되는 반면 노이즈 레벨도 높아진다.

그리고 과도하게 증폭했을 경우에는 입력 신호가 AE 계측장치의 최대 입력 전압을 초과하기 때문에 정확한 AE 파라미터나 파형을 얻을 수 없게 된다.

따라서 프리앰프의 Gain은 검출해야 할 AE파의 진폭 레벨, 노이즈 레벨, AE 시험 장치의 최대 입력전압을 고려하여 선택할 필요가 있다.

(4) 파형 수집 조건의 설정

일반적인 AE 계측장치를 이용한 시험에서는 Threshold값을 초과하는 신호가 입력되면 사전에 프리트리거에서 설정한 시간(또는 샘플 수)만큼을 거슬러 올라간 시점부터 파형 수집을 시작하여 소정의 샘플링 수를 저장하면 파형의 수집을 종료한다.

파형의 수집 조건은 파형의 샘플링 주파수, 샘플링 수(파형 길이), 프리트리거에 의해 설정한다.

파형의 시간축 분해능은 샘플링 주파수로 결정하기 때문에 높은 주파수 대역의 주파수 해석을 필요로 할 경우에는 보다 빠른 샘플링 주파수로 수집할 필요가 있다. 한편, 파형 길이를 바꾸지 않고 샘플링 주파수를 높였을 경우에는 보존에 필요한 데이터 양이 증대된다.

이 때문에 파형 수집 조건의 설정에서는 계측하려는 AE파의 주파수와 해석에 필요한 파형 길이, 파형의 rise time 및 지속시간 등을 고려하여 샘플링 주파수, 샘플 수, 프리트리거를 설정한다.

(5) Hit 식별시간의 설정

AE 시험에서는 센서에 입력된 하나의 AE파를 1hit로 Count하는데, 입력된 신호가 하나의 AE파임을 인식하기 위한 시간을 Hit 식별시간이라 한다(AE 장치 제조사에 따라 부르는 방식이 다름).

AE 장치는 전압 threshold값을 교차하는 신호가 입력되면 교차한 지점부터 Hit 식별시간을 시작하고, 식별시간 내에 Threshold값을 교차하는 신호가 들어올 때마다 식별시간의 재시작을 반복한다. 그리고 AE파의 진폭이 내려가 식별시간 내에 Threshold값을 교차하는 신호가 없어진 시점에서 하나의 AE파가 종료한 것으로 판단한다. 이 설정은 파형 지속시간을 결정하기 위한 값이기도 하다는 점에서 파형 지속시간 식별시간이라고도 한다.

단시간에 다수의 AE가 발생하는 경우에는 이 설정값이 너무 길면 다른 AE event에서 발생한 AE파가 동일한 AE파로 식별되는 경우가 있다. 반면, 주파수가 낮고 지속시간이 긴 AE파를 계측할 경우에는 Hit 식별시간이 너무 짧으면 파형 도중에 계측이 종료되어 하나의 파형을 여러 개의 Hit로써 Count하는 경우가 있다.

따라서 Hit 식별시간은 검사 대상물의 재질이나 크기 및 시험방법 등에 따라 다르며, 검출해야 할 AE파의 특성이나 발생 빈도를 고려하여 설정하는 것이 중요하다.

(6) 불감시간의 설정

일반적인 AE 계측장치에서는 Hit 식별 후에 도달하는 반사파나 전파 모드가 다른 AE파의 검출을 피함과 동시에 데이터를 하드디스크로 전송하기 위한 시간을 필요로 하기 때문에 불감시간을 설정하고 있다.

반사파나 전파 모드가 다른 AE파의 검출을 피하기 위해 필요한 불감시간은 계측 대상의 크기나 재질에 따라 다르기 때문에 유사 AE원을 이용한 예비 계측을 실시하여 반사파의 발생이나 AE파의 전파 특성을 확인한 후에 설정하는 것이 중요하다. 또, 불감시간 설정의 최소 설정값은 AE 장치의 데이터 전송 능력에 따라 다르다.

7.5 AE 시험의 절차서 작성과 기록

7.5.1 절차서 작성

AE 시험에서는 계측 조건이나 하중의 부하 조건에 따라 시험결과가 크게 달라지기 때문에 사전에 문서화된 순서대로 시험을 실시하여 시험의 품질을 확보하는 것이 중요하다.

또, 절차서 작성에 있어서는 순서의 타당성이 검증될 수 있도록 적용하는 규격이나 관련 규정을 명기함과 동시에 절차서에도 고유의 관리 번호를 부가하여 문서의 트레이서빌리티(traceability)를 갖는 것이 중요하다.

AE 시험을 실시함에 있어 절차서에 기재해야 할 필요 항목은 아래와 같다.

(1) **일반 사항**

- 시험 명칭
- 시험 목적
- 적용 규격 및 관련 규정
- 시험대상 명칭
- 시험 장소
- 시험 실시 조건(기후, 풍속 등)

(2) **시험대상 사양**

- 시험대상의 명칭/식별 번호
- 시험대상의 형식
- 시험대상의 치수
- 시험대상의 재질
- 그 외, 시험대상의 사양, 상태, 이력 등을 나타내는 정보

(3) **시험 장치**

- 부하 장치의 명칭

- AE 계측기기 구성도
- 사용 AE 계측장치 명칭(제조사명, 형식)
- 사용 센서(제조사명, 형식, 제조 번호, 공진 주파수 또는 주파수 대역)
- 사용 프리앰프(제조사명, 형식, 제조 번호, 내장 주파수 필터의 사양)
- 웨이브가이드의 사양

(4) **시험 장치의 설치**

- 시험 장치의 전체 배치도
- 시험대상의 설치 방법
- 센서 배치도
- 부착면 전처리 방법
- 센서 고정 방법
- 사용 접촉 매질 명
- 설치 후의 감도 확인 방법 및 요구 감도

(5) **하중 방법**

- 하중 방법
- 하중 조건(하중, 시간, 사이클 수 등)

(6) **AE 계측조건의 설정**

- 파형 입력 조건(수집 유무, 샘플링주파수, 입력 길이, 프리트리거)
- 외부파라미터 입력 조건(전압 Range, 샘플링주파수, 간격 등)
- 유효 채널
- 전압 threshold값
- 주파수 필터(HPF/LPF/BPF)
- Hit 식별시간
- 불감시간
- Gain(이득)

- 데이터 수집 조건(외부 및 AE 파라미터에 의한 데이터 수집 조건 부가)

(7) **AE 데이터 표시의 설정**
- 외부파라미터 표시(환산값, 단위, 그래프 표시 방법)
- 각종 AE 파라미터 표시설정
- 위치표정(센서 위치, 전파속도, Event 식별 조건 등)

(8) **주변기기의 설정**
- 데이터로거 장치 등의 설정 조건
- 기타 외부파라미터 계측기기의 설정 조건

(9) **시험 순서**
- 시험 시의 기기 조작 순서
- 데이터 감시 항목

(10) **안전 관리 사항**
- 안전 관리 체제도
- 작업원 명부
- 기타 안전상 고려해야 할 사항

이상은 일반적인 AE 시험을 실시하기 위한 순서이며, 탱크 AE 시험에 대한 작업 지시서의 한 예를 [표 7.2]에 나타낸다. 또, 다른 검사 방법으로 검출된 AE 발생원이 될 수 있는 불연속부를 온라인 AE 시험으로 감시할 경우에는 상기 조건에 추가로 이상의 검출 방법과 판정 기준을 나타낼 필요가 있다. 그리고 합부 판정을 요하는 AE 시험에서도 그 판단 방법과 기준을 절차서에 나타낼 필요가 있다.

이상 발생이나 합부 판정을 요하는 AE 시험에서는 사전에 계측 대상물과 같은 형상 및 재질을 가진 시험체로 파괴시험을 실시하여 이상이나 손상이 발생할 때에 발생하는 AE파의 특성을 검증한 후에 판정 기준을 책정하는 것이 중하다.

[표 7.2] AE 계측에 대한 작업 지시서의 한 예

<table>
<tr><td colspan="3" rowspan="2">탱크 AE 계측 작업 지시서</td><td>문서 번호</td><td>TM080229-1</td><td rowspan="2">승인</td><td rowspan="2"></td><td rowspan="2">작성</td><td rowspan="2"></td></tr>
<tr><td>공사 번호</td><td>1234567A</td></tr>
<tr><td colspan="2">작업일</td><td>2007년 10월 20일</td><td>작업자 이름</td><td colspan="5">○○○○, △△△△</td></tr>
<tr><td rowspan="5">탱크 사양</td><td>대상 탱크 No.</td><td>TK123</td><td>탱크 용량</td><td colspan="5">5000kl</td></tr>
<tr><td>지붕 형식</td><td>CRT</td><td>탱크 치수</td><td colspan="5">D20.0m×H22.0m</td></tr>
<tr><td>기름 종류</td><td>중유</td><td>보온재</td><td colspan="5">없음</td></tr>
<tr><td>바닥판 재질</td><td>SS400</td><td>바닥판 설계 두께</td><td colspan="5">12.0mm</td></tr>
<tr><td>액면 높이</td><td>5m</td><td>정지 시간</td><td colspan="5">12H 이상</td></tr>
<tr><td rowspan="8">계측 조건</td><td>적용 규격</td><td>HPIS G 110 TR</td><td>적용 요령서 No.</td><td colspan="5">TM321654</td></tr>
<tr><td>AE 장치</td><td>○○××</td><td>센서 형식</td><td colspan="5">○○△△</td></tr>
<tr><td>프리앰프 형식</td><td>○×△</td><td>센서 개수</td><td colspan="5">6개×2단</td></tr>
<tr><td>풍속계 형식</td><td>○×○×</td><td>노이즈 차단 TR</td><td colspan="5">○△○△</td></tr>
<tr><td>Threshold값</td><td>40dB</td><td>주파수 필터</td><td colspan="5">Low</td></tr>
<tr><td>연속 Hit 식별시간</td><td>5ms</td><td>지속시간 식별시간</td><td colspan="5">2500μ s</td></tr>
<tr><td>유효 계측시간</td><td>1시간</td><td>계측 횟수</td><td colspan="5">2회</td></tr>
<tr><td colspan="3">센서 위치
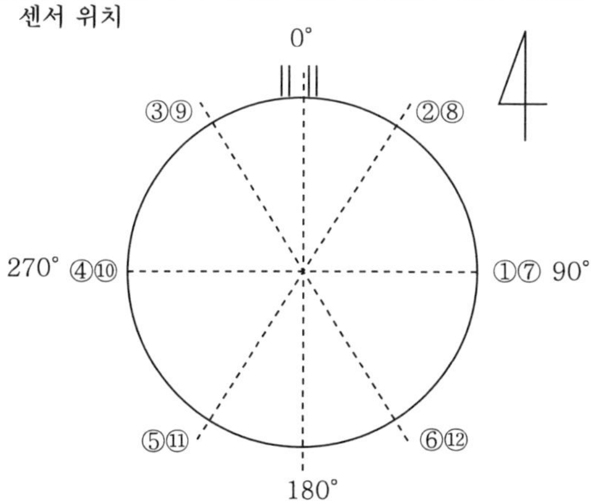
</td><td colspan="5">부착 높이 :
Ch1~Ch6 : 높이 1m
Ch7~Ch12 : 높이 1.5m

부착면 전처리 :
스크레이퍼(scraper)로 도장면의 굴곡을 제거할 것.

감도 확인 :
표준 음원에 30kHz 펄서를 이용하여 각 센서의 감도(최대 진폭값)가 평균치의 ±2dB 이내가 됨을 확인할 것.</td></tr>
<tr><td>특기사항</td><td colspan="8">• 우천 시 및 최대 풍속 4m/s를 넘는 강풍 시에는 계측을 하지 말 것.
• 간이 AE 장치로 계측에 영향을 미치는 배관 전달 노이즈가 없음을 확인할 것.
• 센서 감도가 소정의 감도가 되지 않을 경우에는 부착면을 재확인할 것.
• 풍속계는 탱크 주위의 풍속을 계측하므로 가장 바람이 강한 위치에 설치하여 계측값을 외부 입력 단자로 입력할 것.</td></tr>
</table>

7.5.2 시험 기록의 작성

시험 기록의 기재 사항은 전항의 절차서에 나타내는 항목에 시험일, 시험 기술자명, 기상 조건(온도, 습도, 풍속) 등의 일반 사항과 시험결과를 추가한 내용으로 이루어진다.

시험 기록을 작성한 후에 특히 유의해야 할 사항을 아래에 나타낸다.

(1) 설비 및 기기의 식별 관리

시험에 이용하는 계측기기는 7.2항에서 나타낸 방법으로 특성 및 정도가 검증된 것이어야 한다. 따라서 기록 작성에서는 정도가 보증된 계측기기로 시험이 실시되었음을 나타내는 증서로써 시험에 사용한 계측기기의식별이 가능한 명칭이나 제조 번호, 교정의 유효 기간 등을 기록해야 한다.

또, 필요에 따라 교정 증명서의 사본을 첨부하는 경우도 있다.

(2) 시험원의 기량

AE 시험에서는 시험원의 기량이 시험 그 자체의 품질이나 결과에 크게 영향을 미친다. 따라서 시험 기록에는 시험을 실시한 기술자의 이름과 기량을 기록해야 한다.

(3) 문서의 트레이서빌리티(traceability)

시험 기록에는 시험이 정해진 순서대로 실시되었음을 검증할 수 있도록 적용한 규격이나 절차서의 명칭 및 도서 번호(개정 번호를 포함)를 기록해야 한다.

또, 시험 기록에도 고유의 관리 번호를 부가하여 문서의 트레이서빌리티를 유지할 필요가 있다.

(4) AE 시험 환경

AE 시험은 노이즈 등의 계측 환경이 계측 결과에 미치는 영향이 크기 때문에 어떠한 계측 환경에서 시험이 실시되었는지를 기록에 나타낼 필요가 있다. 기록에는 계측 환경을 나타내는 지표로 배경잡음 레벨을 나타낸다. 또, 노이즈가 계측되었을 경우에는 종류, 특징, 발생원 및 그외 노이즈에 관한 데이터를 기록에 나타냄과 동시에 어떠한 대책을 강구했을 경우, 그 방법과 효과를 기록으로 남긴다.

AE 시험에서 시험결과로 시험대상의 건전성이나 강도를 평가하기 위해서는 시험대상 구조물의 상테니 이력을 나타내는 성보가 필요하게 된다. 따라서 AE 시험 실시 시에 시험대상의 상태나 이력을 최대한 상세하게 기록하는 것이 중요하다(참고로 탱크 AE 계측에서의 조사 항목을 [표 7.3]에 나타낸다).

(5) 시험결과의 기록과 보고

AE 시험의 시험 기록으로 기재해야 할 항목을 아래에 나타낸다.

- 데이터 해석에서 적용한 필터링 조건
- AE 시험으로 수집한 데이터 및 해석 결과
- 문서화된 판정 기준에 기초한 AE시험 결과의 보고

[표 7.4]에 시험 기록의 한 예를 나타낸다.

[표 7.3] 탱크 AE 계측에 대한 확인사항
탱크 제원에 관한 필요 기입사항

탱크 번호		직경	
저장물		용적	
침전물 높이		지붕 형식	
지주 위치		라이닝(lining)의 유무	
작업 온도		전기 방식의 유무	
건설 시기		보수 이력	
그외 주의사항			
관리자명과 소재지			
연락처 (담당자 전화번호)			
탱크 부지내의 배치도	별도 제공 있음	전원의 유무	

[표 7.4] AE 시험에 대한 시험 기록의 한 예

<table>
<tr><td colspan="3" rowspan="2">탱크 AE 시험 기록</td><td>문서 번호</td><td>TM080229-1</td><td rowspan="2">승
인</td><td rowspan="2"></td><td rowspan="2">작
성</td><td rowspan="2"></td></tr>
<tr><td>공사 번호</td><td>1234567A</td></tr>
<tr><td colspan="2">작업일</td><td>2007년 10월 29일</td><td>작업자 이름</td><td colspan="5">○○○○, △△△△</td></tr>
<tr><td rowspan="5">탱
크
사
양</td><td>대상 탱크 No.</td><td>TK123</td><td>탱크 용량</td><td colspan="5">5000kl</td></tr>
<tr><td>지붕 형식</td><td>CRT</td><td>탱크 치수</td><td colspan="5">D20.0m×H22.0m</td></tr>
<tr><td>기름 종류</td><td>중유</td><td>보온재</td><td colspan="5">없음</td></tr>
<tr><td>바닥판 재질</td><td>SS400</td><td>바닥판 설계 두께</td><td colspan="5">12.0mm</td></tr>
<tr><td>액면 높이</td><td>5m</td><td>정지 시간</td><td colspan="5">24h</td></tr>
<tr><td rowspan="4">계
측
조
건</td><td>적용 규격</td><td>HPIS G 110 TR</td><td>적용 요령서 No.</td><td colspan="5">TM321654</td></tr>
<tr><td>AE 장치</td><td>○○××</td><td>센서 형식</td><td colspan="5">○○△△</td></tr>
<tr><td>프리앰프 형식</td><td>○×△</td><td>Threshold값</td><td colspan="5">40dB</td></tr>
<tr><td>풍속(최대/평균)</td><td>2.5m/s, 0.8m/s</td><td>기상 조건</td><td colspan="5">맑음, 20℃</td></tr>
<tr><td rowspan="3">계
측
결
과</td><td>데이터 No.</td><td>1029-1</td><td>AE 활동도</td><td colspan="5">50 Hit · ch-1</td></tr>
<tr><td>Event 수</td><td>25</td><td>최대 집중 Event</td><td colspan="5">3</td></tr>
<tr><td colspan="8">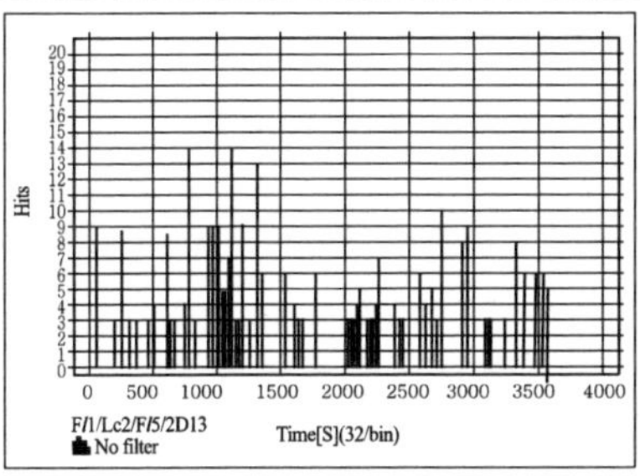 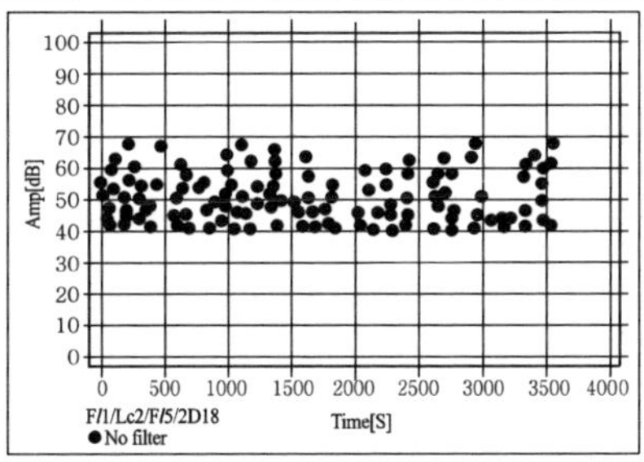 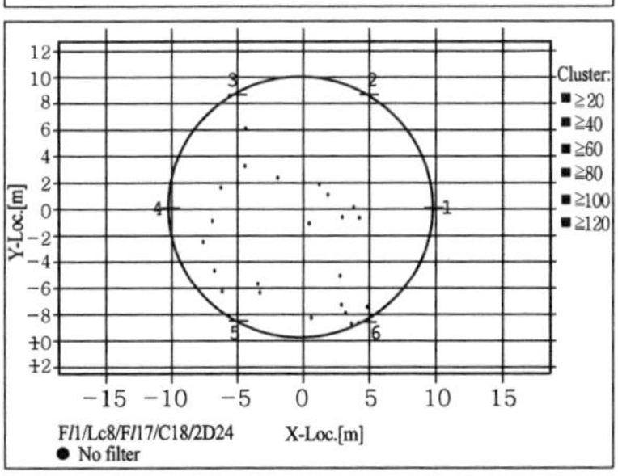 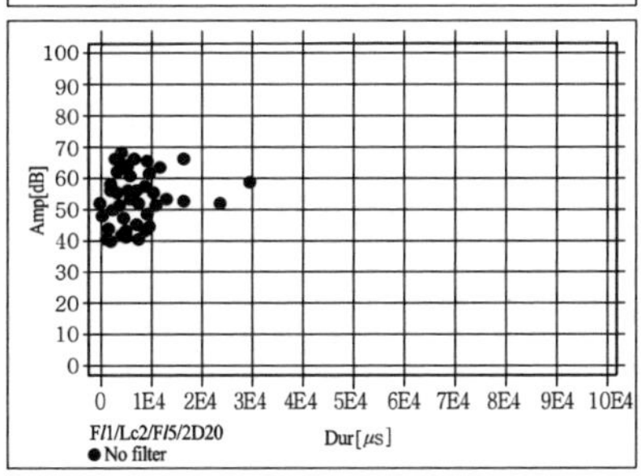</td></tr>
<tr><td>부
식
평
가</td><td colspan="8">AE 활동도는 53Hit/ch이다. 또, 특정 부위에서 AE가 집중적으로 발생하는 개소는 확인되지 않았다. AE 활동도로 HPIS G 110 TR의 4개 그림을 참조하여 부식 위험 파라미터를 구하면 0.0032가 되어, 계측 시점에서 부식이 진행되고 있을 가능성이 낮음을 시사하고 있다. 또한, 본 평가 결과에 기초하여 탱크 보전 계획을 입안할 경우에는 탱크의 사용 상황에 따른 안전율을 고려하도록 한다.</td></tr>
</table>

8. 데이터의 표시방법과 계측 데이터의 해석

8. 데이터의 표시방법과 계측 데이터의 해석

8.1 데이터 처리와 데이터의 표시방법

여기서는 AE 시험을 실시할 경우에 필요한 하드웨어 설정 및 소프트웨어에서의 네이터 저리, 표시방법에 대해서 설명한다.

AE는 과도적 현상이어서 상시 모니터링(신호 수집)을 하는 것이 아니라 배경 잡음 등을 고려하여 어느 전압 이상의 신호를 AE 데이터로 수집하는 것이 일반적이다. 이때, AE 파형의 대표적인 특징 파라미터를 디지털값으로 저장함과 동시에 따로 설정한 조건 하에서 AE 파형도 저장할 수 있다. 또, AE 센서 배치좌표나 전파속도를 사전에 입력하면 실시간(AE 신호 수집 시)으로 AE원을 특정(위치표정)할 수 있다. 이러한 설정은 AE 계측기기인 하드웨어 또는 소프트웨어에서 실시할 수 있다. 아래에 한 예로써 미국 PAC사(Physical Acoustic Corporation)의 하드웨어와 소프트웨어 일련의 설정 방법을 설명한다. 부록 2, 3의 타사 소프트웨어도 기본적으로는 동일한 순서로 계측 조건을 설정할 수 있다.

8.1.1 채널 설정

[그림 8.1]에 하드웨어 설정 화면을 나타낸다.

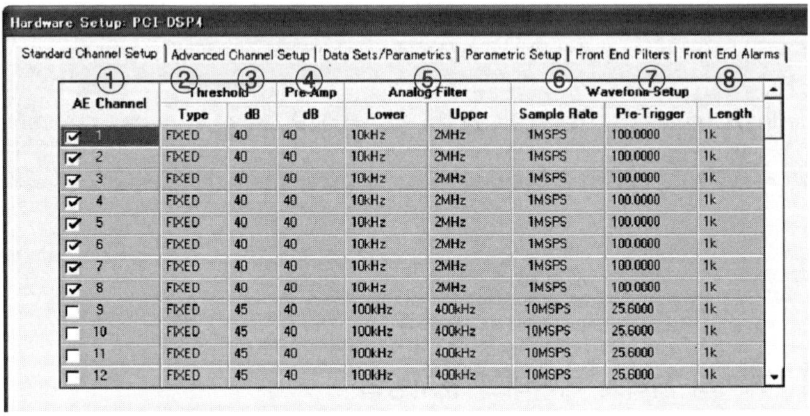

Hardware Setup: PCI-DSP4

Standard Channel Setup | Advanced Channel Setup | Data Sets/Parametrics | Parametric Setup | Front End Filters | Front End Alarms |

① AE Channel	② Threshold Type	③ Threshold dB	④ Pre-Amp dB	⑤ Analog Filter Lower	Analog Filter Upper	⑥ Waveform Setup Sample Rate	⑦ Pre-Trigger	⑧ Length
☑ 1	FIXED	40	40	10kHz	2MHz	1MSPS	100.0000	1k
☑ 2	FIXED	40	40	10kHz	2MHz	1MSPS	100.0000	1k
☑ 3	FIXED	40	40	10kHz	2MHz	1MSPS	100.0000	1k
☑ 4	FIXED	40	40	10kHz	2MHz	1MSPS	100.0000	1k
☑ 5	FIXED	40	40	10kHz	2MHz	1MSPS	100.0000	1k
☑ 6	FIXED	40	40	10kHz	2MHz	1MSPS	100.0000	1k
☑ 7	FIXED	40	40	10kHz	2MHz	1MSPS	100.0000	1k
☑ 8	FIXED	40	40	10kHz	2MHz	1MSPS	100.0000	1k
☐ 9	FIXED	45	40	100kHz	400kHz	10MSPS	25.6000	1k
☐ 10	FIXED	45	40	100kHz	400kHz	10MSPS	25.6000	1k
☐ 11	FIXED	45	40	100kHz	400kHz	10MSPS	25.6000	1k
☐ 12	FIXED	45	40	100kHz	400kHz	10MSPS	25.6000	1k

[그림 8.1] 하드웨어 설정 화면

(1) 계측에 이용할 채널을 ①에서 설정한다.

(2) (1)에서 설정한 채널의 AE 신호 수집 조건이 되는 전압 threshold값을 ②, ③에서 채널별로 설정한다. 통상 threshold값을 최대한 낮춰서 테스트 계측을 실시하여 배경 잡음의 신호레벨(구체적으로는 진폭)을 읽어낸 후, 그 신호레벨보다 높게 설정한다. 여기서 threshold값은 고정(Fixed)과 부동(Float)의 2종류 중에서 선택 가능하며, 일반적으로 고정을 선택한다. 또, 배경 잡음레벨이 높고 변동하는 경우에는 부동을 설정한다. 구체적으로는 부동 threshold값은 그 채널의 평균 신호레벨(ASL) 값에서 6dB을 더한 값을 사용한다. 여기서 부동 threshold값은 지정된 초기 threshold값보다 낮게 계측할 수 없음에 주의해야 한다.

(3) 프리앰프의 Gain을 ④에 dB 단위로 입력한다.

(4) 사전에 수집하고자 하는 AE의 주파수 범위를 알고 있을 경우, ⑤에 주파수 범위의 하한(Lower, High pass 주파수값)과 상한(Upper, Low pass 주파수값)을 입력한다.

(5) AE 특징 파라미터와 더불어 AE 신호 파형을 저장할 경우, 저장 파형의 설정값을 ⑥, ⑦, ⑧에 입력한다. ⑥은 데이터 샘플링 시간으

로 [그림 8.1]에서는 1MSPS(매초 1M sampling) 즉, 매초 1×10^6개의 데이터 샘플을 저장하도록 설정되어 있다. AE 신호 파형은 threshold값을 초과하기 전부터 저장할 수 있어 ⑦에 사전 기록범위(Pre-trigger)를 시간(μs)으로 설정할 수 있다. 마지막으로 데이터의 저장 길이를 ⑧에 샘플 수(Length)로써 설정한다. [그림 8.1]에서는 1k 즉, 1024개의 데이터를 저장하도록 설정되어 있다.

8.1.2 고속 채널 설정

AE 신호 파형의 저장은 threshold값을 기준으로 설정한 모든 값(샘플링 간격, 샘플 수, 프리트리거)에 기초하여 실행되지만, AE hit 등 AE 특성 파라미터의 추출은 threshold값을 다시 교차하고 일정 시간 경과한 후 threshold값을 재교차하지 않음을 확인할 때까지 실행된다. 이때, threshold 값보다 신호가 저하되었을 때에 어느 정도의 시간을 보류할지 또는 AE 신호 저장 후 다음 신호 저장 준비까지 어느 정도 시간을 휴지할지, 게다가 하나의 AE 신호 중에서 어느 진폭을 최대 진폭으로 정할지 등을 계측 조건으로 설정해야 한다.

[그림 8.2]에 각 채널에서 설정하는 값을 나타낸다.

① : Peak 식별시간(PDT), ② : Hit 식별시간(HDT), ③ : 불감시간(HLT)를 각각 정한다. 아래에 각 시간 파라미터에 대해서 설명한다.

① PDT(Peak Definition Time): Peak치 검출 후에 이 PDT 시간 내에 이보다 큰 진폭이 검출되지 않음을 확인하는 식별시간이다. 적절하게 설정하면 신호의 Rise time도 정확하게 측정할 수 있다.

② HDT(Hit Definition Time): 최종 threshold값 교차 시부터 HDT 시간 내에 다시 threshold값을 초과하지 않음을 확인하는 것을 식별하는 시간이다. HDT의 종료를 1Hit의 종료로 본다.

③ HLT(Hit Lockout Time): HDT 종료 후에 시작되는 AE 계측의 정지(휴지)시간이다. 반사파 등의 저장을 피하기 위해 HDT 시간의 최소 2배 이상으로 설정할 것을 권장한다.

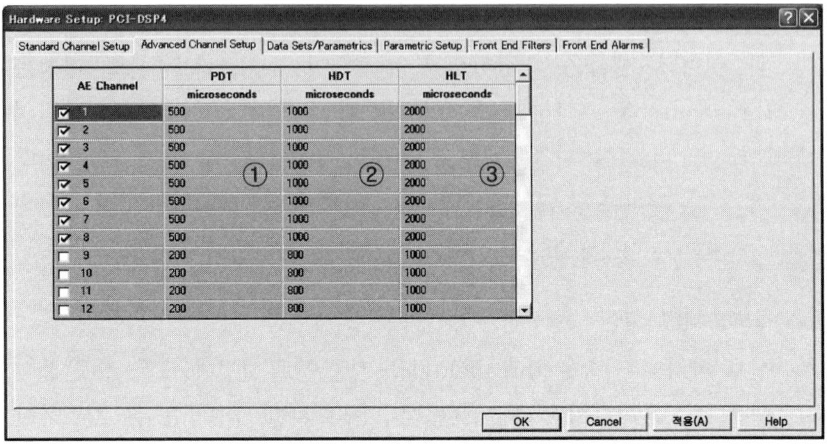

[그림 8.2] 고도 하드웨어 설정 화면

8.1.3 AE 파라미터 추출 설정

기존부터 사용된 AE 파라미터 외에도 absolute energy 등의 새로운 파라미터가 정의 · 제공되고, 이를 각 채널에서 추출 · 저장할 수 있도록 되어 있다. [그림 8.3]은 파라미터 수집 조건을 설정하는 화면이며, 각 Hit에서의 추출 파라미터나 그 Hit에 대응한 신호 파형의 탁월 주파수, 중심 주파수 등을 설정할 수 있다. 아래에 구체적인 설정 방법을 나타낸다.

① Hit Data Set에서 저장하려는 파라미터 왼쪽에 있는 체크박스에 체크한다.

② AE 이외의 외부파라미터(예를 들어, 하중 · 변위 · 스트레인 등)를 2종류까지 AE 신호와 관련하여 저장할 수 있으며, 이 외부파라미터를 Hit Parametrics에서 설정한다.

③ AE 신호 파형을 저장할지 여부를 설정한다.

④ AE 신호 파형의 FFT 결과에 기초하여 FFT 특징 파라미터(중심 주파수, Peak 주파수 등)를 ①에 나타낸 파라미터와 동시에 저장할 수 있다.

⑤ 외부파라미터를 저장하는 시간 간격이다.

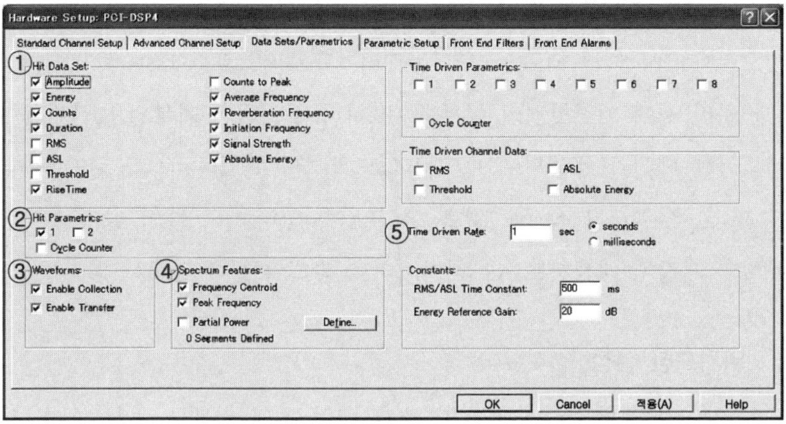

[그림 8.3] AE 파라미터 추출 설정 화면

8.1.4 AE 데이터 수집 시의 파라미터 필터

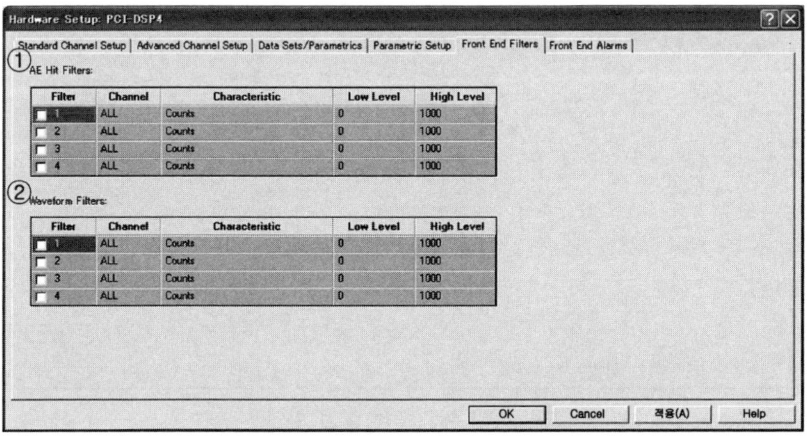

[그림 8.4] Front End Filter 설정 화면

앞에서 설명한 바와 같이 배경 잡음의 진폭(전압)을 참조하여 AE 신호 수집 조건인 전압 threshold값이 결정되는데 그 전압값에 큰 불균형이 있고 배경 잡음에서 특징적인 AE 파라미터가 관찰될 경우, AE 파라미터의 상하한을 설정함으로써 의미있는 AE 신호만을 계측 · 저장하도록 설정할

수 있다. [그림 8.4]는 AE 파라미터를 이용한 필터링의 설정 화면을 나타낸 것으로 Front End Filters라고 불린다. 구체적으로는 DSP 보드에서의 데이터 처리 시에 저장할지의 여부를 Hit마다 설정하여 거부된 Hit는 파형 정보와 함께 메인 프로세서로 보내지 않도록 할 수 있다. ①과 같이 채널, 파라미터의 종류나 그 상·하한값을 설정할 수 있다. 또, ②와 같이 AE 신호 파형의 저장에 대해서도 AE 파라미터로 필터링할 수 있다.

8.1.5 위치표정 설정

미리 계측 대상의 형상, 치수 및 센서 배치 등의 정보를 설정해두면 입력되는 AE 데이터에 기초하여 실시간으로 AE 발생원의 위치표정을 할 수 있다. [그림 8.5]에 3차원 위치표정의 설정 화면을 나타낸다.

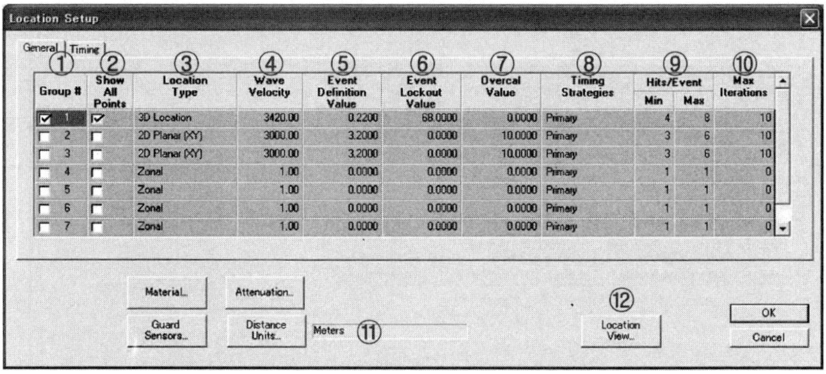

[그림 8.5] 위치표정 설정 화면

① 그룹 번호(Group#): 체크하여 위치표정 센서 · 그룹을 정의한다.

② 전체 Plot 표시(Show All Points): 체크를 하면 1 Event에 대해 설정된 위치표정 센서 그룹(예를 들어, 3D와 2D)의 위치표정 결과를 모두 표시한다.

③ 위치표정 종류(Location Type): 영역(Zone), 직선(Linear), 2차원

평면(2D Planar), 3차원(3D) 등의 위치표정 종류를 설정한다.

④ AE파의 전파속도(Wave Velocity): 위치표정 계산에 이용하는 AE파의 전파속도를 입력한다.

⑤ Event 식별치(Event Definition Value): 최대 센서간 거리를 입력한다.

⑥ Event 불감치(Event Lockout Value): 반사파 등의 신호 저장을 피하기 위해 계산할 위치표정 Event 사이의 휴지시간을 설정한다.

⑦ 초과 범위치(Overcal Value): 위치표정 계산 시에 초과를 허용하는 범위를 설정한다. 일반적으로 최대 센서간 거리의 5~10%를 기준으로 설정한다.

⑧ 시간 설정(Timing Strategies): 통상 AE 신호의 도달시간은 신호 파형의 threshold값 교차시간(FCT)으로 부여되지만, 그 이외에 최대 진폭을 나타내는 시간(PT)으로도 설정할 수 있다.

⑨ Event 계산 센서 수(Hit/Event, Min, Max): 위치표정을 하기 위해 사용하는 센서 수를 지정한다. [그림 8.6]의 3차원 위치표정의 경우, 최소 4Hit에서 최대 8Hit로 표정 계산하도록 설정하고 있다.

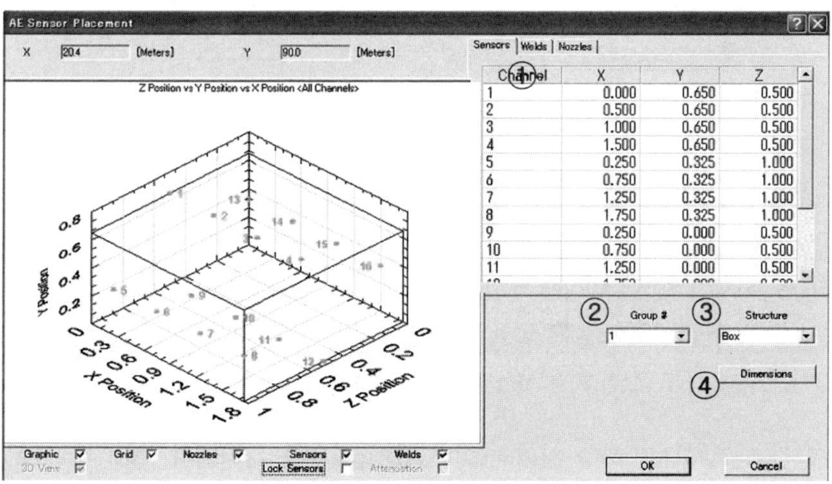

[그림 8.6] 센서 배치 설정 화면

⑩ 최대 반복 계산횟수(Max Iterations): 위치표정을 실시할 때의 반복 계산횟수를 설정한다. 계산 시에는 되도록 계산횟수를 적게 하여 CPU의 부하를 줄이는 것이 바람직하지만, Replay 시에는 횟수를 증가시켜 위치표정의 정도를 향상시킬 수 있다.

⑪ 거리 단위(Distance Units): 거리 단위를 설정한다.

⑫ Location View: 이 버튼을 클릭하면 센서 위치(AE Sensor Placement) 다이얼로그 박스가 표시되고, 각 센서의 좌표값 ①, 그룹 번호 ②, 구조물 형상 · 차원 ③ ④를 입력한다([그림 8.6] 참조).

8.1.6 AE 계측 시의 데이터 표시 화면

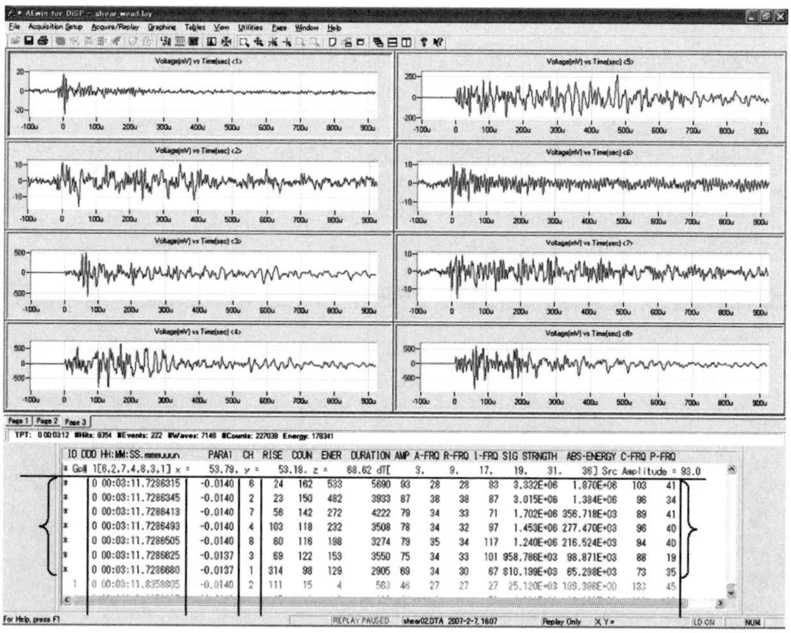

[그림 8.7] AE 계측 시의 데이터 표시 화면

[그림 8.7]에 AE 계측 시의 데이터 표시 화면을 나타낸다. AE 계측 소프트웨어에는 3차원 AE 위치표정 소프트웨어가 들어있어 신호 파형도 저

장할 수 있는 장치를 이용하는 경우를 나타내고 있다.

이 그림과 같이 AE 신호를 검출하면 AE 신호를 검출한 시간(도달시간) ③이 얻어지고 이어서 외부 파라미터값 ④, 검출 채널 ⑤, AE 특성 파라미터값 ⑥이 더불어 표시된다. 이때 미리 설정한 3차원 위치표정이 실시되었을 경우, AE event의 발생 위치가 ①과 같이 얻어진다. 또, 이 AE 신호에 동기한 AE 신호 파형이 이 그림처럼 표시, 저장된다. 여기서 저장되는 AE 데이터는 ①을 제외한 각 Hit의 특성 파라미터와 신호 파형이며, ①에 나타내는 위치표정 결과는 저장되지 않는다. 즉, 계측 시에 정한 탄성파 속도나 센서 배치 등의 위치표정 설정은 후처리에서 알맞게 조정 가능하며, 계측 시에는 대략적인 값을 입력함에 따라 AE 발생 경향의 개요를 검토할 수 있다.

8.2 AE 계측 데이터의 그래프 표시

재료 시험 또는 구조물의 AE 시험을 실시할 경우, 시간, 하중, 스트레인 등에 대한 AE 활동을 표시하고, 균열의 발생이나 그 규모 또는 손상 정도와 관련지어 해석하는 것이 일반적이다. 여기서는 콘크리트 보(100×100×400mm)의 전단시험 시에 얻어진 AE 계측 데이터의 표시 방법을 예로 나타낸다. 단, AE 데이터 외에 하중치가 얻어졌을 경우를 상정하고 있다.

(1) AE Hit 수의 이력 표시

통상 AE 활동은 AE 이외에 기록한 하중, 스트레인 또는 경과시간과 관련지어 검토된다. [그림 8.8]은 경과시간을 가로축으로 하고 제 1세로축을 매초당 AE hit 수, 제 2세로축을 누적 AE hit 수, 그리고 제 3세로축을 하중치로 하여 표시되어 있다.

이 그림에서 하중 증가 전에 높은 AE 활동이 일단 얻어지고 그 후 180

초, 이어서 250초 부근에서 높은 AE 활동이 얻어지는 모습을 관찰할 수 있다. [그림 8.9]는 AE 활동을 하중에 기초하여 검토한 예이며, 가로축의 하중은 최대치를 100%로 무차원화하여 표시하고 있다. 이 그림에서 AE는 하중과 함께 점차 증가하지만, 최대 하중의 40%와 70% 부근에서 급증을 나타내는 모습을 볼 수 있다.

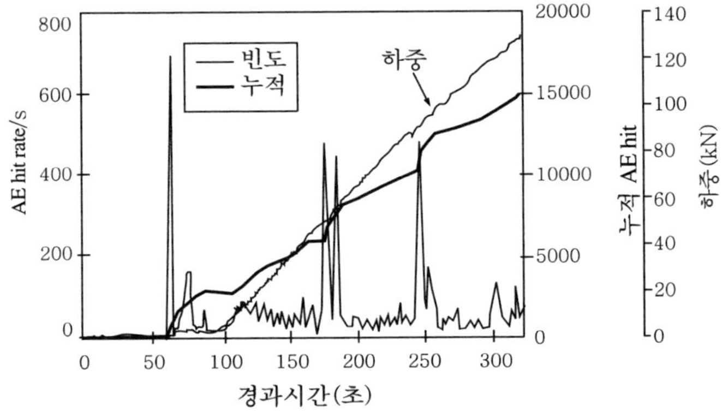

[그림 8.8] AE 활동(Hit)의 시간이력

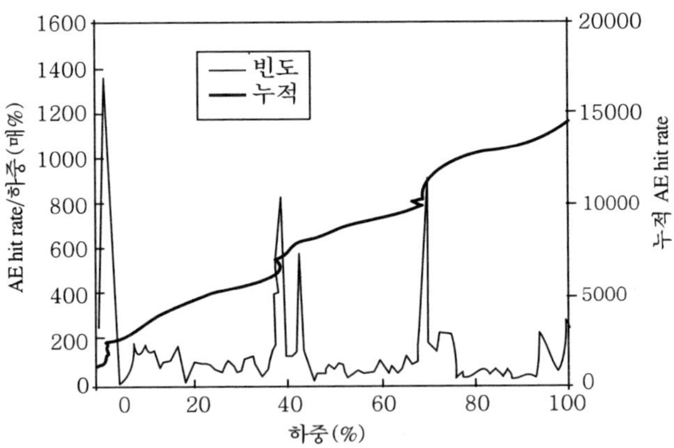

[그림 8.9] AE 활동(Hit)의 하중이력

(2) AE 파라미터의 이력 표시

앞의 설명처럼 AE 활동(Hit)에 따라 AE 발생 경향이 시간이나 하중과 함께 검토 가능하다. 여기서는 앞에 설명한 Hit 이외의 AE 파라미터를 이용한 표시 방법을 나타낸다.

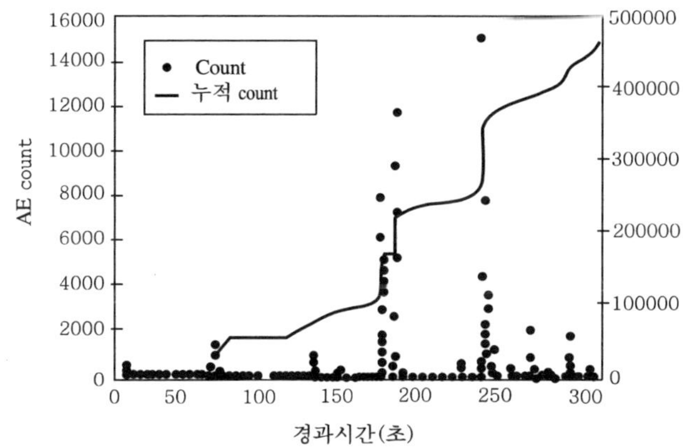

[그림 8.10] AE count의 시간이력

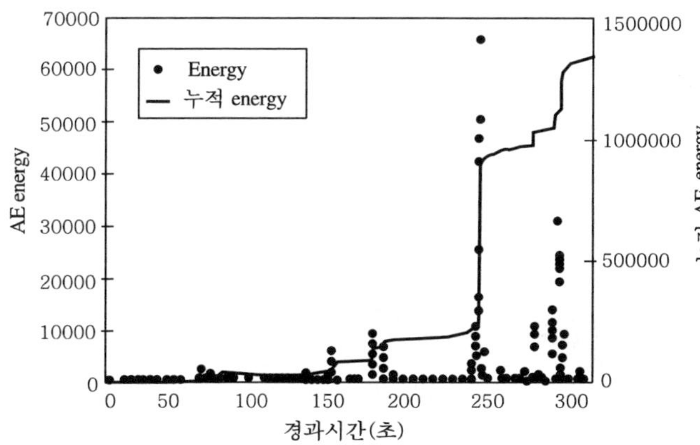

[그림 8.11] 에너지의 시간이력

[그림 8.10]에 시간 이력에 기초한 AE count(Ring-down count) 및 누적 count를 나타낸다. 이 그림의 누적 표시를 보면 60초, 180초, 250초 부근에서 AE count가 급증하고, 50초에서 2,000이하, 180초에서 12,000 이하의 광범위, 250초에서 4,000이하를 중심으로 최대 15,000에 달하는 AE count를 가지는 AE 활동이 얻어진 모습을 볼 수 있다. 게다가 [그림 8.11]과 같은 에너지 표시에서 250초 부근의 에너지가 다른 시간에서 얻어진 에너지에 비해 현저히 높고, 300초 부근에서도 그에 준하는 높은 에너지가 얻어지고 있음을 알 수 있다. 이처럼 AE hit 이외에 다양한 AE 특성 파라미터를 조합하면 파괴 규모 등을 검토할 수 있으며, 그래프로 표시하면 각 AE 데이터 값을 직접 검토할 수 있다.

(3) AE 파라미터의 상관 표시

각각의 AE 파라미터의 상관 표시를 통해 노이즈의 식별이나 파괴 종별 등을 구분할 수 있다.

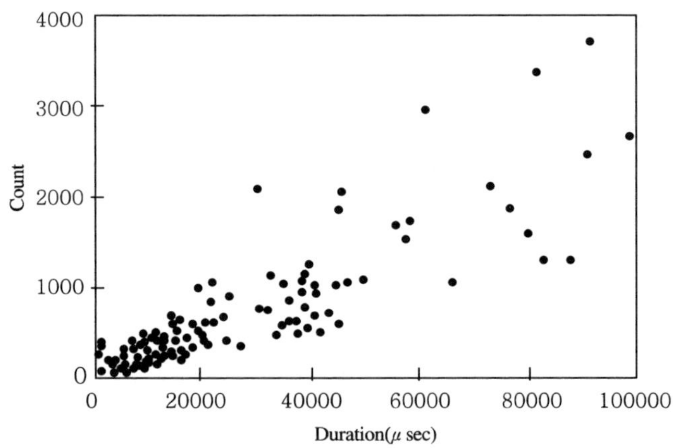

[그림 8.12] AE count와 지속시간의 상관 플롯

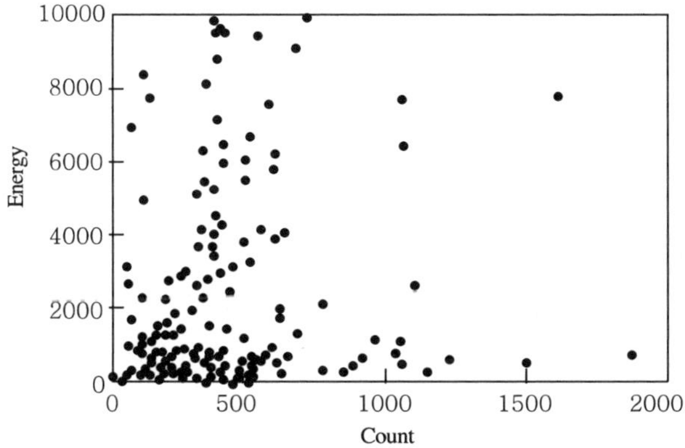

[그림 8.13] Energy와 AE count의 상관 플롯

[그림 8.12]에 AE count(Ring-down count)와 지속시간(계속시간)의 상관을 나타낸다. 이 그림에서는 시험으로 얻어진 AE 데이터의 특징으로 지속시간이 길수록 AE count가 증가하는 특징적인 경향을 나타내고 있어, 각 파라미터의 정의로 시험을 통해 어느 정도 일정 주파수가 탁월한 AE 신호를 검출하고 있었음을 추측할 수 있다. [그림 8.13]에 에너지와 AE count의 상관을 나타낸다. 이 그림에서 AE count가 증가하여도 에너지가 동반하여 높아지는 경향이 없으며, AE count에 상관없이 2,000 이하의 에너지가 중심적으로 얻어지고 있음을 알 수 있다. 게다가 각 파괴 단계나 파괴 종별마다 AE 파라미터 상관관계를 표시하여 특징을 검토하면 AE 파라미터에 의해 파괴 단계나 파괴 종별의 추정이 가능한 경우가 있다.

(4) 빈도분포의 표시

AE 파라미터의 빈도분포를 표시함으로써 파라미터의 평균값이나 표준편차 등의 통계적 모든 양을 검토할 수 있다. AE 파라미터의 빈도분포 중, 파괴의 진전 과정과 빈번하게 관련되는 것은 후술할 진폭 분포이지만, 그 이외의 AE 파라미터도 동일한 취급이 가능하다. 여기서는 진폭을 이용한 빈도분포 표시방법에 대해서 대표적인 3종류를 나타낸다.

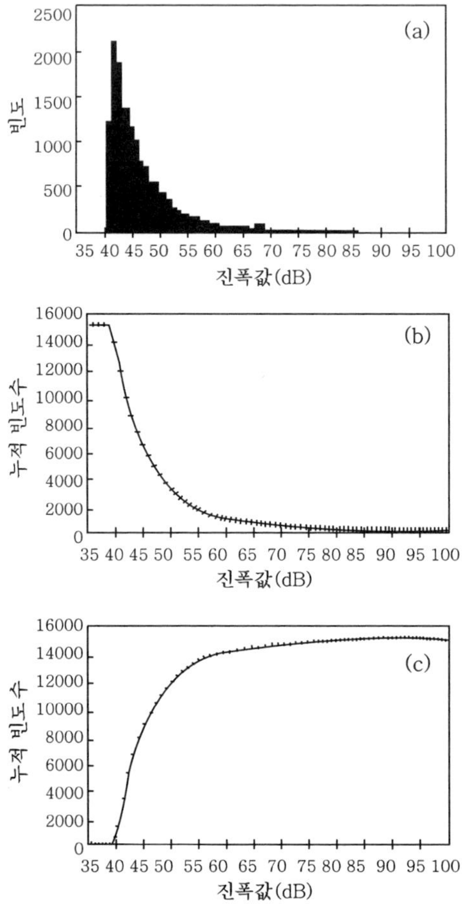

[그림 8.14] AE 파라미터 빈도분포의 표시

진폭 1dB마다의 빈도를 막대그래프로써 표시한 것이 [그림 8.14(a)]이다.

이 그림에서는 42dB이 최빈값임을 알 수 있다. [그림 8.14(b)]는 각 진폭 이상의 빈도수를 꺾은선 그래프로서 나타내고 있다. 이 그래프의 세로축을 로그 표시하면 그 기울기는 뒤에서 설명할 *b*값(엄밀히 구배를 20배한 것이 지진학에서 정의되는 *b*값임)이 된다. 반대로 각 진폭 이하의 빈도수를 꺾은선 그래프로 표시한 것이 [그림 8.14(c)]이다.

(5) 기타 표시

최근의 소프트웨어는 실시간 및 후처리로 3차원 상관 그래프나 시간이력 그래프를 표시하는 것이 있다. [그림 8.15]에 한 예로써 진폭, Rise time의 시간이력을 표시한다. 이 그림에서 초기에 큰 진폭값을 갖는 AE가 얻어지는데, 그 Rise time은 상대적으로 짧음을 알 수 있다. 그러나 시간이 경과함과 동시에 진폭이 크고, Rise time이 긴 AE 활동이 얻어지는 양상을 알 수 있다. 그 외에도 3차원 그래프에서는 각 파라미터 간격(각 축의 분할수: bin)을 임의로 설정할 수 있으며 세로축에서는 설정 구간의 최대값, 평균값, 합계값 등을 임의로 표시할 수 있다.

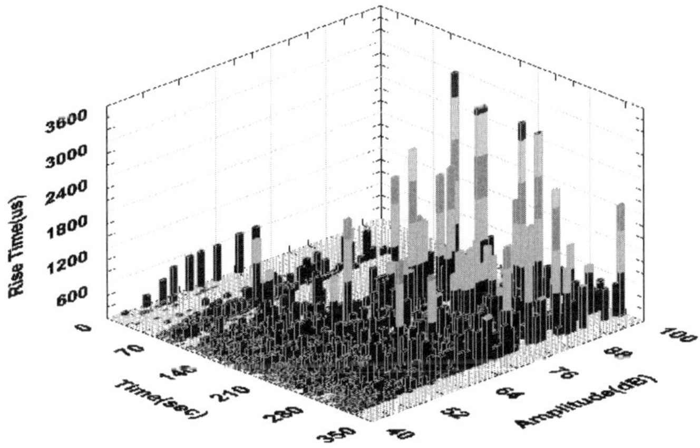

[그림 8.15] 3차원 그래프 표시

8.3 계측 데이터의 평가(해석)

8.2 절에서 설명했듯이 AE 데이터를 다른 계측 데이터와 비교하거나 AE 파라미터의 분포 양상을 검토하면 파괴 양식이나 진전 상황을 검토할 수 있다. 여기서는 대표적인 AE 데이터의 평가 방법인「진폭 분포」,「하중 부하 시의 AE 활동」,「하중 제거 시의 AE 활동」그리고「Rate 프로세스」에 의한 평가 방법에 대해 설명한다. 게다가 이미 JIS화된 평가방법으로 압력용기의 내압시험에 관한 시험결과의 등급 분류 방법에 대해서도 설명한다.

8.3.1 진폭 분포

AE 신호 진폭(AE 신호 최대진폭)은 AE 발생원에서의 파괴 규모에 따라 변한다. 엄밀하게는 탄성파의 종류가 불명확하기 때문에 측정된 AE 신호 진폭만으로 발생원에서 일어난 파괴의 상세를 논의할 수는 없으나, 탄성파의 종류에 상관없이 검출된 AE파의 진폭은 파괴에 따라 여기된 실체파의 에너지에 의존한다는 점에서 상대적으로 AE 신호 진폭은 AE 발생원의 규모를 대표하고 있는 파라미터라 생각할 수 있다. 그러나 AE 신호 진폭 그 자체를 이용하여 AE를 발생시킨 계의 파괴 규모를 논하는 예는 적다. 일반적으로는 AE 시험에서 계측된 크고 작은 여러 개의 AE 신호에 대해서 진폭마다 빈도를 구해(검출된 AE 신호의 개수를 구함), 그 분포(진폭 분포라 함)를 이용하여 파괴 규모가 논의되고 있다. 진폭별 빈도를 얻는 방법으로는 2종류가 있는데, 진폭 범위별 빈도를 구하는 미분형, 각 진폭 이상의 빈도를 구하는 적분형으로 나뉘고 각각의 분포 기울기를 m값, b값이라 한다. 아래에 적분형 b값을 중심으로 그 정의를 나타낸다.

(1) b값

일반적으로 b값은 지진동의 최대 진폭과 그 도수분포를 나타내는 유용한 지표로 많은 지진학서에 「지진학적 선행 현상을 구하는 것」으로 소개되어 있다[1), 2), 3)]. 지진학 분야에서는 지진의 규모로 진도 M이 이용되는데, Richter은 「진앙 거리 Δ=100km에 놓여진 Wood-Anderson식 지진계(T_0 = 0.8sec, h = 0.8, V = 2800)의 1성분 기록지상의 최대 진폭 A를 Δ단위로 재어 그 상용 대수를 취하는 것」이라고 정의하였다. 실제로는 Δ=100km의 장소에 지진계가 있는 것이 아니라 어느 진앙 거리 Δ에서의 A를 재어,

$$M = \log A + \log B \tag{8.1}$$

의 식으로 M을 구한다. $\log B$는 Δ 함수로 [표 8.1]과 같다.

[표 1] 진앙거리의 보정

Δ(km)	30	50	100	150	200	250	300	400	500	600
$\log B$	−0.9	−0.4	0	0.3	0.5	0.8	1.0	1.5	1.7	1.9

이때 어느 지역, 어느 기간에 진도 M의 지진이 발생하는 횟수를 N이라 할 때, 진도 M과 누적 빈도 N과의 사이에 Gutenberg-Richter의 식이라 불리는 아래의 통계법칙이 성립한다.

$$\log_{10}N = \alpha - bM \tag{8.2}$$

α와 b는 상수이며, 통상 b는 1에 가까운 값을 취하는 경우가 많고 지진학에서는 식 (8.2) 중 상수 b의 값이 전진(前震)에 대해 일반적인 지진값보다 작은 경향이 지적되고 있다. 이 b가 「b값」이다.

또, m값은 石本-飯田식[4), 5)]이라 불리며 아래의 식으로 정의된다.

$$n(a) = ka^{-m}da \tag{8.3}$$

여기서 a는 1현상의 최대 진폭, $n(a)$는 그 최대 진폭값이 a에서 $a+da$ 사이의 규모에서 발생한 현상의 발생 빈도이며, k, m은 상수이다. 그 후의 연구에서 식 (8.2)와 식 (8.3)은 같은 값의 식임이 확인되었다. 실제로 식 (8.3)을 적분하면 식 (8.2)를 이끌어낼 수 있어 b와 m에는 아래와 같은 관계가 성립한다.

$$b = m - 1 \tag{8.4}$$

이러한 식의 의미로써는 [그림 8.16]과 같이 어느 진도 M 이상의 지진 발생 총 수 N의 대수와 진도 M을 그리면 거의 일직선에 가까워지며, 기울기가 $-b$로 (-)라는 점에서 큰 지진 현상은 적게 발생하고, 작은 현상은 수없이 많이 발생함을 의미하고 있다. 지역에 따라 b값은 다르지만 지진 각각의 에너지가 유한이라고 생각하면, 이 관계는 거의 성립한다고 생각할 수 있다. 진폭 분포를 AE에 도입한 것은 茂木[6),7)], Scholz[8)]에 의한 지진을 모의한 암석 파괴시험이 최초이며, 茂木는 실험실에서 관찰된 미소파괴 Event와 지진 통계값과의 동일성을 나타내고 양자의 불균질성을 같이하여 지각 변형을 거의 암석으로 모델화 할 수 있음을 지적하였다. 한편, Schloz은 불균질성보다도 오히려 응력 상태가 진폭과 빈도와의 관계에

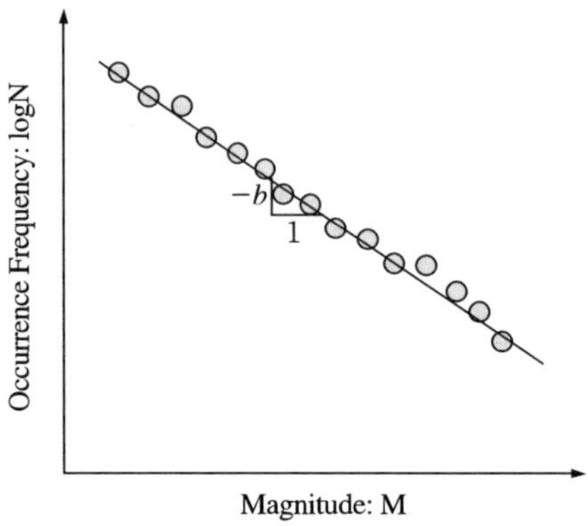

[그림 8.16] 지진의 진도와 발생도수의 관계

서는 우위로 작용하여 b값은 그 장소의 응력 상태를 반영한 값이라고 결론지었다. 진폭 분포를 구조물의 감시에 적용한 예로써는 암반붕괴의 감시 사례[9),10),11)]가 많고, 이러한 연구 성과에서 b값 및 m값이 파괴감시 파라미터가 될 수 있음을 확인하였다. 그러나 한편으로 이러한 파라미터가 실무상 파괴감시에 적용되어 효과적이었다는 보고가 적어 적용에 있어 숙고해야 할 과제가 남는다. 그것은 m값, b값의 산출법으로 예를 들어, 결과의 대부분이 단위 시간당 진폭 빈도로 산출되고 있으며, 산출에 이용한 진폭값의 범위도 불명확하다. 아래에 이 문제를 해결한 개량 b값에 대해서 설명한다.

지진과 AE와의 차이는 다양한데, 예를 들어 AE를 대상으로 하는 파괴현상은 지진에 비해 점이라고도 생각할 수 있는 단시간에 집약된다는 점에서 계측시간과 함께 시시각각 얻어지는 AE 데이터에 기초하여 바로 b값을 산출하여 파괴의 정량화를 실시하는 것이 필요하다. 또, AE의 최대 진폭값의 상하한값 부근은 중앙값(평균값)에 가깝지만 [그림 8.16]에 나타낸 직선 근사가 용이하게 이루어지지 않는다는 점에서 이러한 점들을 고려한 구배 산출범위를 어떠한 방법으로 결정할 필요가 있다.

이러한 이유로 AE 계측에 기초한 진폭 빈도분포에서 b값 및 m값을 산출할 경우, 산출 진폭모수와 산출 진폭범위를 어느 정도 보편화시킬 필요가 있으며, 진폭분포의 모든 통계량에 착안한 개량 b값이 제안[12)]되고 지반[13)], 암반[14), 15)], 콘크리트 구조[16)]의 감시에 적용되어 유용한 성과가 보고되어 있다. 개량 b값의 산출법은 아래와 같이 b값 산출에 이용하는 진폭 개수를 일정하게 하여 진폭분포의 평균값과 표준편차에 의해 b값의 산출 진폭범위를 정한다.

b값 산출 시에 이용하는 AE 진폭 데이터 수는 아래 식에 따른다.

$$\int_0^{\infty} n(a)da = \beta \tag{8.5}$$

여기서 β는 산출 시의 데이터 모수(진폭 개수)이며, 50~100 데이터 범위에서 정한다. 이때, b값은 항상 설정 모수 β를 이용하여 산출된다.

다음으로 b값의 산출 범위를 β개 진폭 분포의 평균값 μ와 표준편차 σ를 이용하여 $\mu - \alpha_2 \cdot \sigma$($\alpha_2$는 상수)이상의 AE 누적수를 $N(w_1)$, $\mu + \alpha_1 \cdot \sigma$ (α_1는 상수)이상의 AE 누적수를 $N(w_2)$로 하여 진폭범위 $(\alpha_1 + \alpha_2)\sigma$에서의 진폭분포 구배를 아래 식으로 구한다. 이 구배를 개량 b값이라 한다.

$$Ib = \frac{\log_{10}N(w_1) - \log_{10}N(w_2)}{(\alpha_1 + \alpha_2)\sigma} \tag{8.6}$$

α_1, α_2의 범위는 예를 들어 진폭 규모별 빈도분포가 정규 분포로써 얻어진다면 3σ 이내에 데이터의 99.73%가 존재한다는 점에서 아래 식으로 정의한다.

$$0 \leq \alpha_1,\ \alpha_2 \leq 3 \tag{8.7}$$

여기서 지진학에서의 b값과 비교할 경우, 위에서 설명한 개량 b값은 진폭값으로 데시벨(dB)을 이용하고 있기 때문에 20배를 해야 할 필요가 있음에 주의해야 한다. 또, 파괴 시작을 시사하는 개량 b값은 0.05 이하의 값이며, 통상은 저하 전의 급증과 더불어 파괴 거동을 관찰한다. 한편, 개량 b값의 값과는 달리 어느 시간 범위의 급증과 저하의 절대값(변화값)을 이용하여 파괴 거동을 검토하는 경우도 있다[17].

8.3.2 하중 부하 시의 AE 활동을 이용한 평가

일반적인 구조물의 손상 진행과 AE 활동도의 개념을 [그림 8.17]에 나타낸다. 이 그림은 4회의 점증 반복 재하 중의 AE 활동에 대해 각 반복 사이클에서 건전, 소규모, 중규모, 대규모 손상으로 진행했을 경우를 상정하여 나타내고 있다. 하중 부하 시 AE 활동(1차 AE)의 특징으로 손상이 진행됨에 따라 AE 발현 하중이 최대 이력 하중보다 작아진다는 특징이 있다. 이는 이미 설명한 카이저 효과의 손상 진행에 따른 불성립을 나타내고 있다.

카이저 효과의 성립 유무에 착안한 탱크의 건전성 지표가 미국에서 규격화되어 있으며, 그 지표는 Felicity비라 불리고 있다. Felicity비는 「내부 구조가 안정적인 재료(건전한 재료)에서는 카이저 효과(과거에 받은 최대 하중까지 AE가 발생하지 않는 현상)가 성립하고, 불안정화가 진행됨에 따라 카이저 효과가 성립하지 않게 된다(즉, 과거에 받은 최대 하중보다 작은 하중 레벨에서 AE가 발생한다)」라고 설명할 수 있다. Felicity비는 식 (8.8)과 같이 정의된다.

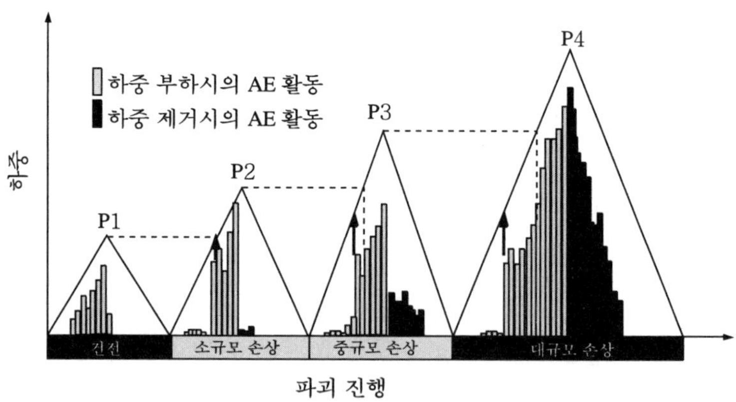

[그림 8.17] 구조물의 손상 진행과 AE 활동 개념

$$\text{Felicity비 (FR)} = P_{AE} / P_{1st} \quad (8.8)$$

여기서 P_{AE}는 AE가 발생한 하중 레벨, P_{1st}는 이력 최대하중이다. 이 식에 따르면 건전한 재료에서는 FR=1 또는 1 이상, 불건전한 재료에서 FR〈1이 됨을 알 수 있다.

한편, Felicity비를 콘크리트 구조물의 열화 지표로 사용하려는 시도가 일본비파괴검사협회에 의해「콘크리트 구조물의 Acoustic Emission 시험법」으로 규격화되어, Felicity비를 개선한 Load비를 사용하고 있다. Load비는 기본적으로 식 (8.8)에 준하지만 AE 활동도 평가에 Hit 이외의 다른 AE 파라미터를 사용할 수도 있다. 식 (8.8)은 「과거에 받은 최대 하중」을 이용하고 있기 때문에 실구조물이 적용 한계를 쉽게 추찰할 수 있다. 즉, 실구조물에서는 과거에 받은 최대 하중의 추정은 실무상 어려워 AE 활동도에 관련 짓는 하중을 포함하는 변형 거동에서 최대 이력의 추정은 기대할 수 없다. 그래서 Load비를 바꾼 RTRI[19), 20)]가 제안되고 있다.

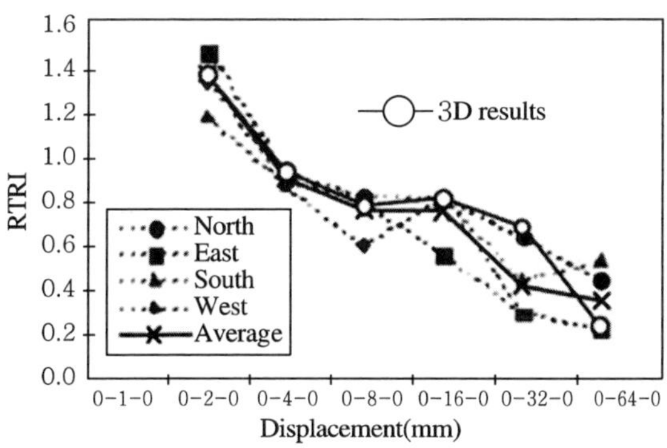

[그림 8.18] 철도 교각의 피로시험에서 얻어진 RTRI(가로축은 강제 변위량을 나타냄)[21)]

RTRI는 AE 활동도와 비교하는 파라미터로 하중 이외에 변형 등(예를 들어 크랙의 개구 등)의 이용을 허용하고, 최대 이력 하중을 정해「계측

기간 중 최대값(상시 하중 최대값)」에 기초하여 산출하는 것이다. RTRI는 식 (8.9)와 같이 정의된다.

$$\mathrm{RTRI} = \frac{\text{AE 발생 시작 파라미터 값}}{\text{계측 기간 최대 파라미터 값}} \tag{8.9}$$

RTRI는 [그림 8.18]처럼 파괴 진행과 함께 저하되는 경향이 확인되었으며, Load비와 함께 손상 정도와의 관련성이 보고되어 있다.

8.3.3 하중 제거 시의 AE 활동

구조물 손상의 진행에 수반되는 AE 활동도에는 하중 제거 시의 AE 활동도가 상승한다는 특징이 있다. 이는 예를 들어, 철근콘크리트 구조물에서는 그 파괴가 끝으로 향함에 따라 크랙이 Mode-I(인장형)에서 Mode-II(전단형)으로 변하므로 하중 제거 시의 AE 활동도는 주로 어긋남 변형(마찰)의 AE 거동을 포함하여 조사 대상물 중에서는 대규모 전단 균열이 포함되는 중도의 손상 상태라고 생각할 수 있다. 여기서 기존 손상에서 발생하는 AE를 2차 AE라고 한다. 하중 제거 시의 AE 거동에 착안한 열화진단 지표로써 아래 식으로 정의되는 Calm비가 있다.

$$Calm\text{비} = \frac{\text{하중 제거 시의 } AE \text{ 발생 수}}{\text{이력사이클 중의 } AE \text{ 발생 총수}} \tag{8.10}$$

Calm비는 손상 진행에 따라 증가 경향을 나타낸다는 점에서 이미 서술한 RTRI(Load비)와 조합하여 구조물의 건전성 평가 데이터 베이스를 구축하려는 시도가 RILEM(국제재료구조시험연구기관 · 전문가연합)의 TC-212ACD (AE, NDT에 의한 콘크리트 크랙 손상 평가 위원) 활동으로 세계 중의 각 기관에서 진행되고 있다.

8.3.4 Rate 프로세스 이론

재료가 주 파괴에 이르는 과정을 미소 파괴의 집적 결과라고 생각했을 때, 이와 같은 과정에서 발생하는 AE 활동은 응력 레벨 V에서 $V+dV$의 응력 증가에 대해 아래 식을 적용할 수 있다[22].

$$f(V)dV=\frac{dN}{N} \tag{8.11}$$

여기서 AE 발생 총수를 N, 응력 레벨 V의 AE 발생확률 함수를 $f(V)$라 한다. AE 발생확률 함수 $f(V)$에 아래와 같은 쌍곡선 함수를 가정한다.

$$f(V)dV=\frac{a}{V}+b \tag{8.12}$$

여기서 a, b는 정수이며, 이때 식 (8.11), (8.12)에서 응력 레벨 V에 대한 AE 발생 총수 N의 관계는 아래와 같이 결정된다.

$$N=CV^{a}\exp(bV) \tag{8.13}$$

여기서 C는 적분 정수이다.

지금까지의 성과에서 콘크리트 재료가 건전할 경우 (-)의 a값이 얻어지고, 손상을 받으면 (+)방향으로 증가함이 보고되어 있다[23]. 또, 식 (8.13)은 사면 붕괴에 수반되는 AE 활동에도 적용 가능하며, 붕괴 시간을 보외법으로 추정할 수 있다고 알려져 있다[24]. 그외, 손상 역학에서의 스칼라 손상 파라미터 Ω를 도입함으로써 재료의 상대적 손상도를 추정하는 시도도 이루어지고 있다[25].

8.3.5 내압시험 데이터의 평가방법[26]

JIS Z 2342 「압력용기의 내압시험 시의 Acoustic Emission 시험방법」은 1991년에 제정되었으나, 그 후 약 10년이 경과한 2002년에 이용 상황, 국제 규격과의 정합성 관점에서 재정비가 실시되어 1980년에 제정된 NDIS2412-80 「고장력강을 이용한 구형 탱크의 Acoustic Emission 시험방법과 시험결과의 등급 분류방법」의 20년 실적에 입각하여 이를 기초로 한 시험결과의 등급 분류방법을 포함한 규격으로 개정되었으며, 2008년에는 다시 재정비가 이루어질 예정이다. 아래에 현재 재정비가 이루어지고 있는 이 규격(압력용기의 내압시험 등에서의 Acoustic Emission 시험방법 및 시험결과의 평가방법(가칭) JIS Z 2342-2008)의 개략을 나타낸다.

1) 등급 분류방법

[그림 8.19]와 같이 AE 거동 성격의 형 분류가 이루어지고 더불어 [표 8.2]에서 AE 거동의 세기등급 분류가 실시된다. 그리고 [표 8.3]의 결과에서 등급이 결정된다. 단, [그림 8.19]나 [표 8.2]는 판정의 기준이 되는 백 데이터가 사전에 필요하다.

AE 시험결과의 평가는 [그림 8.19]와 같은 기본적인 사고에 바탕을 두고 다음과 같은 순서로 실시된다.

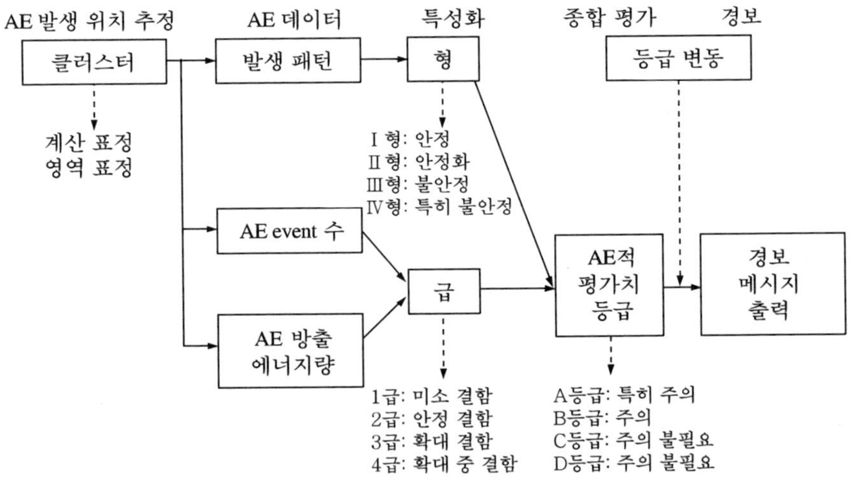

[그림 8.19] JIS Z 2342에서의 시험결과 평가 순서

[표 8.2] AE 거동 세기의 등급 분류 방법령

누적 에너지				
E_R – E_3	3	3	4	4
E_3 – E_2	1	2	3	4
E_2 – E_1	1	1	2	3
E_1 –	1	1	1	2
	– N_1	N_1 – N_2	N_2 – N_3	N_3 – N_R

[표 8.3] AE 종합 평가치의 등급 분류

m형 \ n급	1	2	3	4
I	D	D	C	B
II	D	C	C	B
III	D	C	B	A
IV	C	B	A	A

(1) 위치표정에 의한 클러스터 분류

AE 센서 간격의 5~10%를 반경으로 하는 원 내의 AE event는 동일 클러스터에 속하는 것으로 취급되고, 평가는 각 클러스터에 대해 실시된다.

(2) 각 클러스터의 누적 AE event 수 및 누적 상대 에너지의 적산

AE energy는 AE원에서 AE 센서까지의 거리에 따른 감쇠를 고려한 상대 에너지로서 평가된다.

(3) 누적 상대 에너지의 압력에 대한 증가 경향에 따른 클러스터의 형 분류

각 클러스터의 누적 상대 에너지와 압력의 관계에서 클러스터의 형태를 I~IV형의 4종류로 분류한다.

(4) 누적 AE event 수 및 누적 상대 에너지에 의한 클러스터의 등급 분류

각 클러스터의 누적 AE event 수 및 누적 상대 에너지로 [표 8.2]에 기초하여 클러스터의 등급을 1~4급의 4종류로 분류한다.

(5) 형과 등급에 의한 각 클러스터의 등급 분류(종합 평가)

시험결과는 최종적으로 [표 8.3]과 같이 각 클러스터의 형 및 등급의 조합에 따라 A~D의 4종류로 평가된다. 본 규격에서는 AE event가 검출될 때마다 상기 순서가 온라인에 실시간으로 실행되고, 필요에 따라 경보를 출력하는 것을 권장하고 있다. 평가 등급이 C 이하일 경우는 기기의 구조 건전성에 문제가 없다고 판단된다.

실제로 시험결과의 평가를 위한 E_1, E_2나 N_1, N_2 등의 구체적인 수치는 각각의 조건에 따라 사용자가 설정하게 되어 있어 뒷받침 되는 백 데이터가 필요하다. 또한, 위치표정으로 영역(zone) 표정을 이용할 경우에는 상대 에너지 대신에 각 센서에서의 에너지를 이용하여 클러스터의 경우와 동일한 방법으로 영역별 평가가 결정된다.

참고 문헌

(1) 宇津德治: 지진학, 공립전서, pp.133~140, (1977)

(2) 力武常次: 지진 예보 · 경보론, 학회 출판 센터, pp.99~100, (1979)

(3) 金森博雄: 지진의 물리, 이와나미서점, pp.236, (1991)

(4) 石本己四雄 · 飯田汲事: 미동계에 의한 지진 관측 (-) 지진동의 크기 공간적 분포, 신켄휘보 17, pp.443~478, (1939)

(5) M.Ishimoto and K.Iida, "Observation surles seismes enregistres pur lemicrosismographe construit dernierement(a)," Bulletin of Earthquake Research Institute, Vol.17, pp.443~478, (1939)

(6) K.Mogi, "Study of the Elastic Shocks Caused by the Fracture of Heterogeneous Materials and Its Relation to Earthquake Phenomena" Bulletin of Earthquake Research Institute, 40, pp.125~173, (1962)

(7) K.Mogi, "Magnitude Frequency Relation for Elastic Shocks Accompanying Fractures of Various Materials and Some Related Problem in Earthquakes," Bulletin of Earthquake Research Institute, 40, pp.831~853, (1962)

(8) C.H.Sholz, "The Frequency-Magnitude Relation of Microfracturing in Rock and Its Relation to Earthquakes," Bulletin of Seismological Society of America, Vol.58, No.1, pp.399~415, (1968)

(9) 青木謙治 · 稲葉武史 · 戸井田克 · 志水俊仁: 미소파괴음 계측에 의한 암반 공동 주변의 느슨한 부분의 평가, 카지마건설 기술연구소 연보, 제40호, pp.211~216, (1992)

(10) 石田毅 · 金川忠 · 佐々木俊二 · 新孝一 · 海江田秀志 · 矢島浩 · 日比野敏: AE에 의한 공동 주변 암반의 느슨함 현상 예측법의 실험적 검토(원위치 암반 전단 시험에서의 기초 검토), 전력연구소 보고, 연구 보고 385024, (1986)

(11) 道廣一利 · 畑浩二 · 藤原紀夫 · 吉岡尚也: AE에 의한 암반의 파괴기구와 주파수 해석, 제20회 암반역학에 관한 Symposium 강연 논문집, 토목학회 암반역학위원회, pp.71~74, (1988)

(12) T.Shiotani, K.Fuji; T.Aoki and K.Amou, "Evaluation of progressive

failure using AE sources and improved b-value on slope model tests," JSNDI, Progress in Acoustic Emission VII, pp.529~534, (1994)

(13) Shiotani, T.and M.Ohtsu, "Prediction of slope failure based on AE activity," ASTM, Acoustic Emission: Standards and Technology Update, ASTM STP 1353, pp.156~172, (1999)

(14) T.Shiotani, M.Ohtsu and K.Monma, "Rock failure evaluation by AE improved b-value," JSDI & ASNT, The Second Japan-US Symposium on Advances in NDT Proceedings Book, pp.421~426, (1998)

(15) T.Shiotani, K.Ikeda and M.Ohtsu, "Detection and evaluation of AE waves due to rock deformation," Elsevier Science, Construction and Building Materials, Vol.15, No.5~6, pp.235~246, (2001)

(16) T.Shiotani, Z.Li, S.Yuyama and M.Ohtsu, "Application of the AE improved b-value to quantitative evaluation of fracture process in concrete-materials, Acoustic Emission Group, Journal of Acoustic Emission, Vol.19, pp.118~133, (2001)

(17) S.Colombo, I.G.Main and M.C.Forde, "Assessing damage of reinforced concrete beam using b-value analysis of acoustic emission signals," ASCE, Journal of Materials in Civil Engineering, pp.280~286, (2003)

(18) 사단법인 일본비파괴검사협회: 콘크리트 구조물의 Acoustic Emission 시험 방법, NDIS242, (2002)

(19) 羅休 · 羽矢洋 · 稲葉智明 · 塩谷智基 · 中西康博: AE법에 의한 철도 교량 하부공의 손상 조사법에 관한 실험적 검증, 철도 총연보고, 17, No.3, pp.29~34, (2003)

(20) Luo, X., Haya, H., Inaba, T., Shiotani, T., and Nakanishi, Y.: Damage evaluation of railway structures by using train-induced AE, Construction and Building Materials, 18, No.3, pp.215~223, (2004)

(21) 塩谷智基 · 小林薫 · 羅休 · 羽矢洋: 1차원 AE원을 이용한 철도 콘크리트 구

조물의 손상 평가, 일본비파괴검사협회, 제15회 AE 종합 Conference 논문집, pp.145~148, (2005)

(22) M.Ohtsu, "Rate process analysis of AE activity in uniaxial compression test of core sample," Progress in Acoustic Emission V, JSNDI, pp.311~316(1990)

(23) 石橋晃睦, 松山公年, 福手勤, 浜田秀則, 大津政康: Rate 프로세스 해석의 항만 구조물의 노후화 평가에의 적용, 제10회 AE 종합 Conference 논문집, pp.165~170, (1995)

(24) 塩谷智基 · 青木朋也: AE 경시 곡선을 이용한 경사 붕괴 시간 예측, 일본비파괴검사협회, 제10회 AE 종합 Conference 논문집, pp.49~54, (1995)

(25) 渡辺弘史, 一ノ瀬誠, 友田祐一, 大津政康: AE법에 의한 Core 콘크리트 공시체의 손상도 동적, 콘트리트 공학 연차 논문집, Vol.23, No.1, pp.493~498, (2001)

(26) JIS Z 2342-2008 「압력용기의 내압시험 등에서의 Acoustic Emission 시험방법 및 시험결과의 평가방법(가칭)」

9. AE 시험의 적용 사례

9. AE 시험의 적용 사례

9.1 용기에 대한 적용 사례

현재 가동중인 대부분의 석유 · 석화플랜트는 고도 성장시대에 건설되어 이미 가동을 시작한지 40년이 넘은 곳도 많다. 앞으로 안정적인 경제 성장과 고령화 사회가 만들어낼 성숙형 사회로의 이행이 진행됨에 따라 이들 산업 기반이 되는 구조물의 효과적인 유지 · 관리 기술 확립의 필요성이 높아지고 있다.

AE 시험은 공업 기술 중 하나로써 이용되기 시작한지 30년 이상의 역사를 가지며, 현재 많은 분야에서 실용화되고 있다. 미국에서는 다수의 플랜트 소유자들로 이루어진 AE 사용자 그룹이 결성되어 정기적으로 정보교환을 위한 회의를 개최하고 새로운 계측법의 개발과 신뢰성 높은 데이터베이스의 구축에 노력을 쏟고 있다.

이렇게 작성된 데이터베이스 중의 하나로 각종 플랜트의 압력용기, 반응탑, 구형탱크, 배관 등의 시험방법 및 데이터 평가 · 판정법을 규정한 「MONPAC」이 있다. 이것은 ASME 규격(Section V, Article 12, 부록을 참조)에 나오는 AE 시험방법을 적용하여 다양한 금속제 구조물에 대해 시험을 실시한 경험을 바탕으로 작성된 것이다. 이 데이터베이스를 기본으로 미국에서 석유 · 석화플랜트에서 실구조물의 건전성 평가법으로 AE법이 유지 · 관리경비 절약의 수단으로 널리 이용되고 있다.

일본에서도 구조물의 유지관리 방법이 사양 규정에서 성능 규정으로 이행 되어감에 따라 글로벌 진단 기술로써 AE법의 유효성이 인식되게 되어 각종 실구조물에의 적용이 시작되고 있다.

아래에 다양한 금속제 실구조물에 대한 AE 시험의 적용 사례를 소개한다.

9.1.1 석유탱크 바닥부의 부식손상 진단

원통형 저장탱크의 바닥부는 조업 중에는 관찰할 수 없다. 일본에서는 소방법에 따라 1000kl를 넘는 저장 능력을 가진 탱크는 그 용량에 따라 검사 주기를 정해 정기적인 내부개방 검사를 실시하는 것이 의무화 되어있다. 탱크의 개방 검사에 따른 조업 정지, 청소, 게다가 검사 등에 드는 경비는 대형 탱크의 경우, 수천만엔(엔화 기준)을 넘는 경우도 있다.

[그림 9.1] 탱크 측면판의 AE 센서 부착 모습

예를 들어, 유럽에서 개발된 데이터베이스 및 평가·측정법으로 구성되는 「TANKPAC」은 지금까지 수집된 방대한 AE 시험 데이터와 탱크의 개방 검사 시에 확인된 부식손상 상태와의 비교를 기초로 활성 부식의 진행에서 발생하는 AE를 감도 높은 AE 센서를 이용하여 검출함에 따라 탱크 바닥부의 광범위한 부식손상 진단을 실시하는 시험법이다. [그림 9.1]과 같이 AE 센서를 바닥판에서 높이 1~1.5m의 측면 판 위에 원주 방향으로 등간격으로 설치하고, 각 센서의 감도 교정 후에 계측을 실시한다. AE 데이터는 비나 바람 등에 기인하는 환경 노이즈가 없는 상태에서 방유제 밖 계측차량에 설치된 AE 계측장치를 이용하여 경험을 갖춘 기술자에 의해 수집된다.

현재 영국, 프랑스, 독일, 네덜란드 등의 유럽에서 연간 1000기 이상의 탱크에 대해 AE 시험이 실시되고 있다. 게다가 미국에서도 대기업 석유회사에서 RBI(Risk Based Inspection: 리스크 베이스 검사, 플랜트의 설비 진단에 리스크의 개념을 도입하여 리스크 평가에 기초한 검사 프로그램을 실시하는 것) 적용의 일환으로 대규모 AE 시험 프로젝트가 실시되어 앞으로 급속한 진전이 예상된다. 또, 유럽에서는 시험 목적이나 시험 절차 등을 정한 시험방법에 관해 CEN 규격화(유럽 표준 규격화)가 진행되고 있다. 이러한 현재 상황에서 특히 유럽에서는 탱크의 바닥부 부식손상 평가에 대한 AE 시험은 표준화되어 일반적인 검사 방법으로 확립되어 있다.

일본에서도 AE 시험의 데이터베이스화가 실시되어 일본 고유의 유지 관리체제 및 법체계에 입각한 AE 시험질차 그리고 평가·판정기준을 수립하려는 작업이 진행되어 왔다. 2005년에는 일본고압력기술협회(HPI)에 의해 시험 순서, 데이터 해석법, 평가·판정법 등을 제시하는 「일본고압력기술협회규격(HPIS) AE법에 의한 석유탱크 바닥부의 부식손상 평가 방법에 관한 기술지침(부록 1 참조)」이 제정되었다. 앞으로 AE 시험을 신뢰성 높은 실용 기술로 확립시키기 위해 더욱 충실한 데이터베이스의 구축이 기대되고 있다.

[그림 9.2]에 일본에서 실시된 AE 시험의 적용 예를 나타낸다. 위쪽 그림은 탱크 바닥부에 대한 AE 발생원의 위치표정 결과를 나타낸 것으로 AE event가 많이 검출된 위치(그림에서 1개의 점이 1 Event에 대응) 즉, AE 발생이 집중되어 있는 부위(클러스터)일수록 부식손상의 정도가 심한 위치임을 표시하고 있다. 한편, 아래쪽 그림은 동일한 바닥부에 대해 개방 검사 시에 청소 후, 초음파 두께계로 전면판 두께 측정을 실시한 결과이다. 이 검사에서 감육이 크다고 판정된 위치는 많은 AE event가 검출되어 부식손상이 심하다고 판단된 위치와 거의 일치하고 있다. 지금까지 20기 이상의 탱크에 대해 AE 계측 후의 개방 검사 시에 초음파 두께계를 이용한 바닥부 전면판 두께 측정이 실시되어 AE 시험결과와 실제 부식손상 상

태의 대응에 대한 검증이 이루어지고 있다. 그 결과에 따르면 AE 클러스터가 관찰된 부위와 초음파 두께계에 의한 전면판 두께 측정에서 현저한 감육이 검출된 위치는 전체에서 80% 정도의 확률로 일치하고 있다는 평가가 얻어졌다.

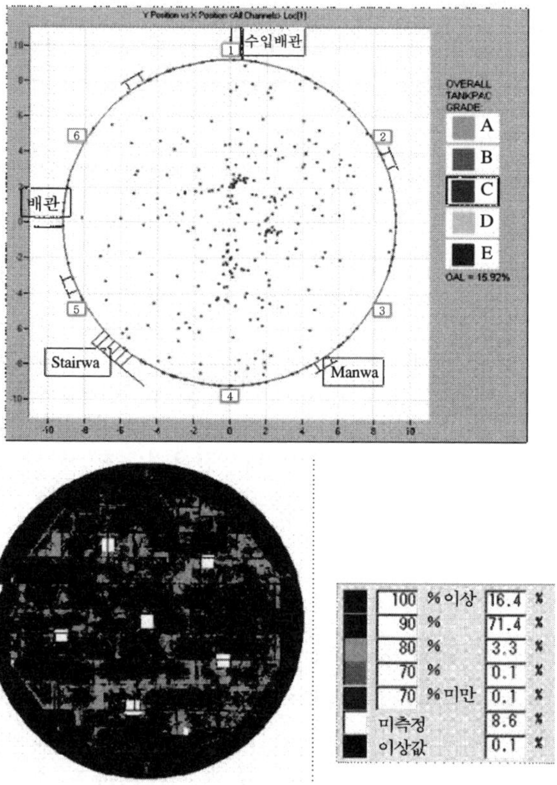

[그림 9.2] AE원의 위치표정 결과와 UT 전면 판두께 측정 결과와의 비교

지금까지 실 탱크에 의한 AE 계측 데이터가 160기 이상에 대해 수집되어 AE법에 의한 글로벌 진단기술 실용화를 위한 데이터베이스가 구축되고 HPIS 기술 지침으로써 AE 시험 순서, 데이터 해석법, 평가·판정법 등이

제정되어 있다. 이 지침에서 AE 활동도(1채널당 AE hit 수)와 부식 위험 파라미터(이산적 판 두께 측정치로 구한 부식속도를 반영하는 파라미터)와의 상관이 확인되어 AE 활동도가 증가함에 따라 부식 리스크 파라미터가 증대됨이 확인되었다.

이 결과를 바탕으로 AE 시험에 의한 탱크 내부의 개방 검사를 실시하지 않고 탱크 바낙부의 통계적 부식속도를 정량적으로 평가하는 방법이 제안되고 있다. 이 통계적 부식속도에 적절한 상수를 곱함에 따라 대상이 되는 실 탱크에서 고려해야 할 최대 부식속도가 얻어지게 된다. 따라서 AE 시험 및 판 두께 측정 결과로 구성되는 데이터베이스를 바탕으로 탱크 바닥부의 정량적인 부식손상 평가를 실시할 수 있다고 판단하고 있다.

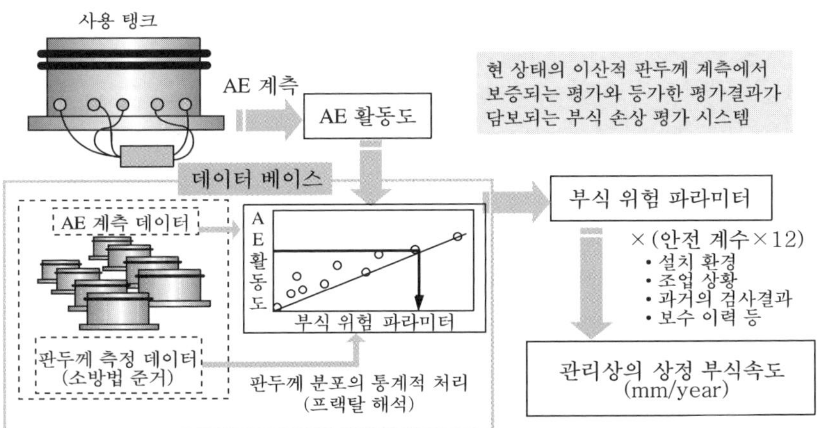

[그림 9.3] AE법에 의한 탱크 바닥부의 부식손상 상태의 평가 · 판정 시스템 (HPIS에 따름)

[그림 9.3]에 표준으로 나타낸 바와 같이 구축한 데이터베이스에서 얻어진 검량선에 기초한 부식손상 평가에 대한 안전성은 현재 상황의 소방법에 기초한 판 두께 측정 데이터로부터 얻어지는 안전성과 동등하다고 간주된

다. HPIS의 제정에 따라 일본에서도 시험 순서, 데이터베이스 작성 방법, 데이터 판정·평가법 등을 포함한 AE법에 의한 탱크 바닥부의 부식손상 상태의 평가·판정 시스템을 확립하였다.

9.1.2 가로로 설치된 에틸렌 저장조의 건전성 평가

이러한 저장조는 보냉재로 둘러쌓여 있기 때문에 AE 센서를 부착하기 위해서는 보냉재에 직경 200~300mm 정도의 구멍을 뚫어야 한다. 가압은 냉각 콤프레샤를 일시적으로 정지하여 내부 온도를 상승시킴으로써 소정의 레벨까지 실시한다. AE 시험에서 A등급(전혀 문제가 없다고 판정)으로 평가된 저장조 중 1기에 대해 세로 방향 및 원주 방향의 용접선에 초음파 탐상 시험을 실시하였으나, 문제가 되는 결함은 발견되지 않았다.

9.1.3 저장탱크 측면판의 건전성 평가

보온(냉)재로 둘러쌓여 초음파 탐상시험을 실시하기 어려운 탱크 측면판에 대해 내부 액면 상승 시의 AE 계측으로 건전성을 진단하였다. 이러한 AE 시험에 의해 SCC(응력부식 균열)나 부식손상부를 효율적으로 발견할 수 있다. 대형 저온 탱크(예를 들어 암모니아 등)의 경우, AE 센서를 반영구적으로 부착하여 필요에 따라서 반복 시험이 이루어지는 경우가 있다. AE 계측은 과거 12개월 간에 경험한 최고 액면 높이를 기준으로하여 그 90%에 해당하는 높이에서 105% 높이까지 액면을 상승시켜 실시한다.

[그림 9.4]는 저온 N-부탄 탱크에 대해 실시된 AE 시험 결과이다. 등급 E로 판정된 위치에서는 용접열 영향부에 나이프라인 어택(Knifeline attack)이 발생하고 있음이 확인되었다.

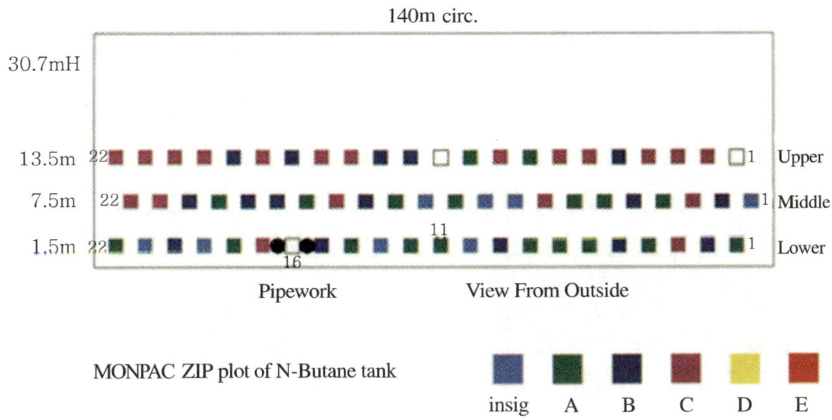

[그림 9.4] 저온 부탄탱크의 측면판에 대해 실시된 AE 시험의 판정결과

9.1.4 스테인리스강제 용기의 건전성 평가

앞에서 설명한 MONPAC 데이터베이스·평가 판정법을 적용한 예로써 직경 4m, 높이 38m의 스테인리스제 용기에 대해 실시한 AE 시험을 소개한다. 용기의 가압은 조업 일시정지 시에 질소 가스를 이용하여 실시하였다. [그림 9.5]의 TEST 1과 같이 가압 시에 용기 하부판 가까이에 등급 E(가장 열화가 진행된 상태로 판정)의 AE원이 검출되고, 이어서 실시된 침투 탐상시험(PT)에 의해 보온재 아래 외면에서 발생한 관통 SCC가 존재함이 확인되었다. 그 부분은 바로 일시적인 보수가 이루어지고, 이후에 실시된 조업 정지 시에 본격적인 보수가 실시되었다. 2년 후에 다시 AE 시험을 실시하였더니 [그림 9.5]의 TEST 2와 같이 이전과는 다른 부위에서 등급 D(E보다 열화도는 1등급 낮음)의 AE원이 검출되었다. 이어서 실시된 다른 NDT에 의해 이것은 용기 하부의 용접열 영향부에서 발생한 내면 나이프라인 어택에 의한 것임이 확인되었다.

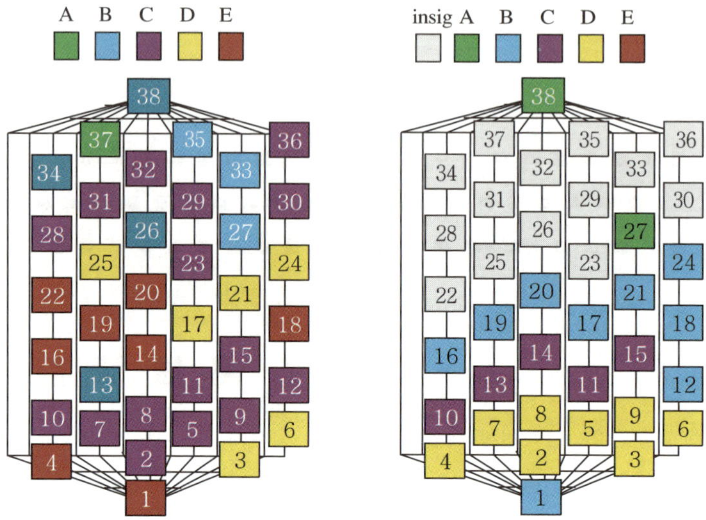

[그림 9.5] AE 시험에서 스테인리스제 용기에 발견된 SCC(TEST1에서 빨간색으로 표시되는 등급 E)와 나이프라인 부식(TEST2에서 노란색으로 표시되는 등급 D)

9.1.5 구형탱크의 건전성 평가

유럽에서 [그림 9.6]과 같은 구형탱크의 건전성을 사용 중에 평가하는 시험법으로 AE 시험이 널리 사용되고 있다. 탱크의 구면 상에 [그림 9.6]과 같이 균등하게 AE 센서를 배치하여 탱크가 반년 또는 1년간 조업 중에 경험한 최대 압력보다 5% 정도 큰 부하를 가해 그때의 AE 활동도를 조사한다. 만약 문제가 되는 부분이 있다면 [그림 9.7]에서와 같이 AE 집중 발생원(클러스터)으로써 관찰되고, 그 데이터는 기존 데이터베이스에 참조되어 자동적으로 등급이 나뉜다. 이러한 경우, 추가시험으로 초음파 탐상(UT)이나 침투 탐상(PT) 시험 등 다른 비파괴시험이 적용되어 상세한 평가가 실시된다. 만약 AE 시험결과에 문제가 없다면 홀더 개방없이 조업이 계속된다.

영국에서는 AE 시험을 적용함에 따라 30년 이상 개방 검사를 실시하지 않고도 전혀 문제없이 연속 조업을 계속하고 있는 예가 보고되어 있다.

[그림 9.6] AE 시험의 대상이 되는 구형탱크

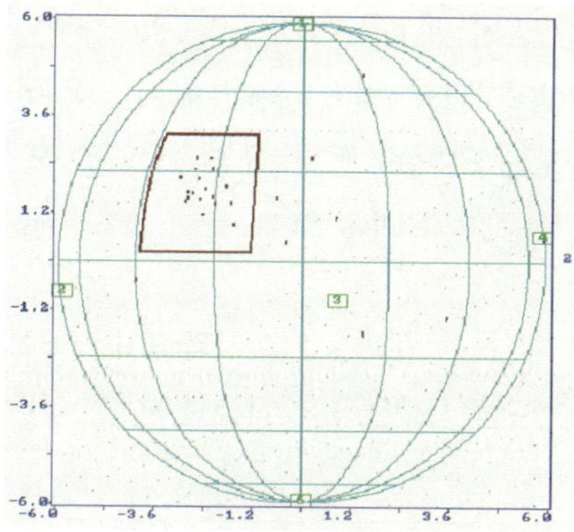

[그림 9.7] 구형탱크의 AE 시험 시에 관찰된 AE 집중 발생원(클러스터)

9.1.6 스테인리스강제 반응기의 건전성 평가

연결된 5기의 스테인리스제 반응용기에 대해 연간 계속적으로 AE 시험이 실시되고 있다. 교반기에 의한 잡음을 제거하기 위해 필요한 일시적 조업 중단 시(약 2시간)에 합계 64개의 AE 센서를 부착하고 질소 가스를 주입하여 통상 운전 시의 110%까지 가압하여 AE를 계측한다.

이 시험에서 2기의 용기 상부층에 MONPAC 판정 등급 E(가장 위험도가 높은 등급)의 AE원이 발견되었다. 이것은 SCC에 의한 것으로 추정되기 때문에 바로 보수용 기재가 발주되었다. 이후에 실시된 조업 정시 시의 검사에 의해 두께 방향 80%에 이르는 내면 SCC가 발견되었다.

이는 AE 시험에 따라 SCC의 존재가 추정되어 사전에 필요한 기재를 조달할 수 있었기 때문에 조업 정지기간을 대폭 단축하였으며, 이에 따라 약 2억엔 정도의 경비를 삭감할 수 있게 되었다.

9.1.7 FRP 탱크의 건전성 평가

1970년대 초기에 미국에서는 FRP 탱크가 본격적으로 실용 단계에 들어갔다. 1978년에는 SPI(Society of the Plastics Industry) 속에 CARP

(Committee on Acoustic Emission from Reinforced Plastics)가 설치되어 1982년에 SPI/CARP 규격, 1985년에 ASME 규격이 제정되었다[1]. 현재에는 FRP에 관한 규격으로 [표 9.1]과 같은 것이 있다. 여기서는 No.1의 ASME 규격을 예로 들어 FRP 탱크의 건전성 평가법을 소개한다.

[표 9.1] FRP에 관한 AT 규격

ASME(American Society of Mechanical Engineers) 규격	
1	"Acoustic Emission Examination of Fiber–Reinforced Plastic Vessels", Article 11, Subsection A, Section V, Boiler and Pressure Vessel Code
ASTM(American Society for Testing and Materials) 규격	
2	E 1067–01: "Practice for Acoustic Emission Examination of Fiberglass Reinforced Plastic Resin (FRP) Tanks/Vessels."
3	E 1495–02: "Guide for Acousto–Ultrasonic Assessment of Mechanical Properties of Composites, Laminates and Bonded Joints."
4	E 1736–00: "Practice for Acousto–Ultrasonic Assessment of Filament–Wound Pressure Vessel"
SPI(The Society of the Plastics Industry) 규격	
5	"Recommended Practice for Acoustic Emission Testing of Fiberglass Tanks/Vessels" (Reinforced Plastics/Composites Institute, 1982, revised 1987)
ASNT(American Society for Nondestructive Testing) 규격	
6	"CARP Recommended Practice for Acoustic Emission Testing of Pressurized Highway Tankers made of Fiberglass Reinforced Plastic with Bolsa Cores." DGZfP(GERMAN SOCIETY FOR NON DESTRUCTIVE DESTING)
AFNOR(French Association for Standards) 규격	
7	NF A09–360–85: "Non Destructive Testing–Acoustic Emission–Examination of Composite Material Parts and Structure."

ASME 규격에서는 AE 센서의 종류와 배치법 그리고 탱크의 부하방법을 지정하고 있다. AE 시험에는 몇개의 저주파수 AE 센서(공진주파수 25~75kHz)와 다수의 고주파수 AE 센서(공진주파수 100~200kHz)를 사용하도록 정해져 있다[2]. 저주파용 센서는 전파 손실이 적은 AE의 저주파수 성분을 검출하여 FRP 탱크 전체의 AE 활동도를 모니터하는데 이용하는 한편, 건전성 등의 정량적 평가에는 고주파용 센서로 얻은 데이터를 사용

한다. [그림 9.8]은 시험 시 AE 센서 배치를 나타낸 것이다. FRP 탱크에서는 강철제 탱크와 달리 전파속도에 이방성이 있어 센서간 신호 도달시간차에 의한 정확한 음원의 위치표정은 실시할 수 없다. 따라서 1개의 센서에 대해 감시영역을 정하는 대략적인 음원 위치표정 방법(영역 표정법이라 함)에 의해 파괴되고 있는 영역을 표정한다. 다음으로 시험 시의 탱크 부하 방법인데, 상승-유지를 반복하며 계단 형태로 부하를 변화시켜 이때의 AE 활동도를 조사해 건전성 평가를 실시한다. 평가 시에는 AE 특유의 불가역 현상인 카이저 효과를 이용한다. 카이저 효과란 이전에 가한 최대 하중에 이를 때까지 AE가 발생하지 않는 현상으로, 카이저 효과의 성립성은 대상 구조물의 건전도에 관계함이 알려져 있다. 재부하할 때에 AE가 다시 발생하는 하중와 이전에 가한 최대 하중의 비를 Felicity비라고하여 카이저 효과의 성립 정도를 나타낸다. 파단 하중에 가까운 부하를 받은 FRP에서는 Felicity비가 1이하를 나타내므로 그 재료가 받은 손상의 정도를 나타내는 지표가 된다. SPI 규격에서는 Felicity비는 압력용기와 탱크 모두 0.95 이상을 합격품으로 판정할 것을 권하고 있다. [그림 9.9]에 FW제 CFRP 탱크에 대해 실시된 AE 시험의 모습을 나타낸다. 또, [그림 9.10]에는 CFRP 탱크와 GFRP 탱크의 내압시험 중 AE 발생 수 변화를 나타내었는데, 이 그림에서 카이저 효과를 관찰할 수 있다.

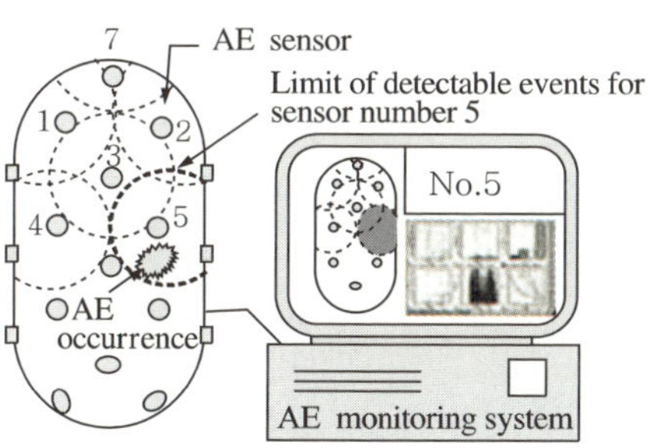

[그림 9.8] FRP제 용기의 AE 시험시의 센서 배치와 위치표정(영역 표정)법의 개념도

[그림 9.9] FRP제 압력용기의 AE 시험 모습

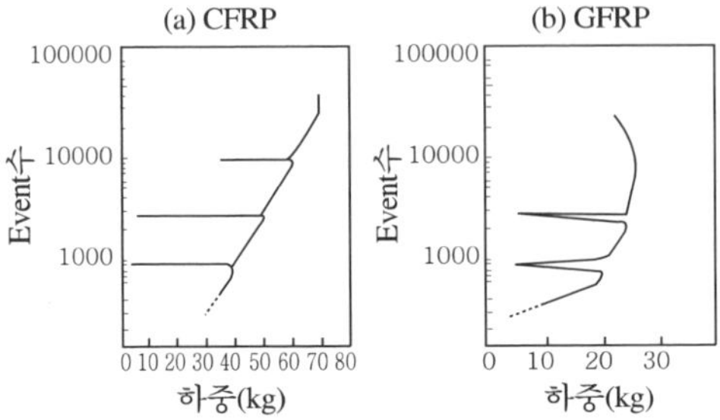

[그림 9.10] 카이저 효과의 예

[그림 9.11] 폴라리스 미사일의 SRM (Solid Rocket Motor) 케이스(GFRP 제)의 내압시험에서의 AE 계측(1960 년대, 미국)

AE 시험의 복합재료제 구조물에 대한 유명한 실기 적용 예로 [그림 9.11]의 미국 FRP제 로켓 모터 케이스의 건전성 평가를 들 수 있다[3].

또, 미국 NASA에서는 재사용형 로켓 연구가 실시되어 그 연료 탱크로 FRP제 탱크가 검토되고 있는데, 그 개발시험 중에는 AE 시험이 실시되고 있다[4), 5), 6)]. 유럽에서도 로켓(ARIANE5), 여객기(AIRBUS A340), 전투기 등의 복합재료제 구조 부품의 시험에 AE 시험이 적용된 예가 있다[7), 8)]. 일본에서도 우주용 복합재 로켓 모터 케이스의 AE 시험이 다른 검사와 더불어 실시되고 있다[9)]. 시험에는 200kHz 협대역 센서를 모터 케이스의 8~24개소에 부착하여 Event 수-누적 에너지에서 구해지는「등급」과 AE 누적 에너지 변화 패턴에서 구해지는「형」으로 이루어지는 행렬을 이용하여 4단계의 유해도 등급을 결정하고 있다. 이 평가법의 상세 설명은 NDIS2412-80[10)]을 참조하기 바란다. 위에서 서술한 방법은 통상의 공정으로 실시하는 AE 시험이지만, 필요에 따라서 적외선 Thermography를 병용하여 국소적인 CFRP의 수지 파괴나 섬유 파단을 모니터하면서 AE 시험을 실시하는 경우도 있다고 알려져 있다.

한편, 화학 산업 등에서는 FRP제 내식 탱크, 압력용기, 파이프의 사용

중 검사(ISI)에 사용되고 있는 예도 많다. 오래된 데이터이긴 하지만 대형 식품회사인 미국 Monsanto사에서는 자사의 모든 FRP 용기에 대해 구입 사양시험, 설치 시 시험, 2년 이내의 간격으로 사용 기간 중 시험에 AE 시험을 의무화하고 있고, AE 시험을 시작한 이후 탱크에 치명적 영향을 미치는 구조 결함은 거의 발견되지 않았다는 보고[5), 11)]도 있다. 일본에서는 다양한 규제가 얽혀 미국과 비교하면 AE 시험 횟수가 적은 것이 현재 상황이다.

9.1.8 프로세스 유닛의 건전성 평가

대부분이 오스테나이트계 스테인리스강으로 구성된 프로세스 용기에 대한 AE 시험의 적용 예를 소개한다. 이 유닛은 과거에 SCC의 문제가 빈번하게 발생하였기 때문에 AE 시험이 실시되게 되었는데, 유닛 전체는 다수의 용기와 파이프 부분으로 이루어진다. 시험 시기는 사전에 계획된 Overhaul 직전에 질소 가스를 이용해 가압하여 그때 AE를 계측하는 것이 최적이라고 판단되었다.

유닛 전체를 4개의 부분으로 나눠 각각을 따로따로 가압하고 전체 시험은 조업 정지 중인 4일 동안에 종료하였다. 위험등급이 높다고 판정된 개소에 대해서는 이어서 다른 비파괴시험을 실시하였다. AE 시험은 유닛 전체를 신속하게 단기간에 검사할 수 있지만, AE 시험이 적용되지 않았다면 이 유닛의 조업정지 기간은 수 개월이 걸렸을 것이다.

대부분의 내면 SCC는 다른 비파괴검사법으로는 검출이 되지 않았으며 AE 시험에 의해서만 발견할 수 있었다.

9.2 배관에 대한 적용 사례

9.2.1 고압배관의 건전성 평가

고압에서 사용되는 배관의 수압시험 시(운전 압력의 1.5배까지 가압)에 AE 평가가 적용되었다. 검사 대상인 길이 200m의 배관부에 대해 약 15m 간격으로 AE 센서를 설치하여 직선 위치표정을 실시하였다.

[그림 9.12]에 시험결과를 나타낸다. 아래쪽 그림에서 볼 수 있듯이 배관 길이방향에 대해 AE 발생이 현저하게 집중되고 있는 부분이 있다. 이 부분에는 위쪽 그림과 같이 등급 E로 판정되는 AE 집중 발생원(클러스터)이 검출되었다. 이후에 실시된 다른 NDT를 이용한 추가 시험에서 지관부에 판두께의 60%에 이르는 침식에 의한 감육이 존재함이 확인되었다. 또, 등급 D로 판정된 부분에는 보냉재 아래에 부식이 존재함이 확인되었는데, 그 부분에는 판 두께의 40%에 이르는 감육이 존재하였다.

주요 손상을 나타내는 강도 평가 결과

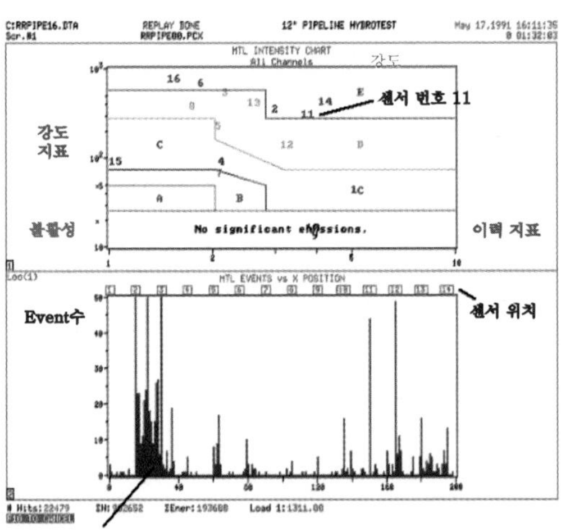

200m의 배관 길이 방향으로 분포하는 AE 발생원의 위치

[그림 9.12] 고압배관(길이 200m)의 AE 시험에서 얻어진 직선 위치표정 결과(아래쪽 그림)와 MONPAC 데이터베이스에 의한 판정결과(위쪽 그림)

9.2.2 Creep 손상 감시

1990년대에 미국의 화력발전소에서 타입 IV라는 형태의 Creep 균열이 원인이 된 Seam 용접관의 분파 사고가 잇달아 발생하였다[12]([그림 9.13]).

타입 IV 균열은 기존의 비파괴검사법으로 검출하는 것이 어렵고, 최근의 초음파 탐상법인 Phased array법 및 TOFD법은 고가의 검사 기기를 필요로 하며 준비와 시험에 장시간을 요하는 점 등에 입각하여 미국에서는 Creep균열의 성장을 온라인 감시하기 위해 AE법을 도입하였다.

1995년에는 EPRI(미국전력연구소)에서 AE 가이드라인을 내놓고 AE 데이터베이스를 개발함과 동시에 다른 방법과 비교하기 위해 1996~2003년에 걸쳐 90회 이상의 실규모 시험이 실시되었다. 현재 ASTM(미국재료시험협회)에서 EPRI의 데이터베이스를 바탕으로 한 규격화 준비가 진행되고 있다.

AE 계측에는 배관의 단열재를 모두 벗겨내지 않고 4~6m 간격으로 단열재를 벗겨 웨이브가이드를 배관에 용접하였다. [그림 9.14]는 웨이브가이드의 설치상황, [그림 9.15]는 시험방법의 개요도이다. Creep 손상을 모니터링하기 위해서는 300~400kHz 정도의 고주파수 AE 센서를 사용하고, 200kHz 정도의 High pass filter로 증기의 흐름에 따른 노이즈를 제거하는 것이 바람직하다고 알려져 있다[13].

또, 배경 잡음의 변화에 맞춰 Threshold값을 자동적으로 변화시키는 부동형 Threshold값을 선택하는 것도 효과적이라고 알려져 있다[13]. 손상 위치는 인접하는 AE 센서에서 검출된 AE의 도달시간차로 추정할 수 있다.

실규모 시험 중에 계측한 AE의 예를 [그림 9.16]과 [그림 9.17]에 나타낸다. [그림 9.16]은 AE event의 시간이력을 발생 개소별로 1차원 좌표에 그린 예이다. 그래프에는 압력과 온도 변화도 함께 나타내었는데, 압력의 상승에 따라 배관의 Elbow부(2개소)와 Batwing hanger부에서 AE가 발생하고 있음을 알 수 있다.

[그림 9.13] 호손 화력발전소 5호기의 과열기 연결 배관 용접부의 분파사고[13), 14)]

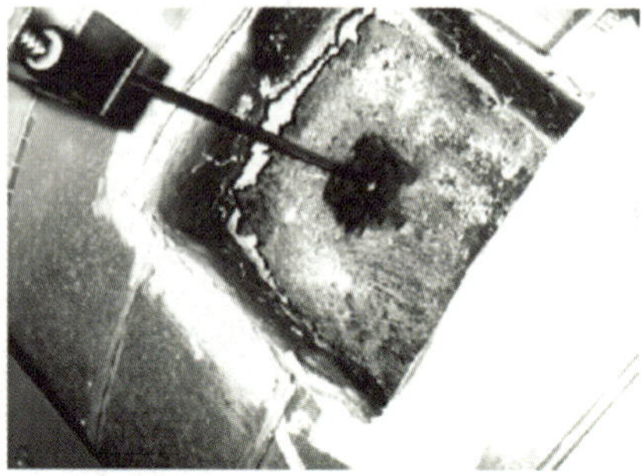

[그림 9.14] 웨이브가이드 설치 모습[13), 14)]

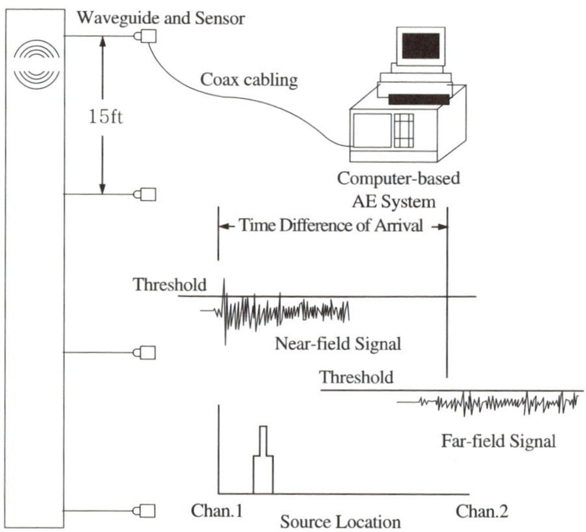

[그림 9.15] 시험방법의 개요도[13), 14)]

[그림 9.17]은 AE 진폭과 위치표정의 관계인데, Elbow부(2개소)와 Batwing hanger부에서 고출력 AE가 발생하고 있음을 알 수 있다. 해당 개소의 초음파 탐상시험에서는 2개의 Elbow 중 한 Elbow와 두께 중앙에서 의미있는 결과가 확인되었다. 자분 탐상시험에서는 Batwing hanger부에서 여러 개의 의미있는 결과가 확인되었다.

데이터베이스를 개발하기 위해 실시한 90회 이상의 실규모 시험에서는 AE 시험과 그 외 다른 시험(초음파 탐상시험, 자분 탐상시험 등)에서 좋은 상관을 나타냈다. 또, AE 시험에서만 검출된 손상도 있었다고 알려져 있다.

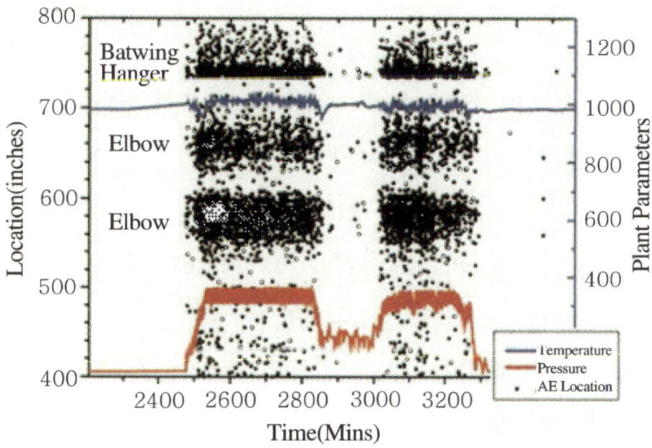

[그림 9.16] 시험결과 예[13), 14)]
(위치표정과 시간의 관계)

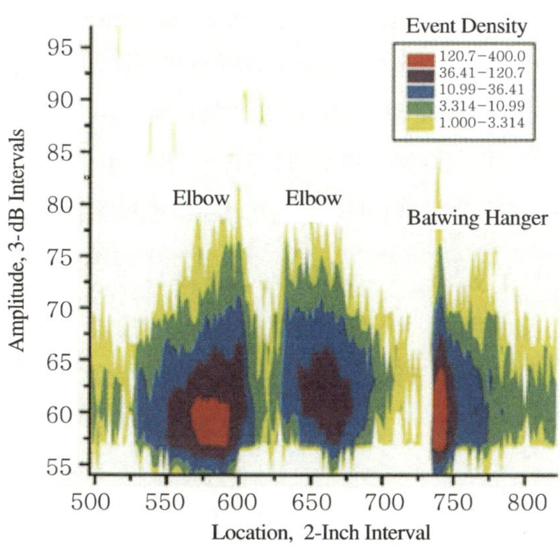

[그림 9.17] 시험결과 예[13), 14)]
(진폭과 위치표정의 관계)

9.2.3 지하 매설 배관의 부식 진단

지상 및 매설 배관에는 탱크와 같은 정기 개방검사의 의무가 없어 사용자의 자체 보안에 의한 유지 관리로 건전성이 담보되고 있다. 예를 들어, 지상 배관은 자체 검사로 초음파 탐상시험(UT)에 의한 정기적인 판 두께의 정점 측정이 실시되고 있으나, 이는 이산적인 측정으로 최대 부식손상부(최대 감육부)를 반드시 검출할 수 있다고는 할 수 없다. 따라서 배관 전체의 건전성을 평가하기 위해서는 다소 정도가 낮더라도 구조물 전체를 글로벌하게 진단할 수 있고, 활성 부식이 존재하는 부위를 추출하여 그 대충의 위치를 평가할 수 있는 스크리닝 기술이 매우 효과적이라고 생각된다. 게다가 매설 배관에서는 누설 등의 검지가 지연되는 경우를 고려하여 지상 배관에 비해 검사 · 점검에 많은 노력과 비용이 필요하기 때문에 조기 손상 검출기술의 개발이 강하게 요구되고 있다.

AE 시험은 여러 개의 센서를 적절하게 배치함에 따라 구조물의 글로벌 진단이 가능하며, 위치표정 기능을 이용함에 따라 AE 신호가 발생한 장소를 어느 정도 특정할 수 있다는 특징을 가지고 있기 때문에 배관의 부식손상 평가에 관한 스크리닝 기술로 적용이 크게 기대되고 있다.

제유소의 방유제 관통 배관 등의 지하 매설 배관은 매설 부분에 직접 접촉할 수 없기 때문에 초음파 탐상시험(UT), 방사선 투과시험(RT) 또는 육안 시험(VT) 등 일반적인 비파괴검사 방법을 적용하여 부식손상 상태의 진단 등 구조물의 건전성 평가를 배관내에 유체가 흐르는 중에 실시하는 것은 어렵다.

이러한 배관에 AE법을 적용하여 부식에 기인하는 AE의 발생 특성이나 배관에서의 AE파의 전파 특성을 조사하고, 실제 배관에서 얻은 AE 시험 결과와 UT, VT 등의 시험결과를 비교 · 대조하는 등 조직적인 조사를 실시하여 매설 배관에 대한 부식손상 진단에 AE법의 적용이 검토되고 있다.

지금까지 실내에서 실시한 실험에서 표면에 두꺼운 부식생성 피막이 형성된 시험편을 식염수 속에 담근 결과, 그 부식진행 과정에서 큰 진폭의

AE 신호가 발생함이 확인되고 부식 과정에서 발생하는 AE 신호의 주된 주파수 성분이 20~100kHz의 대역임을 알 수 있었다.

또, 다른 조건의 배관에 대해 AE파 전파 시험을 통해 방식용 보호 피막으로 피복된 매설 배관에 2개의 센서(예를 들어 30kHz 공진형)를 4m 간격으로 설치하여 직선 위치표정이 가능함을 확인하였다.

[그림 9.18] AE 계측을 실시한 제유소의 배관

한편, 제유소에서 [그림 9.18]과 같이 사용 중인 13개의 실배관에 대해 AE 시험을 실시하고 그 후 초음파 두께계에 의한 두께 측정과 육안 시험을 실시하여 AE 시험결과와 비교·대조함에 따라 양자 간에 양호한 상관이 있음이 확인되었다. 따라서 매설된 배관의 부식손상 진단을 사용 중에 실시하는 검사방법으로써 AE법의 적용성이 높음을 알 수 있다.

9.2.4 지상 및 높은 곳의 배관 부식손상 진단

배관 설비에서 내부 매체의 누설은 설비의 가동 상황에 큰 영향을 끼쳐 누설이 일어난 유체의 손실에 의한 경제적인 손실 외에 화재 등의 2차 재해나 환경 오염 등을 일으키는 원인이 되기 때문에 사전에 발생을 방지하는 것이 매우 중요하다. 누설은 대부분이 접속부 불량이나 부식에 기인한다고 보고되고 있으며, 설비를 안전하게 운용하기 위해서 신뢰성 높은 배관 설비의 건전성 평가기술이 필요하다.

접속부 불량이 원인으로 발생하는 누설의 검지는 가스 검지기에 의한 방법이나 AE에 의한 방법이 보고되어 실용화가 진행되고 있다. 그러나 배관의 부식손상 진단기술에 대해서는 내부 부식이나 배관 기지부의 부식 등과 같이 직접 검사하는 것이 어려운 장소에서 발생하는 경우가 많고, 배관이 광범위하게 매설되어 있다는 점에서 UT나 RT 등의 비파괴검사 방법으로는 효율적으로 신뢰성 높은 검사를 하기 어려운 경우가 많다.

최근에 지상 및 높은 곳의 배관에 대한 글로벌한 부식손상 진단방법으로써 AE 시험이 효과적임이 밝혀져 있다. 즉, 이 시험방법은 수 m~10m 정도의 간격으로 2개의 AE 센서를 배치하여 설비 가동 중에 단기간(수분~10분 정도) 계측을 실시하고 활성 부식의 유무를 조사하여 그 대략적인 위치를 평가하고 부식손상이 존재할 가능성이 높은 부위를 추출한다라는 스크리닝 시험의 하나로써 적용되고 있다.

배관의 부식 진행 시에 발생하는 AE의 특징을 파악하기위해 실험실에서 소금물을 이용한 부식 시험이 실시되어 AE 발생 거동에 대해 검토가 이루어지고 있다. 즉, SPG 배관의 표면에 주사기로 소금물의 물방울을 정기적으로 도포한 후 부식 진행에 따라 발생하는 AE를 연속적으로 계측한 경우의 AE 신호진폭 이력 및 Hit 수가 분류되어 [그림 9.19]와 같이 나타나 있다. 소금물을 뿌린 직후에는 AE 발생수가 많고 진폭이 큰 신호 발생이 관찰되었으나, 시간 경과와 함께 발생수가 감소하고 있다. 특히 도포한 소금물의 수분이 증발하면 AE 발생은 급격하게 저하되고 있다. 이것은 소금물을 뿌린 직후에는 부식 활동이 비교적 크지만, 수분이 증발하면 부식의 진행이 저하되기 때문에 AE 발생도 이 부식 활동도에 대응하여 변화했다고 생각할 수 있다. 이 시험에서 일반적인 특징으로 시험시간의 경과와 함께 AE 활동도(예를 들어 에너지 총량 등)가 증가하고, 활성 부식과 AE energy 사이에 상관관계가 확인되었다. 또, 소금물의 도포량을 늘려 소금물과 시험 배관 표면과의 접촉 면적을 증가시킨 조건 하에서 시험하면 검출되는 AE energy도 증가함이 확인되었다.

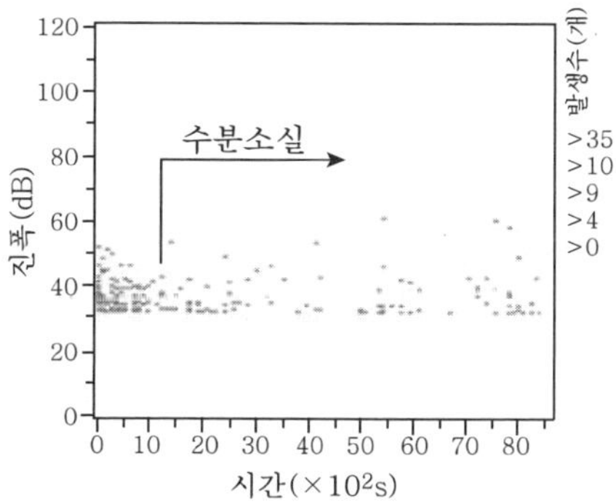

[그림 9.19] AE 신호진폭의 이력과 Hit수 변화

[그림 9.20] 제유소의 실제 배관에 대해 실시한 부식손상 배관의 AE 모니터링 모습

이처럼 부식 활동과 AE 활동도 사이에 상관관계가 확인되었기 때문에 실구조물에서의 부식 평가 가능성을 검토할 목적으로 제유소의 실배관을 이용하여 AE를 계측하여 배관의 부식 상태와의 관계를 조사하였다. AE 계측 모습을 [그림 9.20]에 나타낸다. 주파수 특성이 다른(30kHz, 60kHz, 150kHz 공진형) AE 센서 5개를 각각 1.0m, 2.0m, 3.0m, 3.5m 간격으로 배치하여 연속 AE 모니터링을 실시하였다. [그림 9.21]에 모니터링 결과의 한 예를 나타낸다. 60kHz 공진형 센서로 10분 52초 동안 동시에 연속 계측으로 얻어진 AE 활동도를 나타낸 것으로, 5개의 AE 센서를 연속으로 배치하여 직선 위치표정 결과, AE event 수의 이력 그리고 AE hit 수의 이력이 얻어졌다. 위치표정 결과에 주목하면 Event가 국소적으로 집중되어 있는 부분이 관찰되고, 그 부위를 육안 관찰(VT)한 결과 큰 부식손상이 존재함이 확인되었다. [그림 9.22]에 AE 센서에서 검출된 부식에 기인한다고 생각되는 AE 파형의 한 예로 AE 파라미터를 나타낸다. 그림의 AE파는 위치표정이 가능한 신호로써 검출된 것으로 검출된 파형은 매우 긴 지속시간(duration)을가지며 부식에 기인하는 전형

적인 AE 신호의 특징을 가지고 있다.

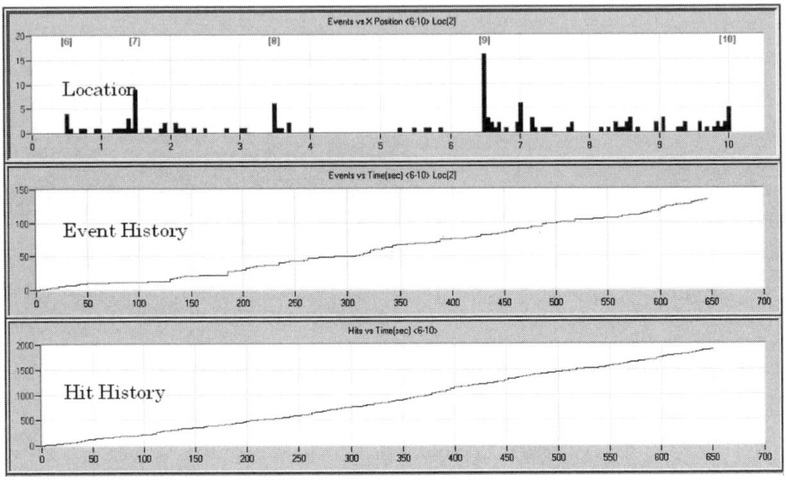

[그림 9.21] 부식손상된 실배관에서 60kHz 공진형 센서에 의한 AE 모니터링 결과
(상: AE원 위치표정, 중: AE event 이력, 하: AE hit 이력,
계측 조건: 배관 6B, V=5000m/sec, Threshold값 22dB, 계측시간 10′52″)

60kHz 공진형 AE 센서, CH9, CH10, x=7.003(V=5000m/sec)						
HH:MM:SS.mmmuuun	CH	RISE	COUN	ENER	DURATION	AMP
00:00:38.8774967	9	418	351	127	13968	60
00:00:38.8779957	10	663	461	161	17297	57

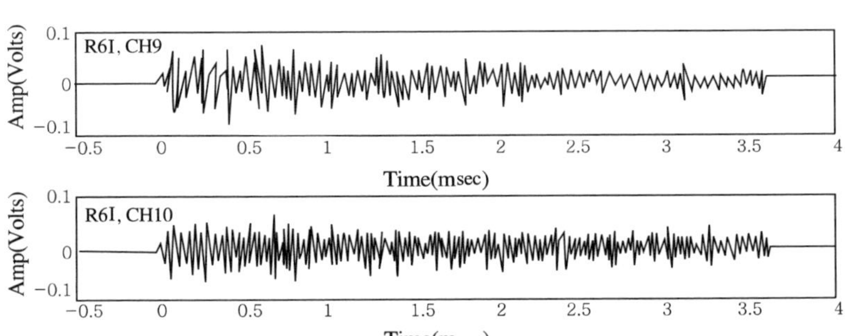

[그림 9.22] 60kHz 공진형 AE 센서로 검출된 부식에 기인한다고 생각되는 위치표정 가능한 전형적인 AE 파형 세트와 그 파라미터 값의 한 예

현재 배관의 부식손상 평가에서의 글로벌 진단 · 스크리닝 검사 기술로써 AE 시험의 적용성이 조사되고 있다. 시험 순서, 평가 · 판정 기준을 정하기 위해 화학플랜트 등에서 전체 배관의 AE 검사가 이루어져 데이터베이스화가 실시되고 있다. 이러한 대처는 더욱 많은 플랜트로 확대되고 있으며, 데이터베이스의 충실과 함께 신뢰성 향상이 기대되고 있다.

9.3 기계장치에 대한 적용사례

Acoustic Emission 시험 I(비파괴검사 기술 시리즈)의 「2.3 AE 발생원의 종류와 특징」에서 AE 발생원으로 크랙의 발생 · 진전이나 변형, 변태 등 고체 내부의 국소적인 변화에 기인하는 1차 AE원과 그 외의 원인, 예를 들어 기계 · 장치의 진동이나 기체 · 액체의 누설(Leak), 부재끼리의 마찰 등에 기인하는 2차 AE원이 있음을 설명하였다.

기계장치의 상태감시나 설비진단에는 2차 AE원에 의한 AE 신호가 검출되어 평가되는 것이 일반적이다. 한편, 공장의 제조 공정에서 제품 관리를 실시하기 위해서는 제품 제조 중에 발생하는 크랙에 기인하는 1차 AE를 검출하는 경우와 기계 · 장치와 제품 사이에서 발생하는 마찰음이나 충돌음 등 2차 AE를 검출하는 경우가 있다.

9.3.1 증기터빈의 상태감시

기계장치의 동작 상태를 감시함에 있어서는 일반적으로 온도(적외선)나 스트레인, 진동 등을 계측한다. 일반적인 진동 계측에서는 가속도계(주파수 대역: 수백Hz~수kHz)로 계측이 이루어지지만, 보다 고주파수 영역의 신호를 검출할 수 있는 AE 시험의 유효성이 최근 들어 널리 인정받게되어 상태감시 기술의 하나로 그 적용범위가 넓어지고 있다. 이러한 상황을 바탕으로 AE법에 의한 기계장치의 상태감시에 관한 원리, 계측 순서 그리고 데이터 해석법 등을 정리한 규격과 그에 종사하는 기술자의 기량 인증에 관한 규격이 다른 상태감시 방법에 관한 규격 및 기량 인증에 관한 규격과 함께 ISO에 의해 제정되었다(본 텍스트의 부록 1 참조).

상태 감시에 AE법을 적용하는 예로 터빈의 AE 감시가 있다. 화력발전소의 증기터빈에서 증기 중에 포함되는 산화스케일이 터빈의 날개 또는 노즐에 충돌하면서 침식(erosion)되어 문제가 되고 있다. 기존에는 침식의 정도는 증기 중의 산화스케일량을 측정하여 판정해왔으나, 침식의 정도와 발생하는 스케일량과의 사이에 명확한 상관이 없기 때문에 침식의 정도를 평가하는 것이 어렵고 유해한 침식의 발생으로 인해 돌발적으로 발전을 정지해야만 하는 사태가 발생하는 경우가 있다. 이러한 증기터빈의 고압 및 중압 터빈 베어링에 AE 센서를 설치하여 상태 감시를 실시한 결과, 터빈 노즐에 침식이 발생하면 진폭이 큰 AE 신호가 검출되는 것이 명확해졌다. 또, 날개에 침식이 발생했을 경우에도 큰 진폭을 가지는 AE 신호가 검출됨이 확인되었다. 따라서 AE 시험에 의해 터빈의 상태 감시가 가능하며, 효율적인 운전 관리를 할 수 있다고 생각된다.

발전용 가스터빈에 러빙(rubbing, 마찰)이 발생하면 회전에 동기하여 진폭이 큰 AE 신호가 검출된다. 증기터빈에서는 발생하는 AE 신호 레벨에 대해 배경 잡음이 작기 때문에 적절한 Threshold값을 설정함에 따라 러빙 발생을 검지할 수 있다. 그러나 가스터빈에서는 배경 잡음이 크기 때문에 큰 진폭 AE 신호만 감시해서는 러빙 발생을 검지할 수 없는 경우가 많다. 기존부터 러빙의 감시 방법으로 검파 파형의 주기 해석 등이 효과적이라고 알려져 있으나, 배경 잡음이 큰 경우에는 이 해석법도 적용하기 어려운경우가 있다. 러빙에 기인하는 AE 신호는 큰 진폭을가질 뿐 아니라 고주파수 대역의 성분이 증대하는 특징이 있다. 따라서 검출된 AE 신호의 주파수 해석을 통해 파형의 중심주파수를 구하면 러빙의 발생을 평가할 수 있다고 알려져 있다.

[그림 9.23]에 공장에 설치된 발전용 가스터빈에서 이미 실용화되어 있는 AE에 의한 상태감시 상황을 나타낸 화면의 한 예를 나타낸다.

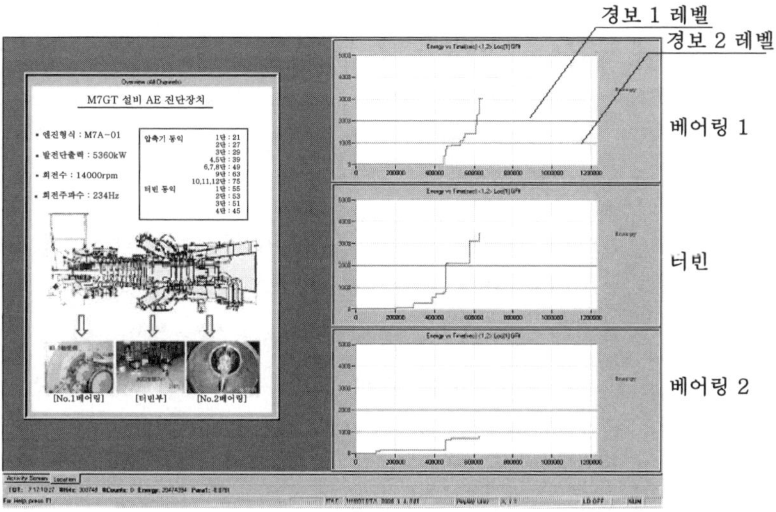

[그림 9.23] 발전용 가스터빈의 AE에 의한 상태감시 화면의 한 예(터빈의 주요 부분에 AE 센서를 설치하여 AE 활동도를 감시함)

9.3.2 베어링, 기어, 펌프의 설비진단

구름 베어링은 많은 기계에서 사용되고 있으며 다양한 진단 기술이 적용되고 있다. 그러나 구름 접촉피로가 문제가 되는 경우가 있다. 구름 접촉피로가 일어날 경우, 최대 전단응력이 재료 표면이 아니라 표면에서 수십~수백 μm 정도 안쪽에서 작용하기 때문에 크랙 발생이나 조직 변화는 베어링 내에서 발생한다. 따라서 결함의 발생이나 진행을 직접 육안으로 감시하기는 어렵고, 갑자기 발생하는 베어링의 파손이 시스템 가동을 정지시키고 치명적인 고장의 원인이 되는 경우가 있다.

베어링의 AE 계측은 AE 센서를 베어링에 직접 설치하기 어려운 경우가 많아 베어링 하우징에 부착하는 것이 일반적이다. 베어링이 가동 중인 경우, 결함으로 인한 AE 신호뿐 아니라 진동에 의한 노이즈가 다수 발생하기 때문에 신호와 노이즈를 구분할 필요가 있다. 이를 위한 방법으로 주파수 필터가 자주 이용된다. 일반적으로 베어링에 크랙이 발생할 경우, 100~수100kHz의 주파수 대역을 가지는 AE 신호가 검출되지만, 진동 등에 의한 노이즈의 주파수 대역은 거의가 100kHz 이하이다. 따라서 Band pass filter 또는 High pass filter를 이용하여 의미있는 AE 신호만을 추출하는 것이 가능하게 된다.

펌프 등의 회전설비의 경우에는 발생한 이상 현상에 따라 다른 AE 발생패턴을 나타낸다고 알려져 있다. 예를 들어, 액체수소 터보 펌프의 조립 후 불량을 AE로 평가할 경우, 연소가스 대신에 공기를 주입하여 펌프를 구동시키면서 AE를 계측한다. 구동 중에 검출되는 AE 신호의 패턴은 불량의 종류에 따라 다르기 때문에 검출된 AE 신호의 발생 패턴을 분석하면 발생한 불량을 평가할 수 있다.

기어 장치는 산업기기에서 동력을 공급, 전달시키기 위한 필수 설비이다. 따라서 기어의 갑작스런 파손은 그것이 조립된 감속기나 증속기뿐 아니라 기계 시스템 전체에 큰 영향을 미친다. 그러나 기어 장치를 구성하는 기어나 베어링은 회전하기 때문에 피로 등에 의한 결함 발견 및 감시는 설비 정지 중의 육안 검사에 의해 실시되는 것이 보통이며 가동 중의 평가는 매우 어렵다.

기어 장치에 AE법을 적용한 사례로 압축기용 증속기의 축에 발생한 크랙을 평가한 예가 있다. [그림 9.24]에 AE 계측을 실시한 증속기를 나타낸다. 측정 대상 축은 회전하고 있기 때문에 AE 센서를 직접 부착할 수 없어서 센서는 베어링 하우징에 부착하여 축으로부터 전파된 AE를 검출하였다. 증속기의 축에는 2개의 베어링과 기어가 조립되어 있어 AE는 축 뿐만 아니라 베어링과 기어에서도 발생한다. 이 때문에 베어링 하우징에 설치한 센서에서는 이러한 신호가 중첩되어 검출된다. 그래서 베어링 하우징에 부착한 2개의 센서를 이용하여 AE 발생원의 위치표정을 실시하여 축에서 발생했다고 판단되는 신호만을 평가한다.

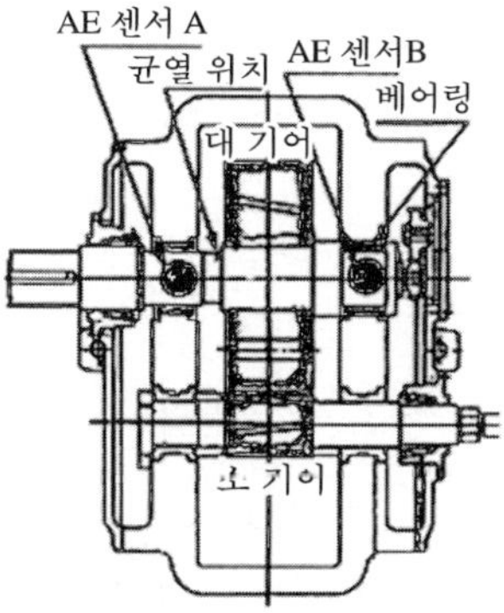

[그림 9.24] AE 계측을 실시한 기어 장치를 조립한 증속기

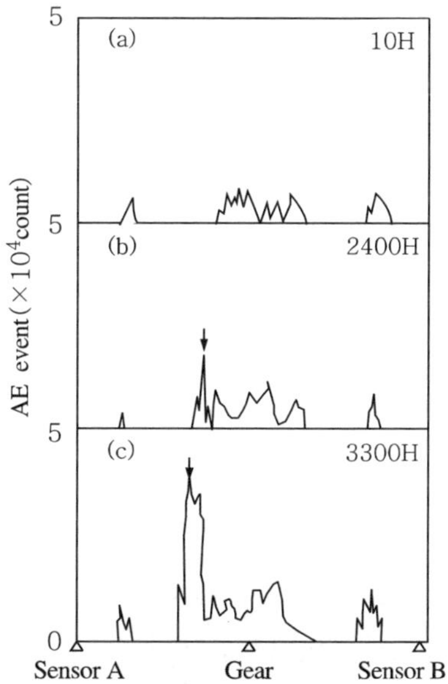

[그림 9.25] 기어 장치에서 검출된 AE 발생 위치의 시간별 변화
(상: 가동 초기, 중: 가동 중기, 하: 가동 최종 단계)

[그림 9.25]에 이 기어 장치에서 검출된 AE 발생 위치의 시간별 변화를 나타내고 있다. 가동 초기(위쪽 그림)에서 베어링이나 기어 위치에서 소량의 AE 발생이 확인되었으나, 가동 시간이 증가함에 따라 기어 부착단 부

분에서 다수의 AE 신호가 발생하게 된다(가운데 그림). 최종 단계에서 기어단 부분을 기점으로 크랙이 발생하여 성장하고 있음이 확인되었다. 크랙의 발생위치는 AE원 위치표정에서 다수의 신호가 검출된 부분과 일치하고 있다.

9.3.3 금형가공, 사출성형의 제조공정 관리

금형가공은 다른 가공법에 비해 가공 속도가 빠르고 대량 생산을 한다는 점에서 자동차 산업을 비롯하여 기계 산업, 반도체 산업 등 모든 산업 분야에서 널리 사용되고 있다[15]. 그러나 금형은 구조가 복잡하기 때문에 구성 요소인 펀치나 다이의 마모나 손상을 가동 중에 평가하기 어려우며, 일단 금형에 이상이 발생하면 대량으로 불량품이 생산된다는 문제가 있다.

현재 금형에 이상이 발생했을 경우의 대응책으로 가공 후의 제품 발취 검사를 통해 가동 중에 이상을 검출하거나 또는 이상이 발생하기 전에 미리 금형을 조기에 교환하는 등의 방법을 취하고 있다. 그러나 이러한 방법으로는 돌발적인 금형의 손상에 의해 발생하는 불량품의 발생을 방지하기 어렵고, 조기의 금형 교환은 원가의 증대나 절차 변경에 따른 라인의 정지 등 생산원가 상승의 주된 원인이 되고 있다.

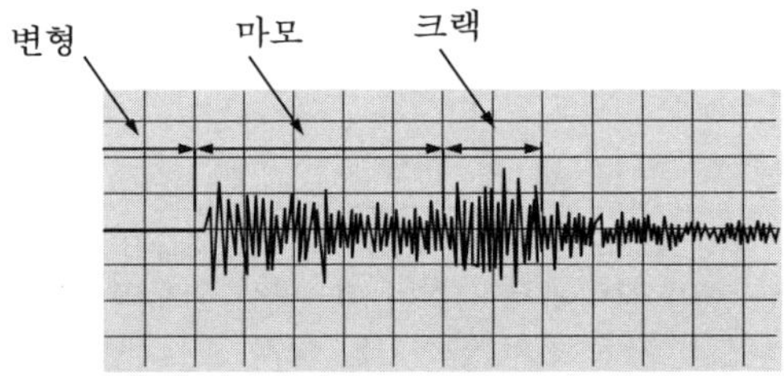

[그림 9.26] 타발 가공 시에 검출되는 AE 파형 패턴의 한 예

이러한 상황에 대응하여 금형의 절손이나 마모의 평가를 가동 중에 실시할 목적으로 AE 시험이 공장에서 널리 적용되고 있다. [그림 9.26]과

[그림 9.27]에 타발(blanking) 가공 시에 관찰되는 AE 파형 패턴과 신호 발생원과의 대응을 나타내는 모식도를 나타낸다. 가공이 시작되면 최초로 부품의 소성변형이 일어나 AE가 검출되고 이어서 펀치와 다이 사이에 발생하는 마찰에 의한 AE가 검출된다. 만약 펀치 또는 다이에 크랙 등이 발생하면 최종 단계에서 진폭값이 큰 AE 신호가 발생한다. 따라서 가공 과정의 AE 발생 패턴을 정밀하게 평가함에 따라 시스템 전체의 건전성이나 제품의 제조 상황을 가동 중에 평가할 수 있다.

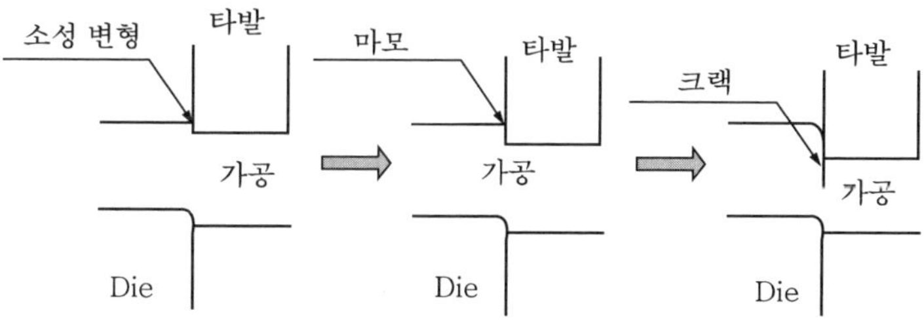

[그림 9.27] 신호 발생원과의 대응을 나타내는 모식도

플라스틱 제품의 가공에 많이 사용되는 사출성형은 금형 강하→수지주입→가압→금형 상승의 순서로 가공을 진행하는데, 가압 과정에서 제품에 발생하는 크랙이 큰 문제가 된다. 이는 육안으로는 발견되지 않을 정도로 작은 경우가 대부분이며, 크랙을 가지는 불량품의 발생은 제품의 품질 관리상 큰 문제가 된다.

사출성형 과정에서 발생하는 AE 신호를 분석하면 제품에 크랙이 발생한 경우에는 가압 중에 큰 진폭을 가지는 신호가 검출됨이 명확해졌다. 그래서 사출성형 장치로부터 출력되는 압력 신호에 AE 시험장치를 동기시켜 가압 중에 발생하는 AE 신호를 정확하게 검출함에 따라 성형 시에 제품에서 발생하는 크랙을 검지·평가할 수 있게 된다. 이 원리에 기초하여 AE 계측 시스템은 이미 다양한 부품 공장에서 가동 중이며, 제품의 품질 관리 및 생산원가 절감에 매우 효과적임이 확인되었다.

현재 AE 계측에 기초한 제조공정 품질관리 시스템이 다양한 공장에서 도입되려 하고 있다. 이는 단말장치인 AE 계측 시스템을 공장 내의 기계장치에 설치하여 생산공정을 인터넷/인트라넷으로 모니터함에 따라 생산된 부품별 AE 데이터를 태그(tag)로 분류하여 부품 생산관리의 완전한 트레이서빌리티를 실현하려는 것이다.

[그림 9.28]에 모식적으로 나타낸 바와 같이 공장 내의 기계장치를 금형프레스, 사출성형, 레이저용접, 전조기 등의 그룹으로 나눠 인트라넷을 통해 그룹별로 제어실에 설치된 호스트 PC에서 총괄 관리한다. 이러한 관리시스템은 일본 내에 있는 여러 공장에서 이미 실용화 되어 있다.

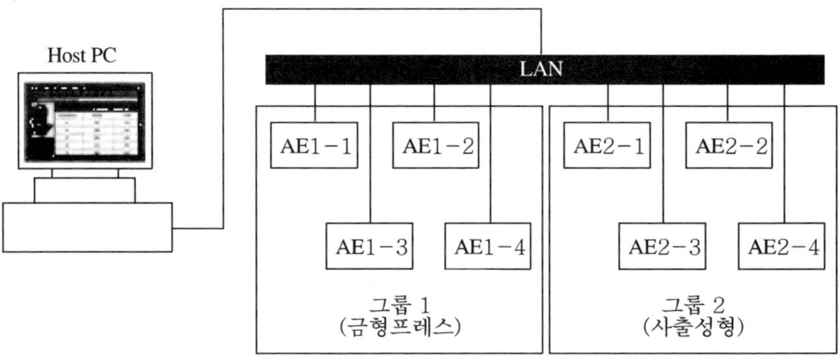

[그림 9.28] 인트라넷을 통해 그룹별 데이터를 총괄 관리하는 공장에서의 제조공정 관리 시스템 모식도

9.4 지반 암반 구조물

9.4.1 토사 사면

(1) 개요

대형 성토사면의 붕괴시험에 AE 계측을 적용하여 붕괴에 이르기까지의 AE 활동을 감시하였다. 사면의 재료는 토질시험 결과 사질실트로 세립분

을 주체로 전체적으로 모래분을 다량으로 포함하고 있었다. 성토 형상 및 AE 계측에 이용한 웨이브가이드(도파봉)의 설치 개요를 [그림 9.29]에 나타낸다. 성토사면은 예비 실험에서 시공성과 검출된 AE의 해석이 쉽도록 부동(不動) 영역과 운동 영역의 2가지 토괴로 나눠 쌓았다. 그리고 예측되는 파괴면(미끄럼 면) 최상부의 성토 표면에 도랑을 만들어 물을 주입하여 파괴면 내에 물을 침투시키고 최종 붕괴시켰다. 사면 내부에서 발생하는 AE는 웨이브가이드(둥근 강철 막대, ϕ: 200mm, l: 3m)의 양끝에 30kHz 공진형 가속도계를 부착하여 Charge amp에서 증폭한 후 AE 계측장치에서 수집, 저장하였다.

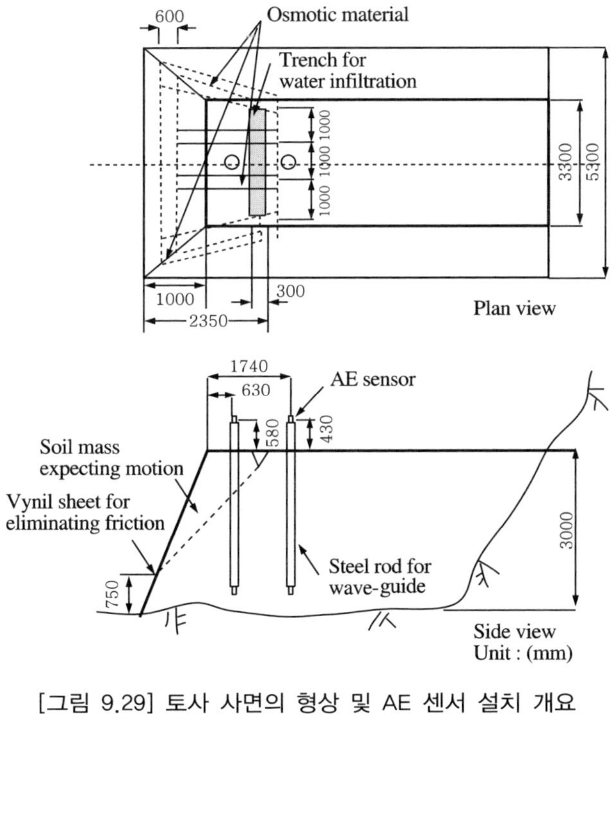

[그림 9.29] 토사 사면의 형상 및 AE 센서 설치 개요

여기서 웨이브가이드는 [그림 9.29]와 같이 운동 토괴 내에 1개, 부동 토괴 내에 1개, 합계 2개를 사용하여 AE의 검출 능력을 비교하였다.

(2) 계측 결과

사면 붕괴에 따른 사면 표면의 변위 거동:

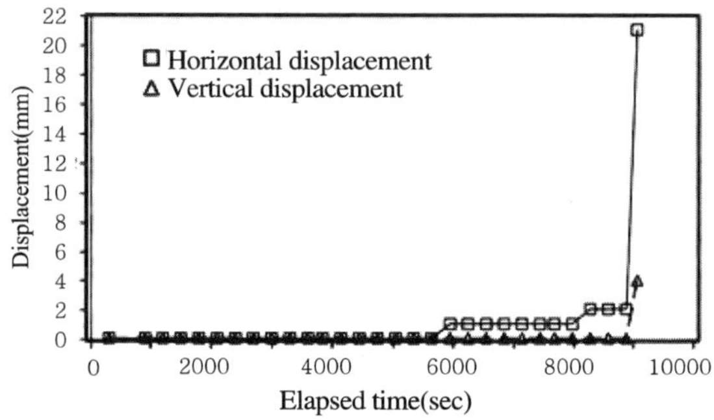

[그림 9.30] 사면 표면 변위의 경시 변화

사면 표면의 변위는 광파측량에 의해 측정하였다. 측정 위치는 비탈머리, 비탈기슭의 2개소이며, 측정 간격은 5분이었다. 여기서 사용한 광파측량기계의 정도는 ±1mm였다.

[그림 9.30]에 사면표면 변위의 경시 변화를 나타낸다. 이 그림의 ㅁ는 수평 변위, △는 연직 변위를 나타낸다. 연직 변위에서 변화가 확인된 것은 붕괴 시 뿐이며 파괴의 징조가 되는 거동은 확인되지 않았다.

수평 변위는 경과 시간 6,000초에서 1mm, 8,000초 후 2mm이며, 붕괴 전에 명확한 급증은 관찰되지 않았다.

AE 계측:

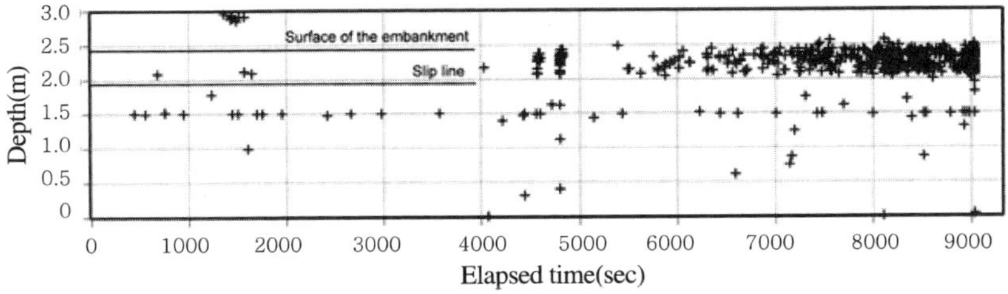

[그림 9.31] 1차원 위치표정 결과

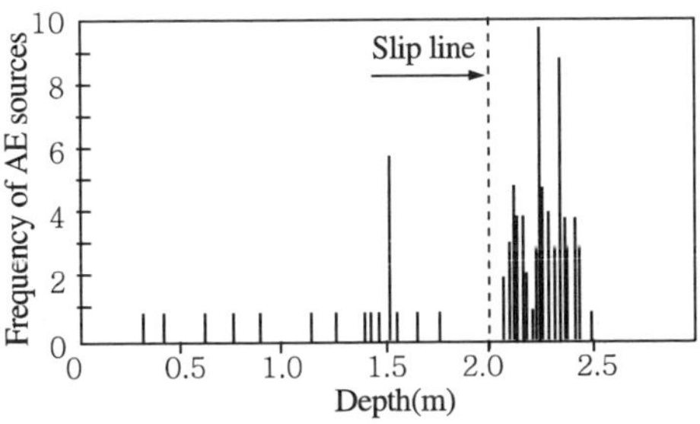

[그림 9.32] AE 위치표정 심도 분포

정지 토괴에 설치한 웨이브가이드에서는 계측 시작 직후 적은 AE 검출이 확인되었으나, 그 후 붕괴 시까지 거의 AE를 잡아내지 못했다. 본 실험에서는 AE가 파괴면 상 에서만 발생한다는 점에서 AE파가 웨이브가이드에 입사될 때에 지반 재료와 웨이브가이드와의 큰 음향임피던스 차가 영향을 미쳤다고 생각된다. 운동 토괴를 포함시켜 설치한 웨이브가이드에 의한 1차원 위치표정 결과를 [그림 9.31]에 나타낸다.

그림에서 "+"는 표정점을 나타내며, 세로축이 웨이브가이드 하단을 원점으로 했을 때의 연직 높이이다. 그림에서 계측 시간 1,500초를 제외하면 파괴면 상부에서 집중적으로 AE원이 얻어졌다. 1,500초에서의 2.5m 상부의 AE원은 별도로 동시간대에서 확인된 폭풍에 의해 지반 표면 사립자가 직접 웨이브가이드 표면에 충돌한 AE원으로 생각된다. [그림 9.32]에 [그림 9.31]의 AE원 위치표정 결과의 심도 분포를 나타낸다. 그림 속의 1점 쇄선이 미끄러짐 면의 위치이다. 그림과 같이 위치표정된 AE원의 대부분은 쇄선보다 상부에서 나타나고 파괴면 상에서는 얻어지지 않았다. 이는 운동 · 부동 토괴의 전단에 의해 발생하는 AE의 규모가 웨이브가이드와 운동 토괴와의 마찰에 의한 AE에 비해 소규모이며, 앞에서 나타낸 지반과 웨이브가이드의 물성 차가 영향을 준 것으로 생각된다. 본 실험에서 운동 토괴와 웨이브가이드와의 상호마찰에 의해 발생하는 AE는 AE 발생 위치가 해석 · 특정할 수 있을 만큼 파괴면에서 발생하는 AE에 비해 대규모인 것으로 판단되었다.

9.4.2 암반 사면

일본 국토는 80% 이상이 산간부, 구릉지로 이루어져 있어 산지를 개간하여 토지를 이용할 수 밖에 없는 상황이다. 그 결과, 급경사 사면은 지진, 태풍 그리고 장마 시에 집중 호우 등의 외적 요인이나 암반에서 발생한 많은 균열이 기계적 · 화학적으로 풍화되는 외적 요인에 의해 결국에는 대규모 사면 붕괴를 일으키는 경우가 있다. 이러한 암반이 최종 붕괴에 이르기까지의 과정을 AE 계측을 통해 평가할 수 있다. 암반의 AE 계측에서는 얼마나 신뢰성 있는 AE 계측 데이터를 수집하느냐가 중요하므로 배경잡음의 제거방법이나 센서의 설치방법은 계측 전에 충분히 검토해야 할 사항이다. 배경잡음의 제거방법은 참고 문헌[16), 17)]을 참고하기 바라며, 여기에서는 센서 설치방법과 적용 예를 나타낸다.

(1) AE 검출방법

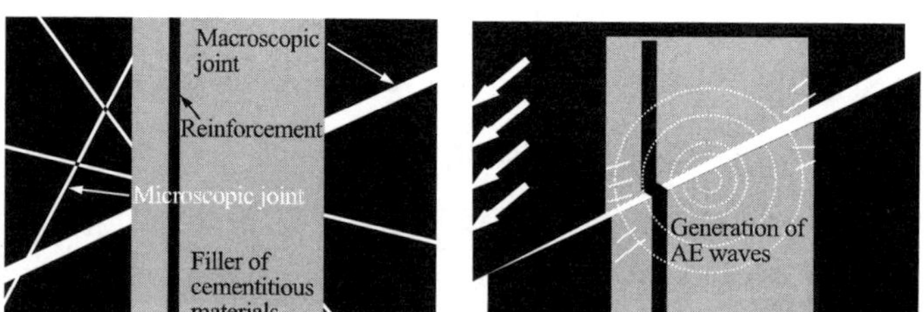

(i) Pre local-failure (ii) After local-failure

[그림 9.33] WEAD의 개념

암반 계측을 실시할 경우, 암반의 많은 균열에 영향을 받지 않는 센서의 설치방법 및 수집 데이터의 평가방법이 필요하다. 이를 만족하는 암반 계측 AE 센서 설치방법, WEAD (wave-guide for AE waves due to rock deformation)[18]의 개념도를 [그림 9.33]에 나타낸다. WEAD는 충전재와 철근 그리고 AE 센서로 구성된다.

충전재는 시멘트 재료이며 그 물성은 WEAD 설치를 위해 실시하는 암반 삭공 시에 얻어진 암반 코어(core)의 물성시험에서 결정한다. 기초 실험에서는 60kHz 공진형 AE 센서를 이용하여 철근에 부착하여 보아홀 내에 삽입한다. 여기서 철근과 센서는 높은 댐핑(damping) 특성을 가지는 재료로 부착되어 있다. WEAD를 암반 감시에 적용함에 따라 다음과 같은 이점이 있다.

1) 암반의 변형/파괴 거동에 입각한 WEAD 거동이 얻어진다.
2) 충전재료의 실내 파괴실험으로 충전재의 파괴 과정이 검토 가능하며, 파괴 기준의 구축이 가능하다([표 9.2] 참조).
3) 현지 계측에서 얻은 AE 데이터를 2)의 기준을 참조하여 검토함으로써 주변 암반의 안정성을 감시할 수 있다.
4) 대규모 변형은 AE 센서의 특성상 직접적으로는 검출되지 않으나, 철근과 충전재와의 미끄러짐 등으로 인한 대규모 AE파로 철근을 통해 검출 가능하다.

이상과 같이 시멘트 재료는 암반의 파괴를 직접적으로 반영할 수 있도록, 그리고 철근은 최종 파괴까지 이르는 AE파의 검출을 맡고 있다.

[표 9.2] 실내실험 결과에 기초한 평가 기준 예

<table>
<tr><th colspan="4">AE parameters</th><th rowspan="2">Fracture levels estimated</th><th rowspan="2">Fracture conditions & patterns expected</th></tr>
<tr><th>Count</th><th>Energy</th><th>Ib-value[6]</th><th>Grade</th></tr>
<tr><td rowspan="3">~40</td><td>~50</td><td rowspan="2">increase up to 0.06</td><td rowspan="2">10~</td><td>I</td><td>Early stage in bending</td></tr>
<tr><td rowspan="2">50~100</td><td>II</td><td>Intermediate stage in bending</td></tr>
<tr><td>decrease down to 0.04</td><td>5~10</td><td>III</td><td>Final stage in bending</td></tr>
<tr><td rowspan="3">40~</td><td>100~200</td><td rowspan="2">increase up to 0.06</td><td rowspan="3">0~5</td><td>IV</td><td>Final stage in bending & early stage in shear</td></tr>
<tr><td>200~300</td><td>V</td><td>Intermediate stage in shear</td></tr>
<tr><td>300~</td><td>decrease down to 0.04</td><td>VI</td><td>Final stage in shear</td></tr>
</table>

(2) 실암반 사면 계측 예[19)]

계측 사면은 혼펠스(Hornfels; 변성암의 일종)로 이루어진 약 80°의 급애면에 50°의 역경사 균열이 일부 있었고, 이 균열에 직교하는 흐름반 균열이 다수 발생하여 블록화가 진행되고 있었다. 보링에서 채취된 Core의 물성시험에서 WEAD의 충전재를 결정하여 가장 깊은 부분의 균열면을 관통하도록 삭공한 약 10m의 계측구멍 바닥으로부터 약 1.5m 간격으로 암반 표면에서 약 2.5m 아래까지 총 5채널의 AE 센서(프리앰프 내장 60kHz공진형)를 설치하여 40dB 이상의 AE 신호를 기록, 원격 감시하였다.

[그림 9.34]에 AE count 규모를 반영한 AE원의 1차원 표정 결과를 나타낸다. 12월 초순에 계측 구멍 바닥면으로부터 4~5m 되는 위치에서 AE원의 집중이 확인되었다. [그림 9.35]에 그때 얻어진 채널 3의 등급(Rise 구배) 결과를 나타낸다. 11월 말과 12월 초순에 급격히 10 이하로 저하됨이 확인되었고, 특히 12월 초순의 값은 5정도가 되어 [표 9.2]의 기준으로 보면 전단파괴가 순간적으로 발생했을 가능성이 추측되었다. 채널 3 부근의 스트레인계 BS2-3의 시간별 변화([그림 9.36])에서 AE 활동에 대응한

스트레인 변동이 확인되었다. 따라서 12월 초순의 높은 AE 활동도는 순간적이긴 하지만 암반내부의 국소 변화에 대응하며, 얻어진 AE 파라미터로 보아 전단파괴에 대응하고 있다고 생각된다.

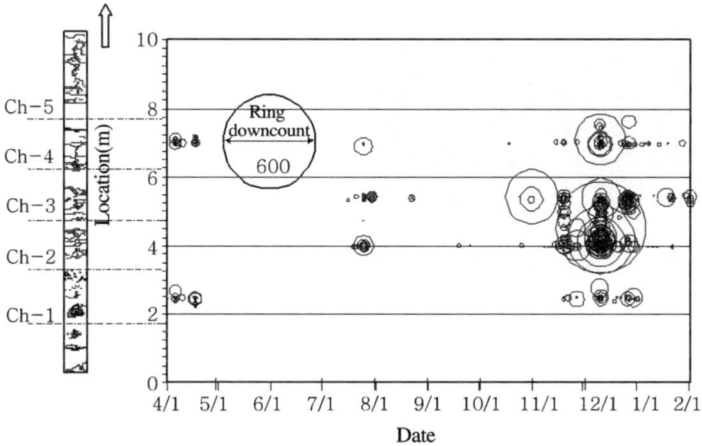

[그림 9.34] 1차원 AE원의 시간별 변화

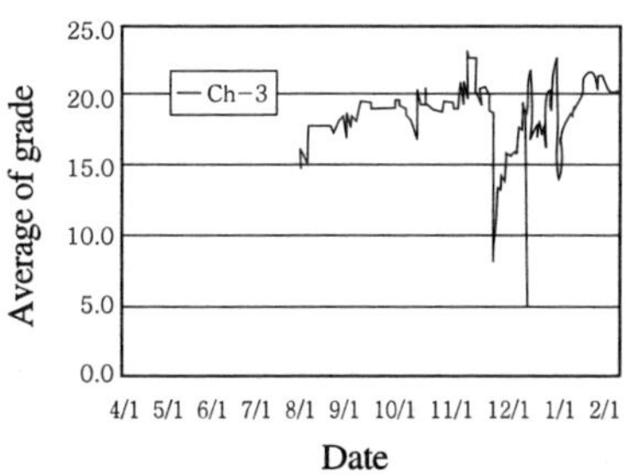

[그림 9.35] 등급의 시간별 변화

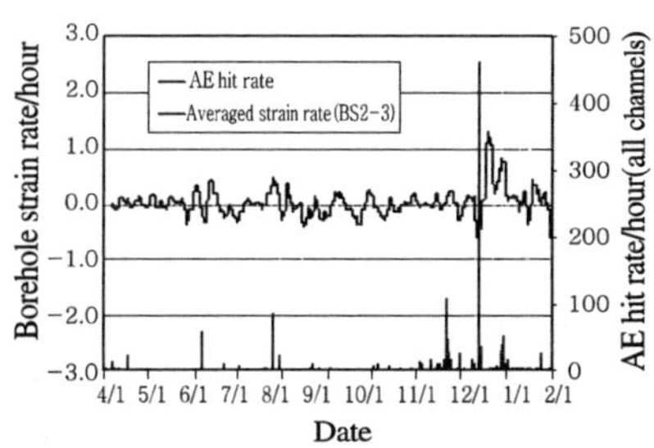

[그림 9.36] 스트레인 증가분의 시간별 변화

9.5 콘크리트 구조물

9.5.1 건조 수축에 따른 AE 활동[20)]

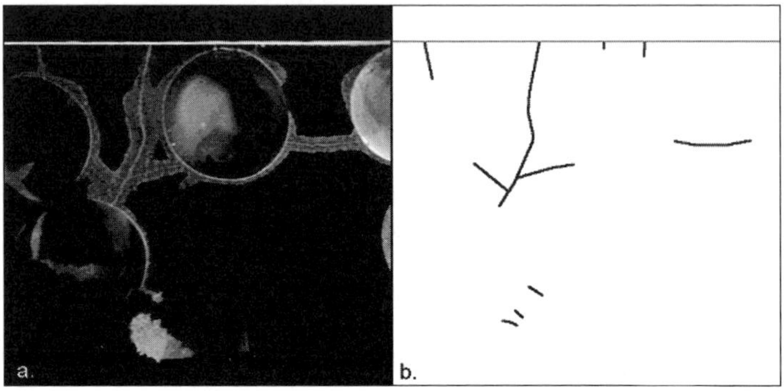

[그림 9.37] 형광제 압입시험에 의한 수축 크랙(이미지 높이 11mm)

약재령 콘크리트 재료에는 수화반응이 불충분(인장이 충분히 발생하지 않았음)한 채로 수분 증발에 따른 체적 수축이 발생하는 경우가 있는데, 이때 건조 수축 균열이라고 불리는 크랙이 발생한다([그림 9.37] 참조). 이러한 크랙 발생기구(언제, 어디서, 어떻게 발생하는가)의 해명은 최근 많이 사용되는 스마트한 단면과 단기간 시공이 가능한 고강도 콘크리트의 구조 설계, 배합 설계, 양생 방법에서 특히 중요하다.

실험에는 시멘트만으로 만들어진 플레인 시험체와 골재를 모의한 유리구슬이 포함된 복합 시험체([그림 9.38] 참조)가 이용되었으며, 제작 후 양생을 1주간 실시한 각 시험체 상부에 600kHz까지 거의 평탄한 특성을 가지는 AE 센서가 설치되었다. 그리고 두 시험체를 약 10일간 항온항습 장치에 설치하여 AE 계측을 실시한 결과, 수축 크랙의 시간별 거동이 처음으로 명확해졌다. [그림 9.39]는 각 시험체의 누적 AE energy를 나타내는데, 플레인 시험체의 AE 거동(수축 크랙)이 건조 직후에 발생하고 1시간 이내에 수렴되는 것에 비해 복합 시험체에서는 전 계측 기간을 통해 얻어지는 양상을 알 수 있었다. 게다가 복합 시험체의 형광제 압입 관찰에 따른 결과에서 이러한 AE 활동이 골재와 시멘트 페스트의 물성 차이에 따라 발생한 방사형상의 크랙이라는 것도 명확해졌다.

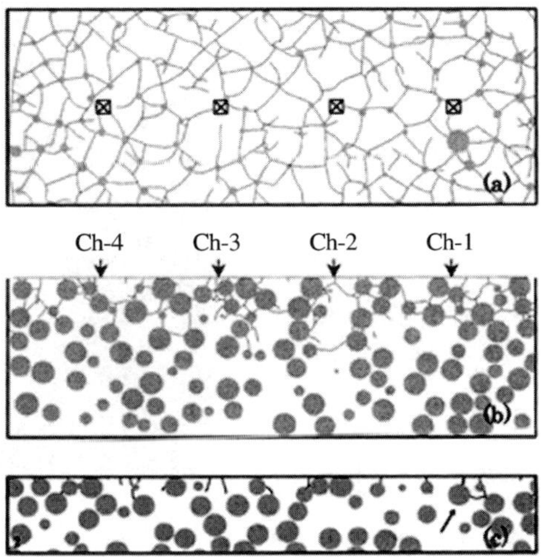

[그림 9.38] 유리구슬을 혼입한 복합 시험체
a. 평면도 / b. 282시간 후 단면 / c. 16시간 후 단면

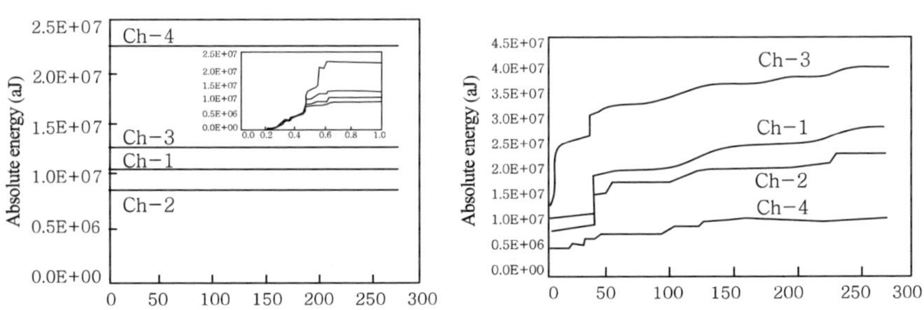

[그림 9.39] 각 시험체의 누적 AE energy 시간별 변화
(좌 : 플레인 시험체, 우 : 복합 시험체)

9.5.2 철도 교각의 반복 하중 실험에서의 AE 활동[21)]

전철 노선의 변경에 따라 폐선이 된 철도 교각으로 AE 시험을 실시했다([그림 9.40]). 북쪽(그림의 오른쪽 안쪽)의 구조물 상단에서 유압 잭(최대 392kN, 2대)으로 수평 변위를 1, 2, 4, 8, 16, 32, 64, 128mm의 단계로 하중을 가했다. AE 계측은 교각 하부 전체에 16개의 AE 센서(60kHz 공진형)를 부착하여 AE 계측시스템으로 처리 · 저장하였다.

[그림 9.40] 시험 대상 교각

또, 교각 거동은 교각의 각 면에 스트레인게이지(PLF-60-11, Tokyosokki사)를 1개, 동쪽과 남쪽 면에 비접촉 변위계(LB-300, KEYENCE사, 측정범위 ±100mm)를 1개씩 설치하고 1Hz 샘플링으로 동적 스트레인 저장장치(DRA101 C, Tokyosokki사)에 저장했다.

AE 계측 결과, [그림 9.41]과 같은 변형량 증가와 AE 활동의 관계가 얻어지고, [그림 9.42]와 같은 변형량의 증가에 따른 RTRI(8.3.2 참조)의 저하와 Calm비(8.3.3 참조)의 증가([그림 9.43])가 관측되었다. 여기서 [그림 9.42] 및 [그림 9.43]은 1차원 AE원과 3차원 AE원에 기초하여 산출하고 있으며, 두 그림에서 1차원 AE원에 의해서도 3차원과 큰 차이 없이 두 파라미터가 얻어짐을 알 수 있다.

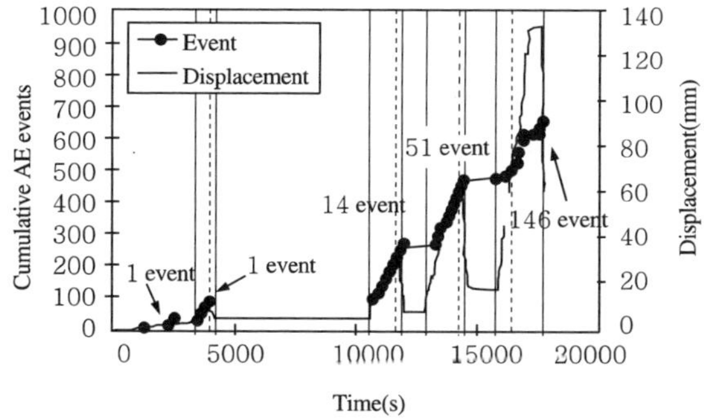

[그림 9.41] 변형 증가와 AE 활동(event값은 하중 제거 시에만 표시)

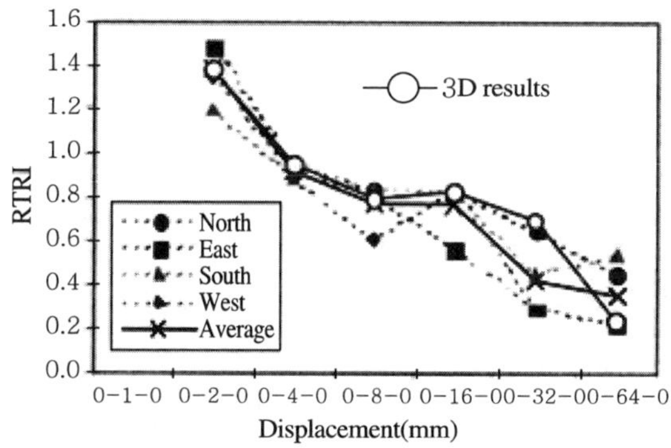

[그림 9.42] 변형 증가와 RTRI

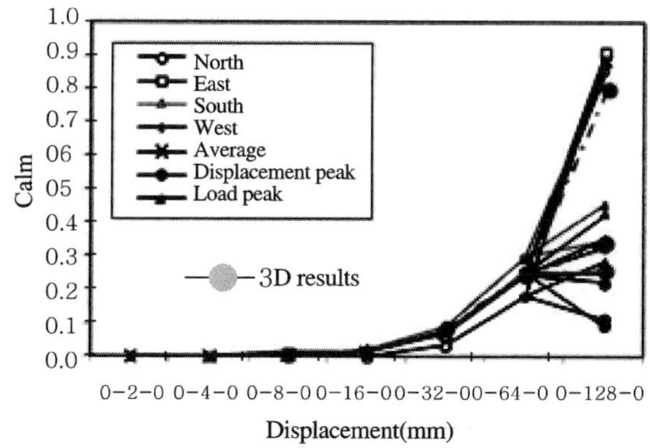

[그림 9.43] 변형 증가와 Calm비

9.5.3 사용 중인 무근 콘크리트 철도 교각

AE 계측대상 교각은 건조 후 약 70년 이상이 경과한 무근 콘크리트이며, 기초의 부등침하로 인한 균열이 교각을 관통하고 있었다. 이 노선에서는 하루에 상하행선에서 약 420대의 열차가 통과하고 있으며, 교각은 상당 수의 반복 열차 하중을 받고 있는 것으로 추정되었다. 본 계측은 특히 아래의 3가지에 착안하여 실시되었다.

1) 장기간에 걸친 열차의 반복 하중을 받은 교각의 손상 개소에서의 2차 기인 AE의 검출
2) AE원의 표정 및 손상 정도의 판정
3) 실구조물에서의 열차 하중에 의한 2차 기인 AE의 특징

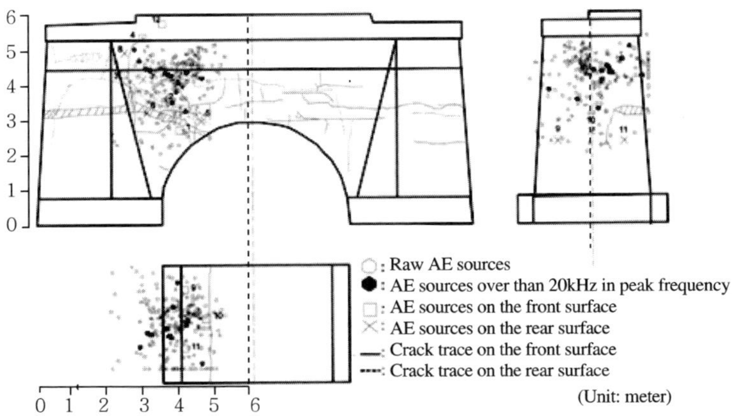

[그림 9.44] 무근 콘크리트 교각 개요와 3차원 AE원 결과

AE 계측은 60kHz 공진형 AE 센서를 사용하여 AE 신호 파라미터 및 AE 파형을 기록하였다. 검토 목적에 따라 5패턴의 AE 센서의 배치를 설정, 그 한 예로써 얻어진 AE원의 3차원 위치표정 결과를 [그림 9.44]에 함께 나타낸다. AE원의 대부분은 교각을 관통한 크랙 주변의 교각 내부에 나타나고, AE원은 내부 크랙의 마찰에 의한 2차 기인 AE라 생각할 수 있

다. 계측한 52대의 열차에서 얻어진 AE원의 수는 417 Event이며, 열차가 1회 통과할 때 얻어진 Event 수는 평균 약 8 Event였다. 이것으로 장기간에 걸친 열차 반복 하중을 받은 교각의 손상 개소에서 2차 기인 AE 발생, 그리고 검출 가능함이 확인되었다. 실열차 하중에서 계측한 교각의 기존 손상부에서 2차 기인 AE의 데이터를 이용하여 RTRI와 Calm비에 기초하여 손상 평가를 시도하였다.

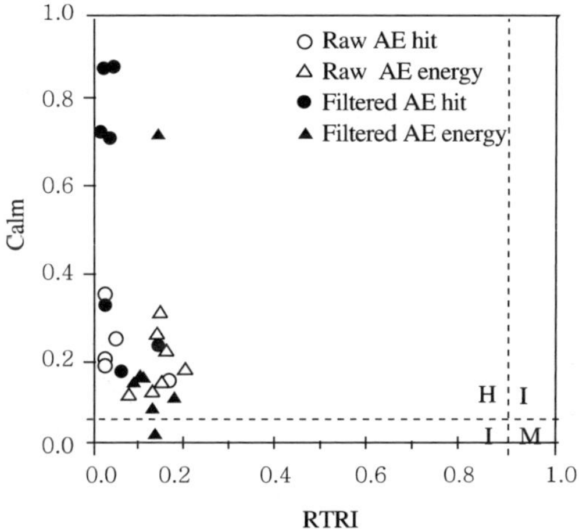

[그림 9.45] RTRI와 Calm비
(H : 심각 손상, I : 중간 손상, M : 경미 손상)

계산된 RTRI와 Calm비를 [그림 9.45]에 나타낸다. 실내실험 결과[22]와 유사하게 심각 손상 영역에 점의 분포가 얻어졌다. 또, 이번 손상 판정 결과는 열차 하중과의 상관성이 확인되지 않았다. 이는 손상이 일정한 구조물에서는 열차 하중에 상관없이 항상 일정범위 내에서 플롯됨을 나타내고 있으며, 손상 평가법의 타당성을 검증한 것이라고 할 수 있다. 그 외, AE 파라미터, 여과 데이터에 의한 결과 차이 등의 검토 결과는 참고 문헌[23]을 참조하기 바란다.

9.5.4 고속철도 교각

지진에 의해 피해를 입은 고속철도 라멘 고가교 중에서 이번 계측의 대상이 된 교각의 손상상황을 [그림 9.46]에 나타낸다. 교각은 지상부에서 현저한 손상은 확인되지 않았으나, 굴삭 후 그림과 같이 기초부에 다양한 형상의 균열이 확인되었다. 이 기둥을 대상으로 [그림 9.47]에 나타낸 2가지 AE 센서 배치(A배치: 심각 손상, B배치: 경미손상)를 적용하였다. 또한, AE 계측 시스템은 기존 설명과 동일하다.

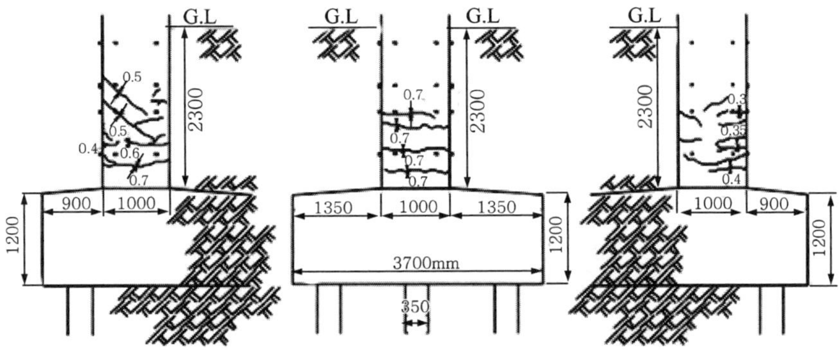

[그림 9.46] 교각 손상상황(왼쪽부터 북쪽면, 동쪽면, 남쪽면)

[그림 9.48]에 3차원 위치표정의 결과를 나타낸다. AE원의 크기는 그 AE원 산출에 기여한 전체 AE hit의 평균 진폭으로 나타내고 있다. [그림 9.48(a)]의 A배치 결과에서 열차의 통과에 따라 AE원이 계측 대상인 교각 내부에 육안으로 확인된 손상 개소 부근에서 수없이 많이 얻어졌다. (b)의 B배치 결과에서 A배치와 동일하게 열차 통과 시에 AE원이 얻어졌다. 여기서 A배치는 상하행선 각각 6대, 4대에서 얻어진 데이터에 기초하여 해석한 결과이며, B배치는 상하행선 모두 각각 2대의 열차에서만 얻어진 결과이다. 따라서 샘플링 모수가 다르기 때문에 각 배치(손상 차이)와 AE원의 수량에 관해 언급할 수는 없으나, AE원의 규모(원 직경의 크기)로 보아 B배치에서의 결과가 A배치에 비해 큰 규모의 AE원이 적음을 알 수 있었

다. 여기서 나타낸 AE원의 규모는 이미 설명한 바와 같이 AE원 산출에 기여한 전체 AE hit의 평균치로써 나타내었으나 이상적으로는 AE파의 전파거리 감쇠를 고려한 AE 발생원 규모의 추정(역산)이 타당하다. 그러나 동일하지 않은 균열을 수없이 많이 포함하는(예를 들어 각 센서 부근에서 균열 밀도의 차이가 있음) 재료 표면에 부착한 AE 센서에서 전파 거리에 따른 감쇠치를 산출하는 것은 어려웠기 때문에 전체 Hit의 평균치로 나타내었다.

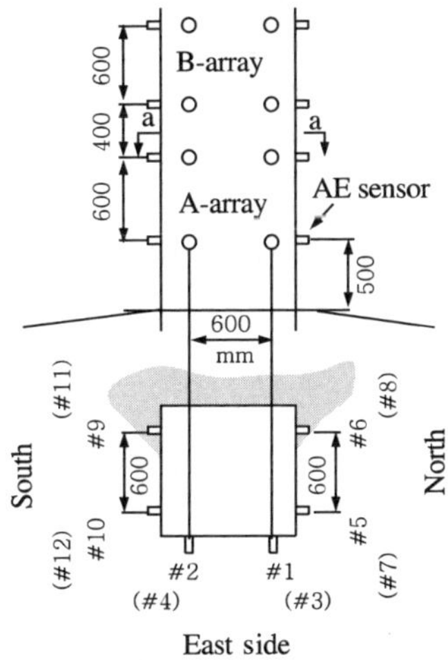

[그림 9.47] AE 센서 배치
(A: 심각 배치, B: 경미 배치)

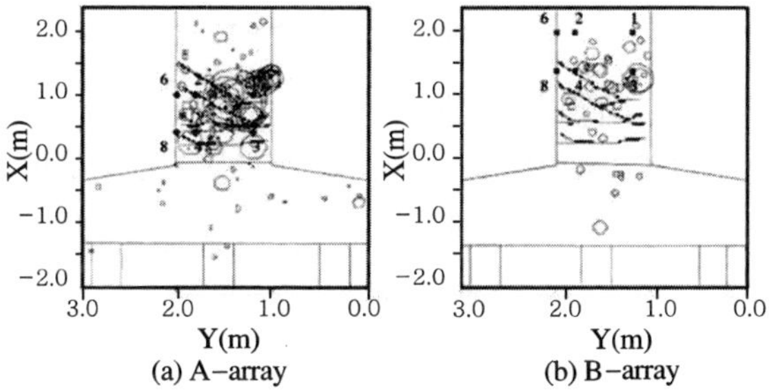

[그림 9.48] 3차원 AE원 분포

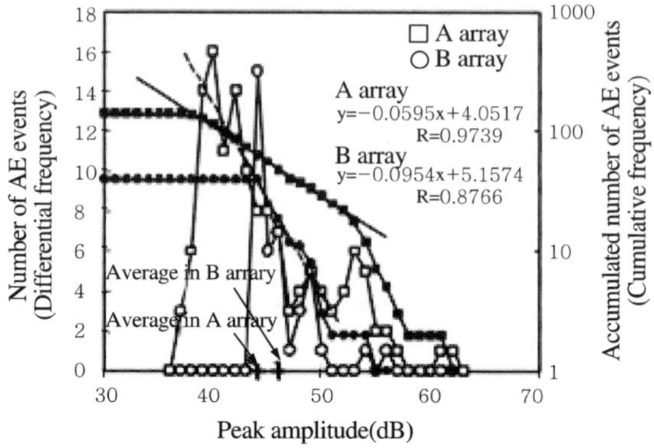

[그림 9.49] A배치와 B배치의 진폭 분포
(흰색 동그라미: 미분형, 검정색 동그라미: 적분형)

[그림 9.49]에 A배치와 B배치에서 얻어진 진폭 규모별 빈도 분포를 나타낸다. 이 그림의 빈도(제 1Y축, 흰색 Plot)에 착안하면 균열이 다수 확인된 A배치에서 35~60dB의 광범위에 걸친 AE 빈도 분포가 관찰되었다. 그에 비해 균열이 소수인 B배치에서는 45~50dB에 집중된 AE 빈도가 얻어졌다. 각 배치에서 얻어진 평균 진폭값(그림 속 +)은 A배치가 B배치에 비해 작다.

일반적으로 파괴 규모가 크면 대규모 AE 활동이 관측되지만 주의해야 할 것은 대규모 AE 활동에만 한정되는 것이 아니라 「대규모에 이르기까지의 AE 활동이 특징적이다」라는 것이다.

이 그림 속 AE 최대 진폭분포의 누적빈도(제 2Y축, 검정 Plot)에 착안하면 A배치의 직선 근사 시의 구배가 B배치의 구배에 비해 낮은 값을 나타낸다. 즉, A배치가 B배치보다 대규모 파괴를 포함하는 파괴 현상을 계측하고 있음을 알 수 있다. 이상의 점에서 고속철도 통과에 따라 손상부에서 발생한 AE 활동의 진폭 규모별 빈도(개량 b값)가 손상 정도를 반영할 수 있다는 것을 확인할 수 있었다.

9.5.5 철도 콘크리트 교각의 보수효과 검토[24)]

일본 치바현 동부에 위치한 70년 이상 경과된 철도 콘크리트 교각(무근 콘크리트)에 대한 보수효과의 확인에 AE 및 탄성파 단층촬영을 하였다. 계측대상 교각은 경년 열화와 더불어 치바현 동쪽 앞바다의 지진에 의한 손상이 염려되고 있었다. [그림 9.50]에 조사대상 교각의 개요, [그림 9.51]에 육안검사의 결과를 나타낸다. P2(건전), P3(심각 손상), P4(중간 손상) 등 3개의 교각이 계측대상으로 이미 충격 진동시험[25)]에 의해 먼저 발생된 손상이 각 교각에서 추정되었다.

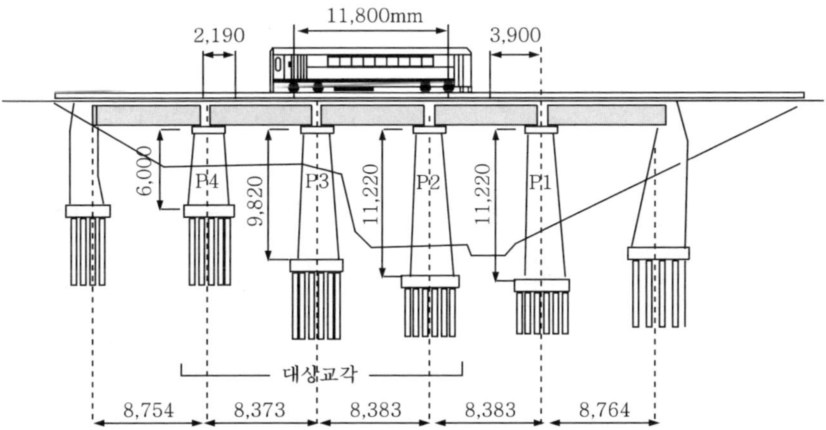

[그림 9.50] 조사대상 교각의 개요

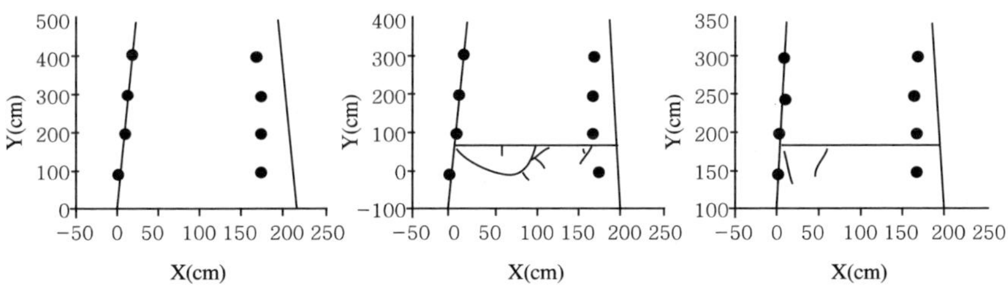

[그림 9.51] 육안검사 결과(왼쪽부터 P2, P3, P4 교각)

[그림 9.51]에 표시된 육안검사에서 P3, P4의 수평 위치에서의 손상이나 P3에서의 일부 콘크리트 덩어리 박리 등이 관찰되었다. P3 교각의 보수에는 교각 내부의 균열이나 공극에 무기계 보수재를 충전하였다. 보수 전/후의 AE 시험, 단층촬영 시험, 보수 전의 P3 교각에 수평 방향으로 3개, 경사 아래쪽에 1개를 삭공하고 코어 관찰과 함께 시추공 카메라를 이용하여 공벽을 관찰하였다. 또한, 사면 채집 코어에 형광재 에폭시 압입시험[26)]을 실시하였다. 여기서는 AE 시험 및 단층촬영 시험 결과에 대해서만 나타낸다.

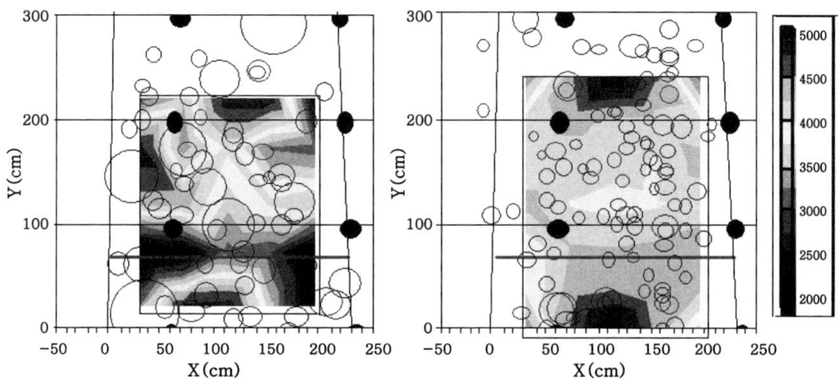

[그림 9.52] P3 보수 전후의 탄성파 속도(왼쪽: 보수 전, 오른쪽: 보수 후)

보수 전후의 탄성파 단층촬영 및 AE 위치표정 결과를 [그림9.52]에 나타낸다. 왼쪽 그림에서 앞서 설명한 이어치기 균열은 3,000m/s 이하의 저속도대로 추정되고, 보수 후(오른쪽 그림)에 현저한 속도 증가를 나타내었다. 더욱이 보수 효과는 계측범위 전체에서 높은 속도 구조로 확인할 수 있었다. AE원의 규모는 그림에서와 같이 보수 후 명확하게 작아졌다. 이것은 원래 열차에 의한 하중을 집중적으로 부담하고 있던 대규모 균열군이 보수에 의해 개선된 것으로 소규모 균열군에 열차 하중이 재배분된 결과 얻어진 AE 활동인 것으로 추정된다. 여기서 AE 발생수는 보수 전후에 현저한 차이를 보이지 않고, 오히려 보수 후에 발생수가 증가되어 AE 발생수만으로 보수 효과를 논할 수 없다는 것을 확인하였다. 또, 해당 교각은 열차가 통과함에 따라 이음부를 중심으로 진동 거동을 나타냈기 때문에 Calm비나 RTRI 등 앞에서 나타낸 손상지표 산출에 필요한 최대 변형값과 교각 내에 넓게 분포되어 있는 AE 활동을 직접적으로 관련지을 수 없었다. 그래서 AE 활동과 AE 진폭 분포에 기초한 평가를 실시하였다. 여기서 열차 하중에 의해 야기되는 AE 활동에는 열차 통과에 따른 많은 진동 노이즈가 포함되어 있다는 점에서 여기에서는 AE원(AE 발생 위치를 결정할 수 있었던 AE event)에 기초한 진폭 규모별 빈도 분포로 검토하였다.

[그림 9.53]에 보수 전후의 AE 진폭분포를 나타낸다. 보수 전의 진폭분포는 큰 진폭을 다수 포함하는 "(-) 기울기가 작은 값"이 되고, 반대로 보수 후에는 (-) 기울기가 큰 "작은 진폭을 다수 포함하는 진폭분포"가 되었다. 이 점에서 AE 신호 진폭분포의 구배(Ib값)가 보수 효과를 정량적으로 평가할 수 있음을 알게 되었다. 그래서 AE 진폭분포에 의한 손상평가를 다른 사례에도 적용하여 아래의 손상평가 기준을 정하였다.

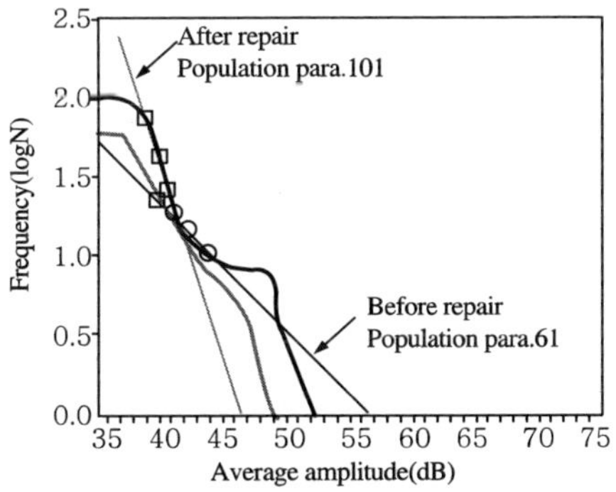

[그림 9.53] P3 보수 전후의 진폭 분포

Ib-value < 0.1: Serious damage

0.1 ≤ Ib-value ≤ 0.2: Intermediate damage

0.2 < Ib-value: Minor damage or Intact

9.5.6 열화된 수문 콘크리트

[그림 9.54] AE 시험 취수댐 피아

건설 시(약 70년 전)의 부족한 배합이나 동결 융해에 의해 열화된 대규모 취수댐 피아 콘크리트([그림 9.54] 참조)의 보수 전후에 AE 시험을 실시하였다. 초미립자 시멘트의 그라우팅(grouting)으로 보수하였으며, AE 계측의 조건이 되는 내력 변동은 보수 전후에 실시한 투수(透水) 시험 시의 수압을 이용하여 실시하였다[27].

AE 시험의 결과를 [그림 9.55]에 나타낸다. 보수 전에 깊이 9m, 12m 장소에서 높은 AE 활동이 관측되었으나 보수 후에 현저하게 감소하는 모습이 확인되었다. 또한, 그림과 함께 나타낸 그라우트 재료의 충전량과의 관계에서 충전량이 많은 장소에서 AE 활동의 저하가 현저함을 알 수 있었다. [그림 9.56]에 보수 전후의 Calm비 및 Load비를 나타낸다. 각 심도에서 불균형이 있는 것의 평균치로 비교한 결과, 명확하게 보수 후에 이 그림의 오른쪽 아래 측, 건전한 쪽을 향해 Plot이 이동한 것을 알 수 있다. 본 구조물에서는 AE 계측과 더불어 탄성파 단층촬영 시험도 실시하였으나 그 적용 한계가 나타났다. 그러나 AE법에 의해 이것이 보완, 평가 가능하였다.

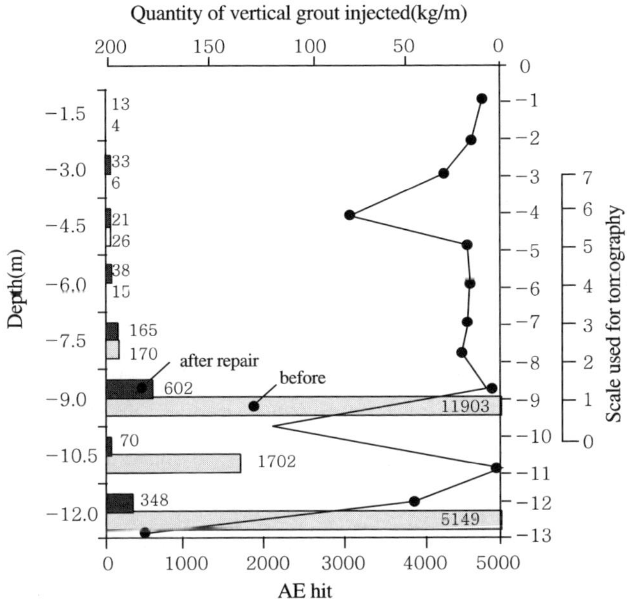

[그림 9.55] 보수 전후, 심도별 AE 활동과 그라우트 주입량

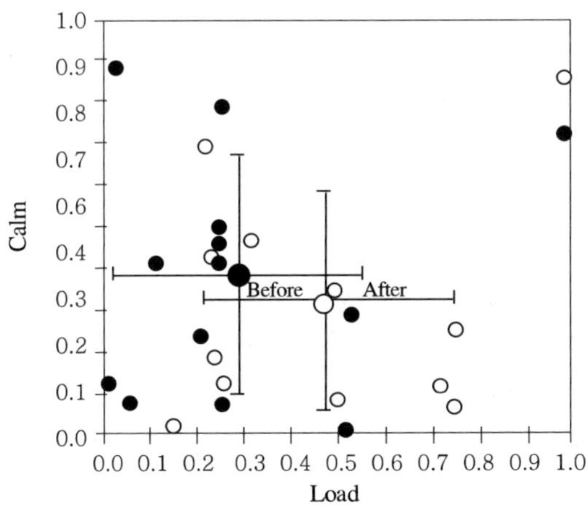

[그림 9.56] P3 보수 전후의 AE 손상 파라미터

참고 문헌

(1) Acoustic Emission, (사)일본비파괴검사협회, p.128~129, (1990)

(2) 勝山邦久 편찬, "현장 기술자를 위한 AE 기술의 응용", IPC, p.497~499, (1994)

(3) 尾上守夫 외 저, "Acoustic Emission의 기초와 응용", p.2, (1976)

(4) http://nesb.larc.nasa.gov/NESB/ndetasks/2000/ae.html

(5) A.W.Murphy et al., "Unlined Reusable Filament Wound Composite Cryogenic Tank Testing", NASA Technical Memorandum 209039, (1999)

(6) C.Wilkerson, "Acoustic Emission Monitoring of the DC-XA Composite Liquid Hydrogen Tank During Structural Testing", NASA Technical Memorandum 108520, (1996)

(7) P.T.Cole, "Acoustic Emission Monitoring of Large Scale Composite Aerospace Structures", AECM-6, The sixth International Symposiumon Acoustic Emission from Composite Materials, San Antonio, Texas, pp.108~113, (1998)

(8) P.Fleischmann, J.C.Lenain, "Acoustic Emission in Composite Materials and Structures", Acoustic Emission-Beyond the Millennium, edited by T.Kishi, M.Ohtsu and S.Yuyama, ELSEVIER, ISBN0080438512, pp.77~91, (2000)

(9) 佐藤明良, "우주용 복합재 로켓 모터 케이스의 비파괴검사", Acoustic Emission 특별연구위원회, No. 118, 도쿄, pp.17~20, (2003)

(10) NDIS2412:1980 "고장력강을 이용한 구형탱크의 Acoustic Emission 시험 방법과 시험결과의 등급 분류 방법"

(11) "Acoustic Emission II", (사)일본비파괴검사협회, AE 특별연구위원회 교육 WG편, pp.149~151

(12) 小林英男, 파괴사고, 공립출판, 2007, pp.112~121

(13) J.M Rodgers and R.M.Tilley, Standardization of Acoustic Emission Testing of Fossil Power Plant Seam-Welded High Energy Piping, Proc. The 2004 ASME/JSME Pressure Vessels and Piping Conference

on Fitness for Service, Life Extension, Remediation, Repair and Erosion/Corrosion Issues for Pressure Vessels and Components, PVP2004-2248, San Diego, California, USA, July 25~29, (2004)

(14) J.M.Rodgers and A, Dietrich, Acoustic Emission Monitoring of Fossil High Energy Piping, Sixth EPRI Piping & Bolting Inspection Conference, July, (2002)

(15) 村尾増昭, 榊原誠, 鈴木春夫, 横川敦俊, AE법에 의한 프레스 가공상태 감시 기술의 개발, Denso technical review, 9-1, pp.92~99, (2004)

(16) 塩谷智基, 三輪滋, 門間敬一, "암반 AE 모니터링에 영향을 미치는 빗방울의 탄성파 특성", 제6회 지하와 토목의 AE 국내 Conference 논문집, 자원・소재 학회, pp.7~12, (1999)

(17) M.Shigeishi, T.Shiotani and M.Ohtsu, "A consideration about the rainy influence in field AE measurement, Progress in AE X, pp.177~182, (2000)

(18) T.Shiotani, S.Miwa, M.Ohtsu and K, Ikeda, "Development of AE waveguide for rock failure monitoring", Progress in AE X, pp. 85~90, (2000)

(19) T.Shiotani, K.Ikeda and M.Ohtsu, "Detection and evaluation of AE waves due to rock deformation, Elsevier Science, Construction and Building Materials, Vol. 15, No. 5-6, pp.235~246, (2001)

(20) T.Shiotani, J.Bisschop and J.GM van Mier, "AE activity during drying processes in cement-based materials", Progress in AE XI, pp.290~297, (2002)

(21) 塩谷智基・小林薫・羅休・羽矢洋: 1차원 AE원을 이용한 철도 콘크리트 구조물의 손상 평가, 일본비파괴검사협회, 제15회 AE 종합 Conference 논문집, pp.145~148, (2005)

(22) Ohtsu, M., Uchida, M., Okamoto, T., and Yuyama, S., Damage assessment of reinforced concrete beams quantified by acoustic emission, ACI Structural Journal, 99, No.4, pp.411~417, (2002)

(23) Shiotani, T., Nakanishi, Y., Luo, X., Haya, H., and Inaba, T.:

Damage evaluation for railway structures by means of acoustic emission, Key Engineering Materials, pp.270~273, 1622~1630, (2004)

(24) Shiotani, T., Nakanishi, Y., Iwaki, K., Luo, X., and Haya, H.: Evaluation of reinforcement in damaged railway concrete piers by means of acoustic emission, Journal of Acoustic Emission, 23, pp.260~271, (2006)

(25) Nishimura, A., and Haya, H.: Assessment of the structural integrity of bridgefoundation by the impact vibration test. Proceedings of GEO-COAST '91. pp.719~724, (1991)

(26) Shiotani, T., Bisschop, J., and van Mier, JGM.: Drying shrinkage microcrack measurements in cementitious composites using AE and FLM, Proceeding of the 2002 SEM Annual Conference & Exposition on Experimental and Applied Mechanics, 202 (CD-ROM),(2002)

(27) 若松洋介, 松山俊明, 塩谷智基: 노후화된 콘크리트 구조물에서의 보수 개량 효과 검증에 대해, 전력토목, 330, pp.27~30, (2007)

10 용어해설

10. 용어 해설

검색상의 주의

(1) 본 용어 해설은 Acoustic Emission 시험과 관련하여 공부함에 있어 참고가 되도록 편집하였다. 즉, 용어의 개요는 JIS나 NDIS에 따랐지만 이해하기 쉽게 편집하였다.

(2) 표 안의 → 표시는 반대어 또는 관계가 있는 용어를 나타내고 있다. 필요한 용어를 검색한 후 반드시 → 의 용어도 검색해서 자신의 지식을 정리하기 바란다.

(3) 기술 용어에는 관련 업계에서도 다른 표현을 하는 것이 있다. Acoustic Emission 시험 용어도 이러한 것이 몇 개 있으며, 본 해설에서는 업계에서 관용어로 널리 사용되고 있는 것을 채용하였다. 따라서, 일부 JIS나 NDIS에서 정한 단어와 다른 것이 있다.

(4) 배열은 자음 순이다.

	용어	의미	영어 명
ㄱ	가드 센서(가드 채널)	측정대상 범위 외의 음원으로부터 발생한 AE를 측정대상 범위 내의 음원으로부터 발생하는 AE와 구별하기 위해 사용하는 AE 센서. 가이드 센서를 이용함으로써 공간 필터를 구축할 수 있다.	Guard channels
	감쇠	AE파가 매체 내부를 전파할 때 흡수나 산란으로 발생하는 진폭의 단위 전파 거리당 저하 참고: 일반적으로 단위 길이당 dB값으로 표시한다.	attenuation
	계속 시간 → 지속 시간		
	그라운드 루프	센서측과 계측기측 쌍방으로 그라운드에 접속함에 따라 형성되는 루프. 이 루프에서 발생하는 노이즈는 계측기에 커먼 모드 노이즈로써 중첩된다. 피측정물과의 거리가 떨어져 있거나, 피측정물의 케이스에 액추에이터나 콤프레샤 등 따로 큰 전류가 흐르거나 하는 경우에는 큰 커먼 모드 노이즈가 발생한다. 이 문제를 해결하기 위해서는 계측기의 입력을 그라운드에서 플로팅시키거나 차동 입력으로 한다.	ground-loop
ㄷ	다이나믹 레인지	시스템 또는 센서에서 과부하 레벨과 최소 신호 레벨(일반적으로 노이즈 레벨, 저레벨 스트레인, 간섭 또는 분해능 중의 하나 또는 여러 개의 조합에 의해 정해진다)과의 비를 dB로 나타낸 값.	dynamic range
	도달시간차	여러 개의 AE 센서에 AE파가 도달하는 상호 시간차	arrival time interval
	도파봉 → AE 웨이브가이드		
	돌발형 AE → 연속형 AE	외관상 시간적으로 분리하여 관측할 수 있는 AE 신호.	burst emission
	동상 신호 제거비	차동 Gain을 동상 Gain으로 나눈 것으로, 앰프의 성능을 나타내는 지표. 동상 신호 제거비(CMRR)가 크면 클수록 성능이 좋은 앰프이며, 이상적인 앰프에서는 무한대가 된다.	common mode rejection ratio

ㄹ	램파, 판파	얇은 판 상태의 고체를 전파하는 탄성파 참고: 판 속 진동의 모습에 따라 대칭 모드와 비대칭 모드로 분류한다. 모드와 주파수에 따라 위상속도와 군속도가 변화한다.	lamb wave, plate wave
	링다운 카운트 → AE count		
ㅁ	모드 변환	AE파(탄성파)가 반사 또는 굴절에 의해 다른 모드로 변환되는 것.	mode conversion, mode transformation
ㅂ	불감시간	이미 식별된 AE 신호의 파속이 우회나 반사 등에 의해 다시 동일한 AE 센서에서 다른 AE 신호의 파속으로써 검출되지 않도록 계측기 또는 장치가 새로운 데이터를 받아들이지 않는 시간	dead time, hit lockout time
ㅅ	스넬의 법칙	2개의 다른 매질의 경계에서 AE파는 반사, 굴절하지만, 그때의 입사각, 반사각, 굴절각으로 각각의 매질에서의 AE파 전파속도와의 관계를 나타낸 법칙.	Snell's law
	스펙트럼 해석	AE 신호는 다양한 주파수 성분으로 구성되어 있는데, 이 주파수별 강도를 정량적으로 구하는 처리이다.	spectrum analysis
ㅇ	압전효과	외부에서 가해진 스트레인이나 전하를 없애는 방향으로 압전체 내부에서 전하나 스트레인을 발생시키는 현상. 즉, 외부에서 압전체에 힘을 가하면 전극에 전하가 발생하고, 전극에 전압을 가하면 압전체가 변위한다.	piezoelectric effect
	연속형 AE → 돌발형 AE	외관상 시간적으로 분리하여 관찰되지 않는 AE 신호	continuous emission
	영역 표정	AE원의 발생영역을 판정하는 방법(예를 들어 제 1도달 순위를 이용하는 경우나 누적 AE count를 이용하는 방법 등이 있다.	zone location
	유사 AE원	AE 센서 또는 계측장치의 교정이나 감도 설정 등을 목적으로 사용되는 AE파를 모의한 탄성파의 발생원	artificial AE source
	웨이브가이드 → AE 웨이브가이드		

	위치표정 → 1차원 위치표정, 2차원 위치표정, 3차원 위치표정	AE 데이터를 평가하여 구조체 상의 AE원의 위치를 결정하는 방법	source location
	음향 임피던스	주어진 매질의 단면적과 AE파의 속도 곱에 대한 음압과의 비 참고: 통상은 AE파의 속도와 밀도의 곱으로써 나타낸다.	acoustic impedance
	음향적 그림자	시험체의 기하학적 형상 또는 손상에 의해 AE energy가 도달하지 않는 시험체 내부의 영역	acoustic shadow, shadow zone
	음향 · 초음파법, AU	탄성파를 발생시켜 공시구조체의 흠집 분산 상태, 손상 상황 및 기계적 특성 변화를 검출하여 평가하는 비파괴검사 방법 참고 : AU 검사법은 AE 신호로 분석하는 방법과 초음파를 이용한 재료 특성 검사방법을 조합한 것이다.	acousto-ultrasonic, AU
	이벤트 카운트 (이벤트 수, 사상계수) → AE 카운트	변별된 AE event(AE 사상)을 1개로 계산하여 얻어진 수치	event count
	이벤트 카운트 레이트 (사상률)	단위 시간당 Event count	event count rate
ㅈ	전압 threshold값 → 평가 threshold값	이 값보다 큰 진폭의 신호가 인식되는 비교기의 전압레벨. 이 전압 threshold값은 사용자가 조정, 고정할 수 있고 자동 이동형으로 설정할 수도 있다.	voltage threshold
	접촉매질, 커플란트	AE 계측 시에 음향 에너지의 투과를 좋게 하기 위한 목적으로 시험 대상과 센서와의 접촉 부분에 사용하는 재료.	couplant
	제 1hit 영역 표정	채널군 중, 제 1hit 채널로부터의 Activity만을 비교하는 영역 표정 방법.	first-hit zone location
	중심 주파수	AE파의 스펙트럼 분포의 평균	frequency centroid
ㅋ	카이저 효과	어느 시험체에 응력 이력이 있을 경우, 가해진 최대 응력에 도달하기까지 거의 AE가 발생하지 않는 현상	Kaiser effect
	커플란트 → 접촉매질		

	클러스터 위치표정	지정된 길이 또는 면적 범위 내에서 위치표정된 AE activity가 있는 양을 가지고 위치를 표정하는 방법. (예를 들어, 300mm의 선분 내 또는 $300\mathrm{mm}^2$ 면적 내에 5Event)	cluster location
ㅌ	탁월 주파수 → Peak 주파수		
ㅍ	판파 → 램파		
	펠리시티 효과	사전에 설정한 감도로 검출 가능한 AE가 앞에 사용한 최대 응력보다 낮은 레벨에서 검출되는 것.	Felicity effect
	평가 threshold값 → 전압 threshold값	시험 후의 검사 데이터 해석에 이용하는 Threshold값. 전압 threshold값과 동일하게 설정하는 경우가 대부분이다.	evaluation threshold
	평균 신호레벨	정류되고 시간 평균된 로그 AE 신호. AE 진폭을 로그 눈금으로 측정하여 $\mathrm{dB_{AE}}$의 단위로 표시한 값. 단, AE 센서의 출력단에서 1μV를 $0\mathrm{dB_{AE}}$라 한다.	average signal level
	퓨리에 변환 → FFT		
	프리앰프, 전치 증폭기	AE 센서에 의해 검출한 AE 신호를 받아 그 전압을 증폭하기 위해 설치하는 기기. AE 신호처리장치의 앞에 설치하기 때문에 전치 증폭기라고도 함.	preamplifier
	피크 식별시간	AE파의 Peak치를 결정하기 위해 설정하는 시간. Peak치 검출 수, 설정한 시간 내에 이보다 큰 진폭이 검출되지 않으면 검출한 값이 Peak치가 된다.	peak definition time
	피크 주파수	AE파의 스펙트럼 분포 중에서 최대 강도를 가진 성분의 주파수.	peak frequency
ㅎ	히트	하나의 AE event에서 발생한 AE 파동을 각 AE 센서로 검출한 AE 신호의 파속. 하나의 AE event더라도 각 센서에서 Threshold값을 초과하면 여러 개의 Hit가 된다.	hit
	히트 식별시간	AE 신호가 독립한 Hit인지 또는 앞에 시작한 Hit가 종료하지 않고 이어져 계속되고 있는지를 구별하기 위해 설정하는 시간	hit definition time

A	AE(Acoustic Emission)	고체가 변형 또는 파괴될 때, 그때까지 비축되어 있던 스트레인 에너지가 방출되어 탄성파가 발생하는 현상 또는 그렇게 하여 발생하는 과도적인 탄성 파동을 말한다.	
	AE 센서(AE 변환자)	AE파를 받아서 전기신호로 바꾸는 변환기	AE sensor
	AE 시험, AT(AET, AE)	AE의 현상을 이용하여 실시하는 비파괴검사 시험 및 재료 평가시험	Acoustic Emission Testing, AT
	AE 신호	AE 센서에서 AE파를 전기신호로 변환한 것	AE signal
	AE 신호의 실효값	AE 신호의 값을 제곱한 후, 산술평균하여 평방근을 구한 것.	AE root mean square value
	AE 신호의 에너지 (AE energy)	AE 신호 제곱의 적분값이지만, 고속 연산이 필요한 AE 시험에서는 대체 AE 신호 에너지가 사용되는 경우가 많다. 대체 AE 신호 에너지에는 다양한 정의가 있으며, AE 신호 처리장치에 따라 사용하고 있는 대체 AE 신호 에너지의 정의가 다른 경우도 있다. AE 신호 진폭과 동일하게 이벤트 에너지의 크기와 상관이 있는 파라미터이며, 빈번하게 계측한 AE 데이터의 평가에 이용된다.	AE signal energy
	AE 신호의 지속시간 (지속시간, 계속시간)	AE 신호의 시작에서 종결에 이르기까지의 시간	AE signal duration
	AE 신호의 rise time (rise time)	AE 신호의 시작부터 그 AE 신호가 최대 진폭에 이르기까지의 시간	AE signal rise time
	AE 신호 진폭(AE 신호 최대 진폭, AE 선두값)	1개의 AE event에서 신호파형의 최대 전압. AE 신호의 포락선 절대값의 최대값을 의미하는 경우도 있다.	AE signal amplitude, (AE signal peak amplitude)
	AE 에너지	AE 신호의 순시치의 제곱을 시간 적분한 것. 간이적으로는 최대 진폭의 제곱이나 이에 지속시간을 곱한 것이 사용된다. 장치에 따라 정의가 다르므로 주의가 필요하다.	AE energy
	AE원(AE 발생원)	AE가 발생하는 근원	AE source

	AE 웨이브가이드(웨이브가이드, 도파봉)	AE 모니터링 시에 시험 대상에서 발생하는 AE파를 원격점에 설치된 센서로 검출하기 위한 장치.	AE waveguide
	AE 이벤트(AE 사상)	AE를 발생시키는 재료 내의 현상.	Acoustic emission event, (emission event)
	AE 채널	아래의 조합으로 구성하여 AE를 계측하는 시스템. (1) 센서(변환자) (2) 전치 증폭기 또는 임피던스 정합 트랜스 (3) 필터 2차 증폭기 또는 그 외의 필요기기 (4) 연결 케이블 (5) 검출기 또는 프로세서	AE channel
	AE 카운트(링다운 카운트, 카운트, 에미션 카운트, AE 계수)	어느 시험기간에서 AE 신호가 미리 설정한 threshold값을 초과한 회수	AE count, ring down count, count, emission count
	AE 카운트 레이트(에미션 레이트, AE 계수율)	단위 시간당 AE count	AE count rate, emission rate
	AE파	AE에 의해 발생하는 탄성파	AE wave
	AE 파라미터	AE 신호 파형의 특징을 수치로써 추출한 것. 대표적인 AE 파라미터로 AE 신호 진폭, AE 신호의 지속시간, AE count, AE 신호의 Rise time이 있다.	AE parameter
B	b값	진폭 분포를 양대수 그래프로 나타내었을 때의 기울기에 −1을 곱한 것. 규모가 큰 현상이 많은 파괴 과정에서는 작은 값이 되고, 작은 현상이 많은 파괴 과정에서는 큰 값이 된다.	b-value
C	Calm비	하중 제거 시에 계산된 AE 발생수와 이력 사이클 중에 계산된 AE 발생수의 비	Calm ratio
D	dB_{AE}	$1\mu V$를 기준으로 했을 때의 AE 신호 진폭의 로그값. 신호의 최대 진폭값 [$dB_{AE}=20\log_{10}$	dB_{AE}

		(A_1/A_0)]로 나타낸다. 단, A_0: 1μV, A_1: 센서 출력단(증폭 이전)에 있어서 측정된 AE 신호 전압의 최대값	
F	FFT	어느 임의의 시간 신호를 주파수 영역으로 나타낸 것. 퓨리에 변환에 의해 AE 신호가 어떠한 주파수와 진폭을 가진 파형의 합성으로 이루어져있는지(스펙트럼 분석)를 알 수 있다. 고속 퓨리에 변환(FFT: Fast Fourier Transform)은 이산퓨리에 변화의 대칭성에 착안하여 그 연산량을 줄여 고속으로 변환을 수행하는 방법.	Fast Fourier Transform
L	Load비	점증 반복 부하 사이클 중에 AE 발생이 관측된 하중과 그 이전의 이력 하중의 비	Load ratio
	LUCY	Location Uncertainty의 약자. 위치표정의 불확실함을 나타내는 지수. 위치표정에 필요한 최저수의 채널(1차원 위치표정: 2개, 2차원 위치표정: 3개, 3차원 위치표정: 4개)보다 많은 채널을 사용하는 경우에 계산할 수 있다.	LUCY
M	MARSE	대체 AE 신호 에너지의 하나로, 아래 그림과 같이 검파 신호의 포락선으로 둘러싼 면적. 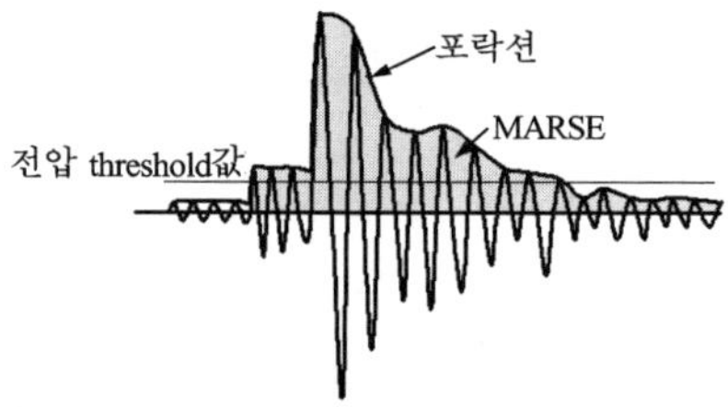	Measured Area of The Rectified Signal Envelop (MARSE)
S	SN비	신호의 진폭에 대한 노이즈(잡음) 레벨의 비	S/N ratio
1	1차원 위치표정 (직선 위치표정)	2개 이상의 채널을 필요로 하는 1차원 위치표정	linear location
2	2차원 위치표정 (평면 위치표정)	3개 이상의 채널을 필요로 하는 2차원 위치표정	planar location
3	3차원 위치표정 (입체 위치표정)	4개 이상의 채널을 필요로 하는 3차원 위치표정. 단, 일반적으로는 5개 이상을 사용하는 경우가 많다.	3-D location

부록

[부록 1] AE 시험 관련규격 일람

1. 개요

AE 시험은 재료시험 뿐만 아니라 구조물의 건전성 평가나 연속 감시에 널리 사용되고 있다. 지금까지 AE 센서나 AE 계측장치의 성능 평가방법, AE 계측법 등 시험순서나 데이터 수집방법에 대한 지침을 세우고 그 표준화를 위해 국내외에서 다양한 규격이 제정되어 왔다.

본 부록에서는 일본 비파괴검사협회규격(NDIS), 일본 공업규격(JIS), 일본 고압력기술협회 기술지침(HPIS)에서 정해져 있는 일본 규격의 개요를 설명한다. 한편 해외 규격은 중요한 규격만 소개한다. AE 시험 기술자의 기량 인증에 대해서는 AE 시험을 실시함에 있어 매우 중요한 요소라는 점에서 그 개요에 대해 별도의 항목을 마련하여 설명한다.

2. 일본 규격

2.1 구조물의 건전성 평가 및 연속 감시에 관한 규격

(1) NDIS 2419: 금속제 압력용기 등의 Acoustic Emission 연속 감시방법

운전 중의 산업설비에서 금속제의 압력용기 · 배관 등 기기의 AE에 의한 연속 감시방법의 지침을 규정(1997년 제정).

(2) NDIS 2421: 콘크리트 구조물의 Acoustic Emission 시험방법

콘크리트 구조물의 초기 점검 및 사용 중인 경우 건전성을 평가 · 판정하기 위한 AE에 의한 시험방법의 지침을 규정(2000년 제정).

(3) JIS Z 2342: 압력용기의 내압시험 등에 있어서의 Acoustic Emission 시험방법 및 시험결과의 등급 분류방법

금속용기 및 그 배관계의 내압시험, 기밀시험 등 압력을 가하여 비파괴검사를 실시할 때의 AE 시험방법과 시험결과의 등급 분류방법에 대해 규정(2003년 제정).

(4) HPIS G 110 TR 2005: **AE법에 의한 석유탱크 바닥부의 부식 손상 평가방법에 관한 기술 지침**

지상에 설치하는 탱크(석유탱크 등)에서 글로벌 진단기술의 하나로 AE 시험을 실시함에 따라 탱크 바닥부의 부식 손상상태를 종합적으로 평가·판정하고 부식 관리의 우선도를 선택하기 위한 지침을 제시(2005년 제정).

2.2 AE 센서와 AE 시험장치의 성능측정과 특성평가에 관한 규격

(1) NDIS 2106: Acoustic Emission **시험장치의 성능측정 및 표시방법**

AE 시험장치를 구성하는 전치 증폭기, 주 증폭기 및 주 신호처리기의 주된 성능에 관한 측정방법과 표시방법에 대해서 규정(1997년 제정).

(2) NDIS 2110: Acoustic Emission **변환자의 감도 열화 측정방법**

표준 음원을 사용하여 AE 센서(변환자)의 감도열화 정도를 측정하는 방법에 대해서 규정(1997년 제정).

(3) NDIS 2109: **상호 교정법에 의한** Acoustic Emission **변환자의 절대감도 교정방법**

같은 종류의 3개의 가역 변환자인 AE 센서를 이용한 상호 교정법에 따라 각각의 AE 센서의 절대감도 진폭의 주파수 특성을 교정하는 3변환자 교정방법. 이 교정에 의해 송파감도가 교정된 AE 센서를 이용하여 임의의 AE 센서에 대해 수신감도의 진폭 주파수 특성을 교정하는 2변환자 교정방법, 3변환자 교정에 있어서 절대감도의 진폭과 함께 위상각의 주파수 특성을 구하고 그 결과에서 AE 센서의 절대감도의 임펄스 응답을 산정하는 임펄스 응답 교정방법 및 각각의 교정 결과의 표시방법에 대해 규정(2004년 제정).

3. 해외 규격

(1) ASME Boiler and Pressure Vessel Code: "Acoustic emission examination of metallic vessels during pressure testing", Section V, Nondestructive Examination, Article 12, (1989)

신규 금속제 압력용기의 수입 검사로 실시되는 압력시험 중에서 AE 시험의 실시방법을 규정.

(2) ASTM E569-07: "Standard practice for acoustic emission monitoring of structures during controlled stimulation"

열적 또는 기계적인 방법으로 부하를 가할 수 있는 압력용기, 배관, 그 외 구조물의 AE 시험 또는 AE 감시를 실시할 때의 기술지침을 규정.

(3) ISO12713: "Non-destructive testing-Acoustic emission inspection-Primary calibration of transducers"

표면 임펄스파의 입력에 의한 AE 센서의 절대감도 교정방법을 규정.

(4) ISO12716: "Non-destructive testing-Acoustic emission inspection-Vocabulary"

AE 시험에 관한 용어를 정의하고 규정.

(5) ISO/DIS22096: "Condition monitoring and diagnostics of machines-Acoustic emission"

AE법에 의한 기계장치의 상태감시에 관한 원리, 계측 순서 그리고 데이터 해석법 등을 정리한 국제 규격.

4. 기술자의 기량 인증에 관한 규격

(1) ISO9712: "Non-destructive testing-Qualification and certification of personnel"

비파괴검사 기술자의 자격 및 인증 실시에 관한 규칙을 규정한 것. AT에 대해서도 기량 레벨마다 실시 가능한 직무와 요구되는 능력이 정해져 있다. 일본공업규격 JIS Z 2305: 2001과 유사한 국제 규격.

(2) Recommended practice No.SNT-TC-1A*, Personnel qualification and certification in nondestructive testing, ASNT, 1996

고용주가 종업원인 비파괴검사 기술자(AT 기술자를 포함)의 기량을 인정하고 자격을 인증하기 위해 준비해야 하며 서면에 근거한 실시방법을 규정하는 권장법. 1996년에 ASNT에 의해 제정되었다. 미국에서 자격 및 인증을 규정하는 제도로 핵심적인 역할을 하고 있다.

(3) ISO/DIS18436-6: "Condition monitoring and diagnostics of machines-Requirements for training and certification of personnel-Part 6: Acoustic emission

AE법에 의한 기계장치의 상태감시에 종사하는 기술자의 기량 인증에 관한 국제 규격.

[부록 2] 소프트웨어 설정 예(독일 Vallen사, Visual AE의 경우)

독일의 Vallen사 AE 계측시스템 AMSY-5에 대한 설정 방법을 소개한다. AMSY-5에서는 데이터 수집 및 데이터의 표시 설정을 Visual AE라는 부속 소프트웨어로 실시한다.

1. 데이터 수집방법 설정

[그림 A-1]에 데이터 수집조건의 초기 설정 메뉴화면을 나타낸다. 이화면에서는 아래 항목을 설정한다.

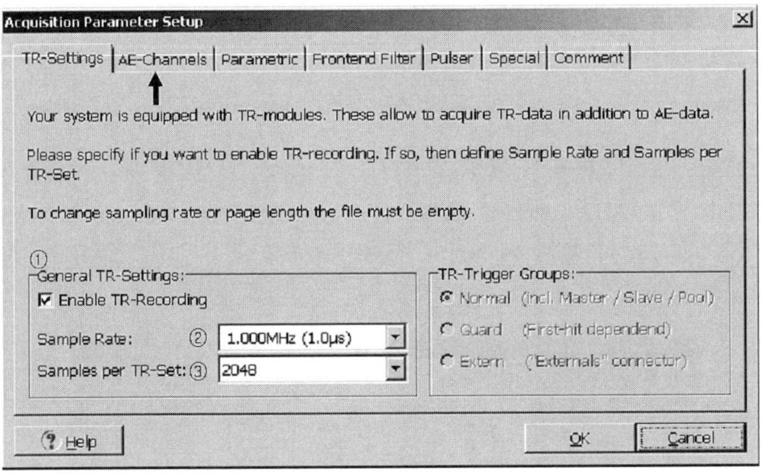

[그림 A-1] 데이터 수집조건 설정화면

① 파형 데이터의 저장 여부

파형 데이터를 저장할 필요가 있는 경우에는 체크한다.

② 샘플링주파수의 설정

파형 데이터의 샘플링주파수를 설정한다. 계측 대상으로 하는 AE파의 주파수에 따라 결정한다.

③ **파형 입력 길이**

하나의 파형 데이터로써 저장하는 데이터의 길이를 샘플 수로 설정한다.

다음으로 "AE-Channels" 을 클릭하면 [그림 A-2]와 같은 데이터 수집조건 일람이 표시된다. 그리고 채널 번호의 왼쪽에 있는 기판 마크를 클릭하면 [그림 A-3]과 같은 AE 채널별 상세 설정 메뉴가 열린다. 이 화면에서는 아래와 같은 항목을 설정한다.

④ **해당 채널(channel)의 유효**

데이터 수집에 사용하는 채널에는 체크한다.

⑤ **파형 데이터의 저장 여부**

파형 데이터를 저장할 필요가 있는 경우에는 체크 한다.

⑥ **전압 threshold값의 설정**

데이터 입력 시작과 종료를 판단하는 전압 threshold값을 입력한다.

⑦ **부동 threshold값의 설정 비율**

부동 threshold값의 레벨을 결정하기 위한 노이즈(RMS)에 대한 비율로, 본 기능을 사용하지 않을 경우에는 0을 입력한다.

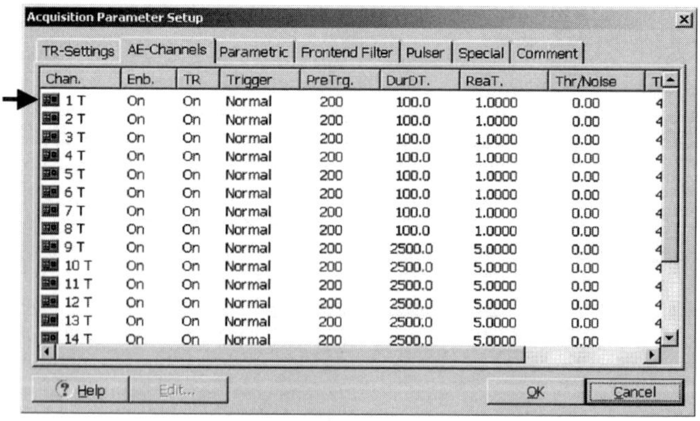

[그림 A-2] 데이터 수집조건 일람

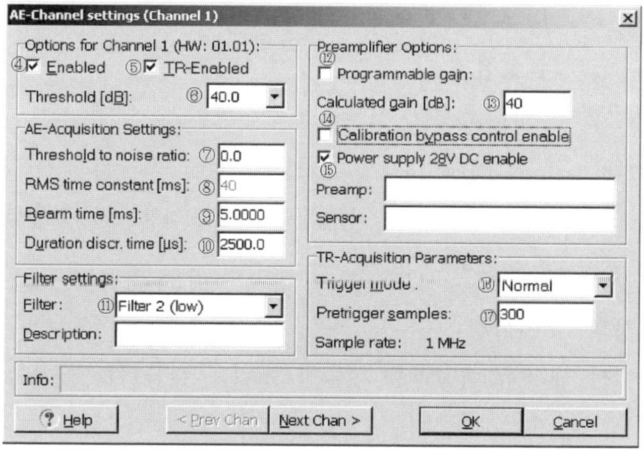

[그림 A-3] 채널 상세 설정 메뉴

⑧ 노이즈의 산출시간

이동 threshold값을 결정하는 RMS를 산출하는 간격을 입력한다.

⑨ 연속 Hit 식별시간(Ream Time)

하나의 Hit 계측을 종료한 후에 새로운 Hit 계측을 가능하게 하기까지의 확인시간으로 8.1.2에 나타낸 HLT에 대응한다. 이 시간 내에 Threshold값을 초과하는 신호의 입력이 없으면 다음에 Threshold값을 초과하는 신호는 새로운 Hit로 간주된다. 이 식별에서는 시간 내에 Threshold값을 초과하는 신호가 입력될 때마다 재시작을 반복한다. 이시간 내에 계측된 신호는 직전에 계측된 Hit에 부수된 신호로써 간주하고 「연속 Hit(Cascade Hit)」로써 구별하여 저장된다.

⑩ 지속시간 식별시간(Duration discr. time)

AE 신호의 지속시간을 식별하기 위해 설정하는 확인시간으로, 8.1.2에 나타낸 HDT에 대응한다. 이 식별시간은 Threshold값을 초과하는 신호가 입력될 때마다 재시작을 반복하고, 식별시간 내에 Threshold값을 초과하는 신호가 없으면 그 Hit는 종료된 것으로 판단하고 파형 지속시간을 확정한다.

⑪ **주파수 필터의 설정**

계측에 필요한 주파수 필터를 선택한다.

⑫ **프로그램 Gain의 설정**

프로그램 상에서 Gain을 설정 가능한 종류의 프리앰프를 사용할 경우에는 체크하여 Gain을 설정한다.

⑬ **계산 상의 Gain설정**

입력전압에서 센서 출력전압을 산출하기 위해 사용하는 증폭률을 입력한다.

⑭ **Calibration Bypass 기능**

Bypass 기능 대응 센서에 의한 자동 Calibration 실행 시에 체크한다.

⑮ **프리앰프용 28VDC 전원**

프리앰프용 28VDC를 공급하는 경우에 체크한다.

⑯ **트리거 모드**

Normal, Master, Slave, Pool 모드를 전환한다.

Normal: Threshold값을 초과하는 신호가 입력되면 계측 시작.

Master: Threshold값을 초과하는 신호가 입력되면 Slave 채널과 함께 계측 시작.

Slave: Master 채널에 Threshold값을 초과하는 신호가 입력되면 계측 시작.

Pool: 가장 빨리 Threshold값을 초과하는 신호가 입력된 채널이 Master가 되고 다른 채널은 Slave가 된다.

⑰ **프리트리거 샘플 수**

파형 저장 시, Threshold값을 초과한 시점으로 되돌아가 저장하는 파형의 샘플 수를 입력한다.

그 외, [그림 A-1]의 메뉴에서는 아래의 항목을 설정할 수 있다.

Parametric:

외부 파라미터를 저장하는 간격이나 수집 속도, 외부 파라미터의 사이클 식별 조건, 외부 파라미터에 의한 트리거 조건 등을 설정한다.

Frontend Filter:

데이터의 저장 단계에서 AE 신호 진폭, AE 신호 지속시간, AE 신호 에너지, AE count로 조건을 붙여 파형이나 AE 데이터 저장에 필터를 설정한다.

Pulser:

계측에 이용하는 센서 또는 전용 출력단자에 연결한 펄서의 출력조건을 설정한다.

2. 데이터 처리 설정

일반적인 AE 시험에서는 검출해야 할 신호와 동시에 노이즈도 계측되기 때문에 필터를 설정하는 등의 데이터 해석에 필요한 AE 데이터를 추출한다.

[그림 A-4]에 데이터 처리 구성 설정화면의 한 예를 나타낸다. 이 화면에 나타낸 처리 마크를 이동시키거나 추가하여 데이터 처리의 전체 구성을 설정한다.

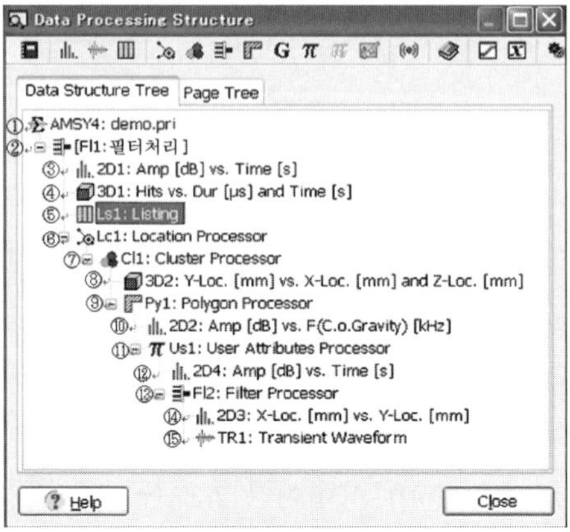

[그림 A-4] 데이터 처리 구성의 한 예

또한, 그림에 나타낸 처리는 아래와 같다.

① Raw 데이터

② 필터 1

③ 2차원 그래프(최대 진폭 vs. 시간)

④ 3차원 그래프(Hit 수 vs. 지속시간 vs. 시간)

⑤ 데이터 리스트

⑥ 위치표정 계산

⑦ 클러스터 처리: 임의로 설정한 범위 내에 표정되는 Event 수에 따라 AE 집중 발생부위를 표시한다.

⑧ 3차원 위치표정도

⑨ 폴리곤 처리: 그래프 상에 임의의 범위를 설정하여 범위 내의 데이터를 분별한다.

⑩ 2차원 그래프(최대 진폭값 vs. 중심 주파수)

⑪ 사용자 처리: 사용자가 임의로 작성한 계산 프로그램을 실행한다.

⑫ 2차원 그래프(계산 결과를 반영)

⑬ 필터 2

⑭ 2차원 그래프(X, Y 위치표정도)

⑮ 파형 데이터

상기 ⑬의 필터 2에 대한 상세 설정 화면의 한 예를 [그림 A-5]에 나타낸다.

필터 설정에서는 검출해야 할 AE파의 발생 조건, 파형 특징, 발생 위치 등에 기초하여 계측 시간, 표정 위치, AE 파라미터, 외부 파라미터, 파형 패턴 등을 지표로써 조건을 설정한다.

[그림 A-5]에 나타낸 대표적인 설정조건을 아래에 나타낸다.

① 필터의 기본 설정: and와 or, 수치 조건을 조합하여 필터를 작성한다.

② AE 신호 파라미터에 기초한 조건

③ 외부 파라미터에 기초한 조건

④ 계측 시간이나 데이터 번호 등에 의한 조건

⑤ 신호 도달 순위 등 Event 구성에 관한 조건

⑥ 위치표정 결과에 의한 조건

⑦ 클러스터 처리결과에 의한 조건

⑧ 폴리곤 처리결과에 의한 조건

⑨ 파형 해석결과에 의한 조건

⑩ 사용자 처리결과에 의한 조건

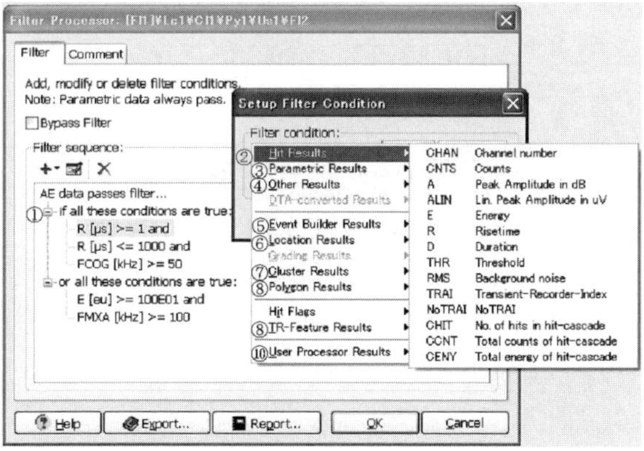

[그림 A-5] 필터 설정 메뉴의 한 예

3. 데이터 표시 설정

데이터 표시는 2차원 그래프 또는 3차원 그래프 중에서 선택하고 각 축의 요소를 선택하여 표시범위를 설정한다. [그림 A-6]에 표시 설정 메뉴의 한 예를 나타낸다. 각 축의 설정은 필터의 조건설정과 동일하게 각종 파라미터로부터 선택한다. 또, 그래프의 표시방법 설정에서는 Correlation(상대 표시)와 Distribution(분포 표시)에서 선택하고 필요에 따라 각 Plot이나 막대 그래프에도 표시 조건으로 필터를 설정한다.

[그림 A-7]에 [그림 A-4]에서의 ③, ④, ⑧, ⑩, ⑮의 데이터 표시 예를 나타낸다.

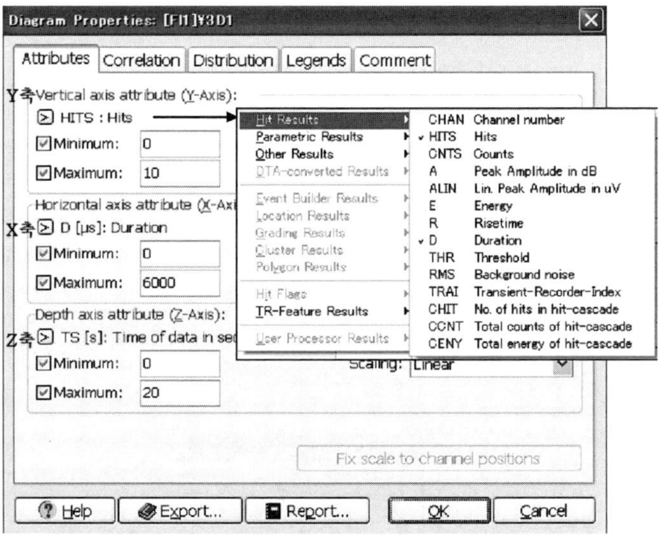

[그림 A-6] 데이터 표시 설정 메뉴의 한 예

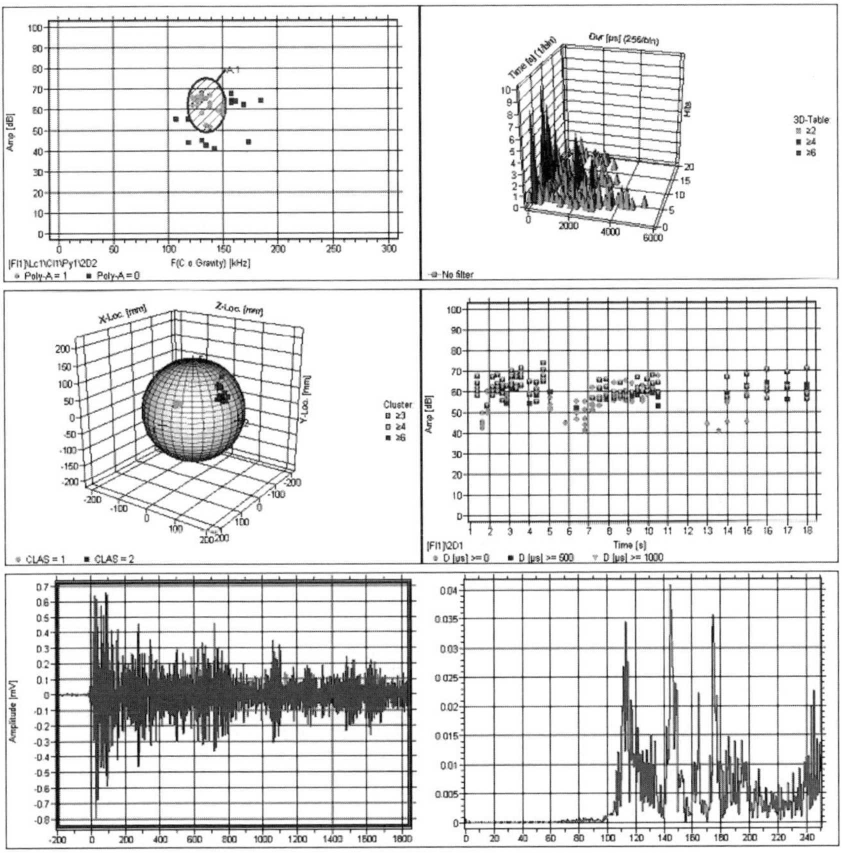

왼쪽 상: ⑩ 중심 주파수 vs 최대 진폭값
(폴리곤 처리 부가)

오른쪽 상: ④ Hit수 vs 지속시간 and 시간
(표시 조건 부가)

왼쪽 중: ⑧ 3차원 위치표정도
(클러스터 처리 부가)

오른쪽 중: ③ 3차원 위치표정도
(클러스터 처리 부가)

왼쪽 하: ⑮ 파형 데이터

오른쪽 하: ⑮ 주파수 해석 결과

[그림 A-7] 데이터 표시의 한 예(설명의 원숫자는 [그림 A-4]의 원숫자에 대응함)

[부록 3] 소프트웨어 설정 예(Chiyoda Advanced Solutions㈜, C-AEAS의 경우)

Chiyoda Advanced Solutions㈜ AE 계측 시스템 C-AEAS의 설정 방법을 소개한다.

1. AE 계측 시스템의 설정 · 조작 방법

AE 계측 시스템의 구체적인 설정 · 조작 방법은 AE 계측 시스템마다 다르다. 여기서는 Chiyoda Advanced Solutions㈜ AE 계측 시스템 C-AEAS의 설정 · 조작 방법을 소개한다.

2. AE 계측 파라미터의 설정

C-AEAS에서는 AEPARAM 프로그램에 의해 AE 계측 파라미터를 설정한다. AEPARAM 프로그램을 기동하여 [그림 B-1]에 나타낸 「파라미터 입력」 메뉴에서 필요한 파라미터를 선택한다. 이 메뉴에서는 타이틀, 위치표정 관계 파라미터(1차원, 2차원, 3차원 및 원통 탱크 바닥판), 분포, 상관, Gain, Threshold값, 외부파라미터 등의 하위메뉴가 있어 각각 표 형식으로 파라미터를 입력한다.

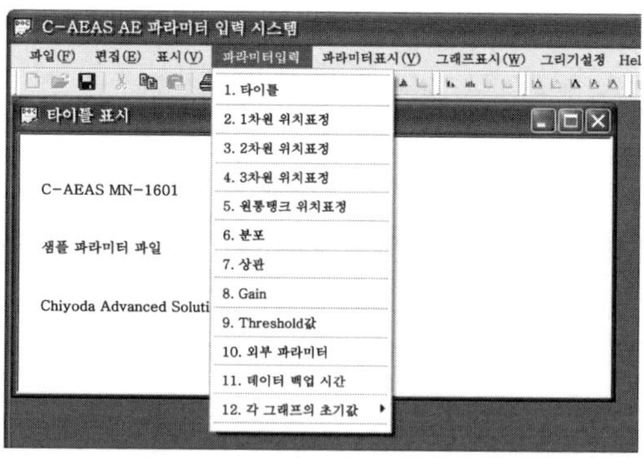

[그림 B-1] [파라미터] 메뉴 화면

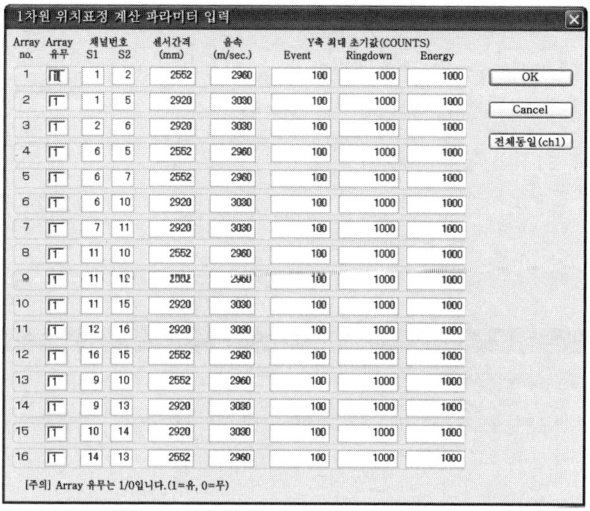

1차원 위치표정 계산 파라미터 입력

Array no.	Array 유무	채널번호 S1	채널번호 S2	센서간격 (mm)	음속 (m/sec.)	Y축 최대 초기값(COUNTS) Event	Ringdown	Energy
1	1	1	2	2552	2960	100	1000	1000
2	1	1	5	2920	3030	100	1000	1000
3	1	2	6	2920	3030	100	1000	1000
4	1	6	5	2552	2960	100	1000	1000
5	1	6	7	2552	2960	100	1000	1000
6	1	6	10	2920	3030	100	1000	1000
7	1	7	11	2920	3030	100	1000	1000
8	1	11	10	2552	2960	100	1000	1000
9	1	11	12	2552	2960	100	1000	1000
10	1	11	15	2920	3030	100	1000	1000
11	1	12	16	2920	3030	100	1000	1000
12	1	16	15	2552	2960	100	1000	1000
13	1	9	10	2552	2960	100	1000	1000
14	1	9	13	2920	3030	100	1000	1000
15	1	10	14	2920	3030	100	1000	1000
16	1	14	13	2552	2960	100	1000	1000

OK / Cancel / 전체동일(ch1)

[주의] Array 유무는 1/0입니다.(1=유, 0=무)

[그림 B-2] 1차원 위치표정 파리미터 설정화면

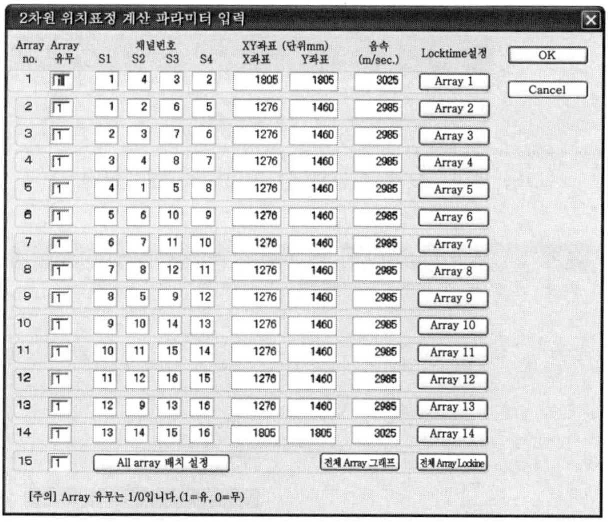

2차원 위치표정 계산 파라미터 입력

Array no.	Array 유무	채널번호 S1	S2	S3	S4	XY좌표 (단위mm) X좌표	Y좌표	음속 (m/sec.)	Locktime설정
1	1	1	4	3	2	1805	1805	3025	Array 1
2	1	1	2	6	5	1276	1460	2985	Array 2
3	1	2	3	7	6	1276	1460	2985	Array 3
4	1	3	4	8	7	1276	1460	2985	Array 4
5	1	4	1	5	8	1276	1460	2985	Array 5
6	1	5	6	10	9	1276	1460	2985	Array 6
7	1	6	7	11	10	1276	1460	2985	Array 7
8	1	7	8	12	11	1276	1460	2985	Array 8
9	1	8	5	9	12	1276	1460	2985	Array 9
10	1	9	10	14	13	1276	1460	2985	Array 10
11	1	10	11	15	14	1276	1460	2985	Array 11
12	1	11	12	16	15	1276	1460	2985	Array 12
13	1	12	9	13	16	1276	1460	2985	Array 13
14	1	13	14	15	16	1805	1805	3025	Array 14
15	1	All array 배치 설정				전체 Array 그래프			전체 Array Lockine

OK / Cancel

[주의] Array 유무는 1/0입니다.(1=유, 0=무)

[그림 B-3] 2차원 위치표정 파라미터 설정화면

[그림 B-2]~[그림 B-5]에 1차원, 2차원, 3차원 및 원통 탱크 바닥판의 위치표정에 관한 파라미터 입력화면을 나타낸다. 위치표정 관계의 파라미

터로써는 Array를 설정하여 사용할지 여부를 지시하는 플래그, 각 Array를 구성하는 채널 번호, Array 치수(센서 간격), AE파 전파속도(음속) 등이 있다. 16채널 시스템에서는 설정 가능한 1차원, 2차원, 3차원 및 원통탱크 바닥판의 위치표정 Array의 수는 각각 16, 14, 3, 3이다. 「파라미터 표시」 및 「그래프 표시」를 열면 설정한 값을 표 및 그래프에서 확인할 수 있다.

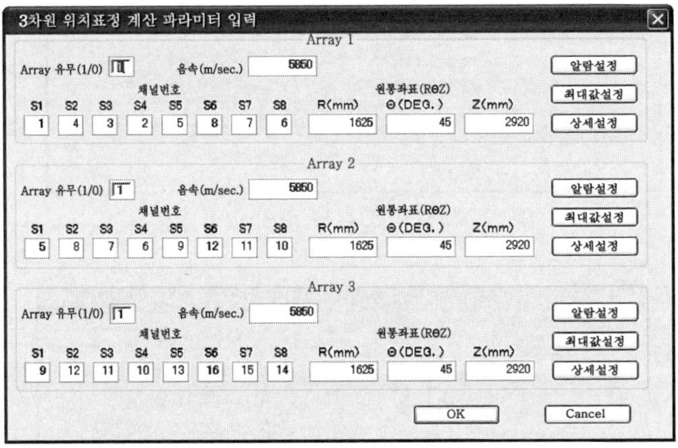

[그림 B-4] 3차원 위치표정 파라미터 설정화면

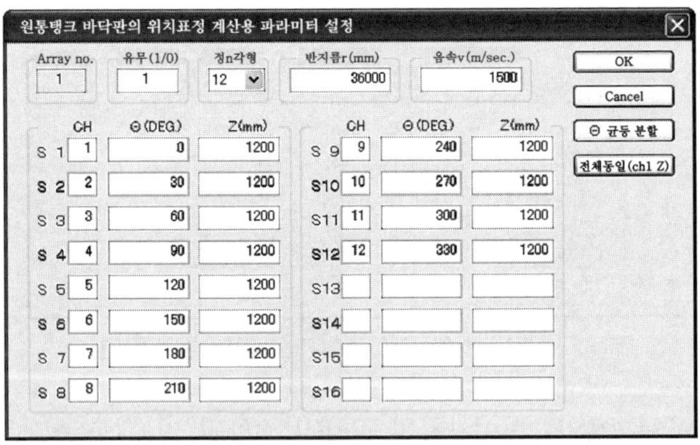

[그림 B-5] 원통탱크 바닥판 위치표정 파라미터 설정화면

[그림 B-6]에 분포, [그림 B-7]에 상관, [그림 B-8] 및 [그림 B-9]에 각 채널의 Gain 및 Threshold값의 설정에 관한 파라미터 입력 표를 각각 나타낸다. Gain 및 Threshold값의 설정치는 AE 계측 중에 변경할 수 있다.

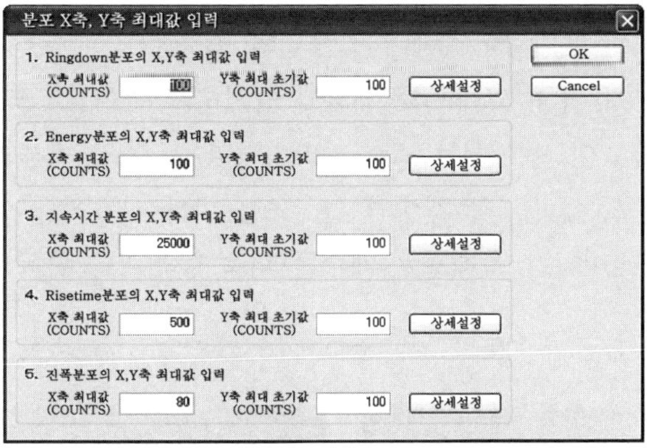

[그림 B-6] AE 파라미터 분포도의 설정화면

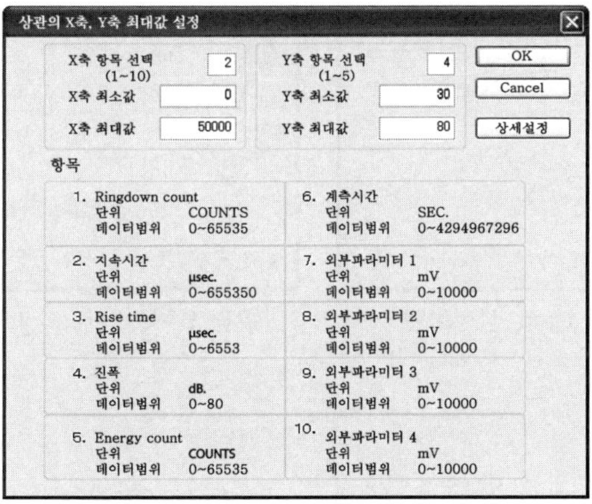

[그림 B-7] 상관 파라미터 설정화면

C-AEAS에서는 위치표정 결과 Map과 함께 각종 AE 파라미터의 누적치 및 발생률 시간 또는 외부 파라미터에 대한 변화(트랜드), 각종 AE 파라미

터의 분포, AE 파라미터간의 상관 등의 다양한 그래프를 AE 계측 중 및 계측 종료 후에 표시할 수 있다. 이들 그래프의 세로축 및 가로축의 스케일은 대부분이 AE 계측 중에 자동적으로 갱신되도록 되어 있기 때문에 계측자가 조작할 필요는 그다지 없으나 그러한 초기 설정치를 부여하는 기능이 있다. [그림 B-10]와 같이 「파라미터 입력」의 최하부의 「각 그래프의 초기값」을 열면 각각의 그래프 스케일의 초기값을 설정할 수 있다.

[그림 B-11]에 각종 그래프를 동시에 표시하고 있는 C-AEAS의 화면 예를 나타낸다. 이 예에서는 AE 파라미터의 트랜드, 2차원 위치표정 Map, 진폭 분포, 상관, 각 채널의 활성도를 나타내는 막대 그래프 등이 표시되어 있다. 이러한 그래프는 개수를 더욱 늘리거나 단독으로 표시할 수 있다.

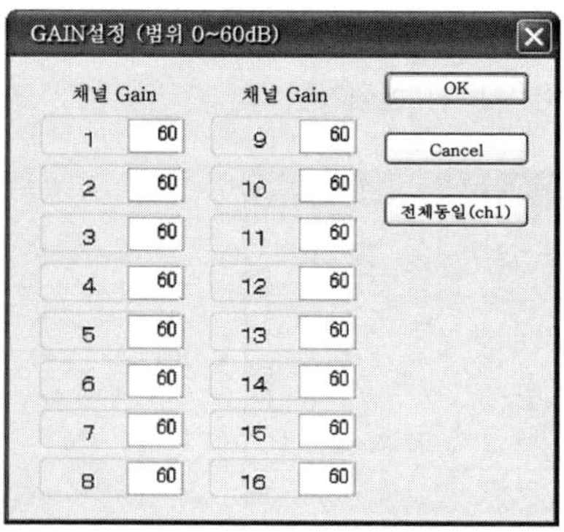

[그림 B-8] Gain 설정화면

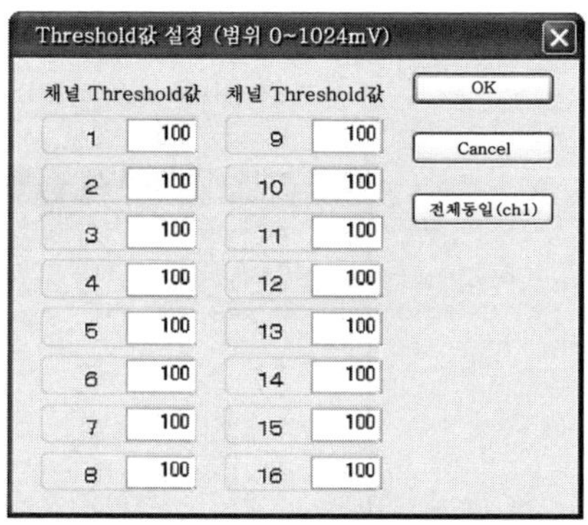

[그림 B-9] Threshold값 설정화면

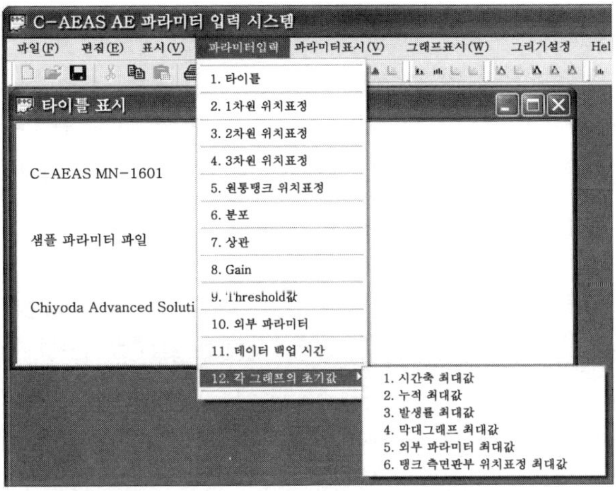

[그림 B-10] 각 그래프의 초기값 입력 메뉴화면

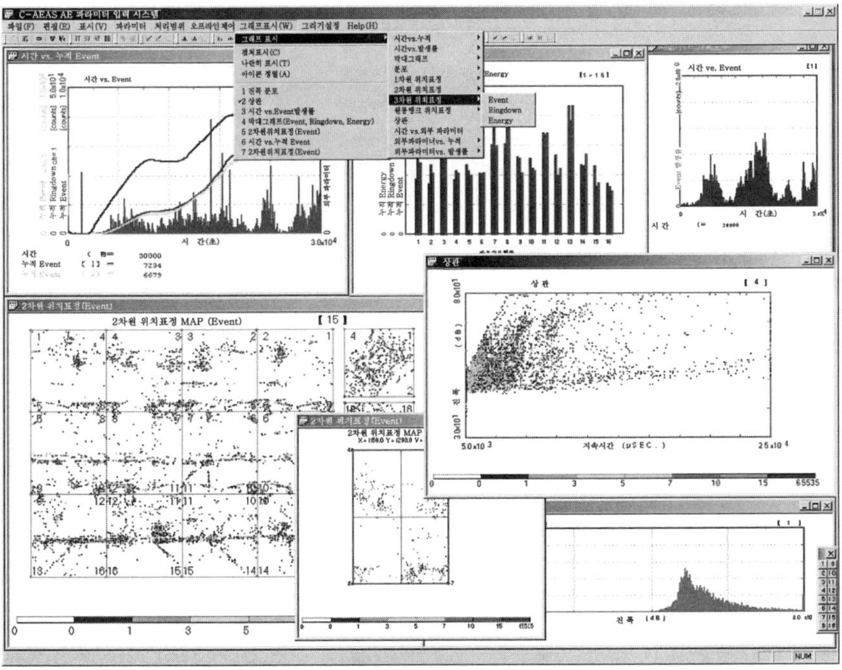

[그림 B-11] 각종 그래프를 동시에 표시한 C-AEAS 화면 예

[부록 4] 각종 고체 및 액체의 밀도와 물질 내의 탄성파 전파속도

[표 C-1]에 각종 고체 및 액체의 밀도와 그 물질 내의 탄성파 전파속도를 나타낸다. 또한, 표의 속도는 일반적인 속도이며, 재질이나 계측 환경 등에 따라 변화한다.

[표 C-1] 각종 고체 및 액체의 밀도와 물질 내의 탄성파 전파속도

물질	밀도 ρ $10^3 kg/m^3$	속도 m/s	
		종파 V_P	횡파 V_S
금	19.3	3240	1200
은	10.5	3600	1500
동	8.9	4700	2260
강철	7.8	5870–5950	3190–3260
알루미늄	2.7	6260	3080
두랄루민	2.79	6320	3130
18–8 스테인리스강	7.91	5790	3100
니켈	8.8	5630	2960
티탄	4.58	5990	2960
지르코늄	6.44	4650	2250
에폭시 수지	1.18	2730	1430
보통 콘크리트[*1]	2.3	3500	2300
화강암[*2]	2.7	4400	3000
물(20℃)	1	1480	–

*1 종탄성률(영률)이 27[GPa], 푸아송비가 0.12일 때

*2 종탄성률(영률)이 52[GPa], 푸아송비가 0.066일 때

역자소개

김동률 | ㈜ 렉터슨 대표이사

음향방출 시험 Ⅱ

저 자 | (사)일본비파괴검사협회
역 자 | (주)렉터슨

발행처 | 구미서관
발행인 | 임 해 진

인 쇄 | 2010년 4월 22일 제1판 1쇄 인쇄
발 행 | 2010년 4월 29일 제1판 1쇄 발행

주 소 | 서울시 마포구 동교동 174-7 구미빌딩
등 록 | 1979년 6월 29일 No.9-6호
ISBN | 978-89-8225-782-7 (93550)

TEL : (代) 333-1101 FAX : 335-2201
http://www.goomibook.com

정가 18,000원